ABHANDLUNGEN DER DEUTSCHEN AKADEMIE DER WISSENSCHAFTEN ZU BERLIN

Klasse für Mathematik und allgemeine Naturwissenschaften
Jahrgang 1950 Nr. 3

ARNO HERMANN MÜLLER

GRUNDLAGEN DER BIOSTRATONOMIE

1951

AKADEMIE-VERLAG BERLIN

Vorgelegt in der Gesamtsitzung vom 30. November 1950
Zum Druck genehmigt am gleichen Tage, ausgegeben am 15. Oktober 1951

Erschienen im Akademie-Verlag GmbH., Berlin NW 7, Schiffbauerdamm 19
Lizenz-Nr. 156 · 100/14/51
Satz und Druck: Deutsche Wertpapier-Druckerei VEB, Leipzig, III/18/185
Bestell- und Verlagsnummer dieser Abhandlung 2001/50/I/3
Preis: 16,50 DM.
Printed in Germany

Inhaltsverzeichnis

Seite

A. Einleitung . . . 7

B. Die nekrotischen Vorgänge . . . 9

I. Über den Tod im allgemeinen . . . 9

II. Die Todesursache . . . 9

1. Überwuchertwerden . . . 10
2. Sauerstoffmangel (Ersticken) . . . 11
3. Gefressen- und Erbeutetwerden . . . 13
   a) Der fossile Mageninhalt . . . 13
   b) Koprolithen . . . 16
4. Versinken oder Steckenbleiben in weichen, lockeren, nachgiebigen, haftenden oder klebenden Substanzen . . . 17
   a) Schlamm und Schlick . . . 17
   b) Rohöl, Asphalt und Erdwachs . . . 18
   c) Triebsand (Schwimmsand) . . . 20
   d) Harz . . . 20
5. Austrocknung . . . 21
6. Überschwemmung . . . 22

III. Der Todeskampf und seine Spuren . . . 23

IV. Der Todeskrampf und seine Spuren . . . 24

C. Das Schicksal der organischen Substanz der Leichen . . . 26

I. Allgemeines . . . 26

II. Die Zersetzung . . . 26

III. Entgasungserscheinungen an sedimentbedeckter organischer Substanz . . . 28

1. Entgasungskanäle, -trichter und -hügel . . . 29
2. Blasentextur . . . 30
3. Auftriebs- und Sackungserscheinungen . . . 31

IV. Entgasungserscheinungen an freiliegenden organischen Körpern . . . 34

V. Der zeitliche Verlauf des durch Zersetzung tierischer Leichen bewirkten Zerfalls in die erhaltungsfähigen Einzelbestandteile (selektiver Zerfall) unter Wasserbedeckung . . . 36

VI. Die Mumifikation . . . 42

D. Das Schicksal der erhaltungsfähigen Hartteile vor der endgültigen Einbettung . . . 45

I. Allgemeines . . . 45

II. Die chemisch bedingten Zerstörungen und Veränderungen an den Hartteilen vor der endgültigen Einbettung . . . 46

Seite

III. Die biologisch bedingten Zerstörungen 49
1. Bohrende Mikroorganismen 49
2. Bohrende makroskopische Organismen 50
a) Bohrmuscheln 50
b) Raubschnecken 52
c) Insekten und ihre Larven 52
3. Tierfraß 53
a) Zertrümmerung von Wirbeltierknochen durch Raubtiere 54
b) Fraßspuren von Insekten und Vögeln 57
4. Paguridenschliffe 58
IV. Die autochthone Einbettung 58
1. Die Merkmale der Autochthonie 58
a) Pflanzen 59
b) Lebensspuren 59
c) Verankerte und festgewachsene Tiere 61
d) Grabende und bohrende Tiere 63
e) Vagile Tiere 64
2. Rückschlüsse, die sich aus autochthon eingebetteten Organismenresten, insbesondere sessilem Benthos ergeben 65
a) Allgemeines 65
b) Der tierische und pflanzliche Einfluß auf das Sediment 66
c) Die Besiedlungsdichte 70
d) Erhärtungsgeschwindigkeit und Erhärtungszustand zur Zeit der Besiedelung 71
e) Der Durchlüftungsgrad des Bodenwassers bei der Bildung von Unterwassersedimenten (Bionomie) 74
V. Die allochthone Einbettung 75
1. Allgemeines 75
2. Die Frachtsonderung 76
a) bei ungleichklappigen Muscheln 77
b) bei gleichklappigen Muscheln 77
c) Der Einfluß der mechanischen Widerstandsfähigkeit auf die Frachtsonderung 78
3. Mechanisch bewirkte, vor der Einbettung entstandene Zerstörungen an den Hartteilen von Organismen 78
a) Allseitiger Abschliff 79
b) Einseitiger Abschliff (Facettenbildung) 80
Standfacetten 80
Rollfacetten 81
Gleitfacetten 82
c) Bruch (Zertrümmerung) 83
4. Beispiel für die Auswertung des mechanischen Zerstörungsbildes zur Erkennung der Umweltbedingungen fossiler Faziesräume 84
5. Die geregelte Einbettung (Einkippung, Einsteuerung) 85
a) Die Einregelung schüsselförmiger Körper 86
Die Einkippung 86
Die Einsteuerung 90
b) Die Einregelung kegelförmiger Körper 93
Die Einsteuerung 93
Die Einkippung 97

Seite

c) Die Einregelung walzenförmiger Körper 99
d) Die Einregelung an Organismenkörpern mit langgestreckten, leicht beweglichen und vorspringenden Körperteilen 100
Die Einkippung 100
Die Einsteuerung 100
6. Der Nachweis kurzfristig aufeinanderfolgender Strömungen unterschiedlicher Richtung 104
7. Ineinanderschachtelungen und Schubphänomene 109
8. Die Bildung der wichtigsten allochthonen Thanatocoenosen der Binnengewässer und Meere . . 110
a) Die fließenden Gewässer 110
b) Die Binnenseen 111
Der Strandsaum 111
Die Schalenzone 112
c) Die Meere 114
Die Thanatotope des Ufers 114
Die Muschelpflaster 117
Die Schillbildungen 118
9. Untersuchung allochthoner Thanatocoenosen mit Hilfe biosoziologischer Methoden 120

E. Das frühdiagenetische Schicksal der eingebetteten, erhaltungsfähigen Hartteile 122
1. Die Deformation von Fossilien im Verlaufe der Frühdiagenese 122
a) Allgemeines 122
b) Der Mächtigkeitsschwund (Sackungsbetrag) jugendlicher Sedimente 122
c) Zusammensackung unter dem eigenen Gewicht 124
d) Die plastische (bruchlose) Deformation 125
e) Die Bruchdeformation 130
2. Die Steinkernbildung und das frühdiagenetische Schicksal des Nebengesteins 132

F. Literaturverzeichnis 135

Vorwort

Zu einer der in Entwicklung begriffenen neuen Teildisziplinen der Geologie und Paläontologie gehört die Biostratonomie. Sie wurde seit ihrem Bestehen durch eine ständig steigende Zahl neuer Untersuchungen bereichert. Es fehlt aber bisher eine zusammenfassende Darstellung, so daß eine Übersicht für den Fernerstehenden mit großen Schwierigkeiten verbunden ist. Die folgende Bearbeitung will nun diese Lücke schließen helfen und das bisher Erreichte für künftige Forschungen bereit stellen.

Als ehemaliger Schüler des leider so früh verstorbenen Begründers der Biostratonomie, Prof. J. WEIGELT, ist es mir eine ganz besondere Pflicht, ihm für zahlreiche Anregungen zu danken. Zu großem Dank verbunden fühle ich mich ferner Herrn Prof. S. v. BUBNOFF, der durch seinen Rat und sein hilfsbereites Entgegenkommen viele Schwierigkeiten behoben hat.

Greifswald, den 1. Februar 1950

A. H. Müller

A. Einleitung

Die Geologie gewinnt durch die Anwendung neuartiger Arbeitsmethoden ein immer reichhaltigeres und reizvolleres Gepräge. Gleichzeitig verliert die Paläontologie im zunehmenden Maße die Fesseln eines reinen Chronologismus.

Zu einer der sich dabei neu entwickelnden Teildisziplinen gehört die von J. WEIGELT begründete Biostratonomie. Sie erforscht die Lagebeziehungen zwischen Fossil und Sediment und in gleicher Weise die der Fossilien zueinander. Sie betrachtet alle Vorgänge, die vom Beginn des Absterbens bis zur definitiven Einbettung auf den sterbenden Körper, den Kadaver oder seine erhaltungsfähigen Teile einwirken. Sie füllt die Lücke zwischen der Paläobiologie im Sinne O. ABELs und DOLLOs und der von W. DEECKE behandelten Fossilisationslehre.

Der Tod und seine Folgeerscheinungen, die Zersetzungs- und Umwandlungsvorgänge an den Weich- und Hartteilen der Kadaver müssen deshalb im Rahmen der Biostratonomie ebenso eingehend in ihren Auswirkungen untersucht werden, wie die Möglichkeiten der Erhaltung und das weitere Schicksal der Leichen und ihrer Reste bis zur Einbettung. Dabei muß entschieden werden, ob die Einbettung autochthon, d. h. an Ort und Stelle erfolgte oder allochthon, d. h. nach einem mehr oder weniger weiten Transport. In beiden Fällen sind Lageveränderungen der Leichen insgesamt oder ihrer Teile möglich durch außerhalb oder innerhalb der Körper sich auswirkende Kräfte (Strömungen, Aasfresser, Schwerkraft, Auftrieb durch Verwesungsgase u. a.).

An sich ist jeder organische Körper erhaltungsfähig, gleichgültig, wie groß sein Gehalt an Hart- und Weichteilen ist. Es kommt letzten Endes nur auf die herrschenden physikochemischen und biologischen Bedingungen an, denen sie unterworfen sind. In der Mehrzahl der Fälle aber ist das Schicksal beider verschieden. Die Weichteile verwesen, verfaulen, vermodern in der Regel und erleiden dabei einen relativ großen Substanzverlust. Die an ihnen sich auswirkenden Vorgänge führen dann meist zu einer mehr oder weniger vollkommenen Trennung von den widerstandsfähigeren Hartteilen, die dann ihrerseits häufig weiter zerteilt und zerstückelt, chemischen und physikalischen Kräften ausgesetzt sind. Aus diesem Grunde ist es berechtigt, im großen von einer Biostratonomie der Weichteile, einschließlich der pflanzlichen Substanz zu sprechen und sie zu unterscheiden von der Biostratonomie der Hartteile. Zwischen beiden bestehen Übergänge, die in manchen Fällen zu einer engen und untrennbaren Verzahnung führen.

Seit LYELL sind Geologie und Paläontologie im ständig zunehmenden Maße bemüht, das Prinzip des Aktualismus zur Anwendung zu bringen. Im ganz besonderen Umfange gilt dies für die Biostratonomie. Sie muß versuchen, ihre Erkenntnisse am rezenten Befund in der Natur oder im Experiment zu stützen oder umgekehrt, in der Gegenwart gewonnene Erkenntnisse biostratonomisch für die Vergangenheit auszuwerten.

Die ersten Anfänge systematischer Betrachtungen in diesem Sinne gehen auf JOH. WALTHER zurück. Nach den richtungsweisenden Arbeiten J. WEIGELTs wurde dann die junge Disziplin durch eine ständig steigende Zahl neuer Untersuchungen bereichert. Von den Autoren sind vor allem O. ABEL und R. RICHTER zu nennen, ferner K. ANDRÉE, A. BACH-

OFEN-ECHT, W. BRANCA, W. DEECKE, K. EHRENBERG, H. FREBOLD, B. V. FREYBERG, W. HÄNTZSCHEL, F. HECHT, E. HENNIG, E. HINTZE, R. HUNGER, W. JESSEN, H. ILLIES, H. KLÄHN, R. V. KÖNIGSWALD, H. KORN, K. KREJCI-GRAF, W. LAATSCH, K. LÜDERS, J. LUNDBECK, A. H. MÜLLER, A. PAPP, M. PFANNENSTIEL, O. PRATJE, W. QUENSTEDT, A. ROLL, W. SCHÄFER, H. SCHMIDT, A. SCHWARZ, M. SCHWARZBACH, A. TAUBER, F. TRUSHEIM, E. VOIGT, E. WASMUND, W. WEILER, H. ZAPFE, F. ZEUNER u. a.

Zunächst untersuchte man fast ausschließlich die Einschaltung der Wirbellosen in die Schichtfolgen und beachtete die dabei waltenden mechanischen Prinzipien. J. WEIGELT (1927) erweiterte dann den Rahmen durch Einbeziehung der Wirbeltiere. Die Ergebnisse seiner an der nordamerikanischen Golfküste vorgenommenen Untersuchungen, die er in Beziehungen setzte zu entsprechenden Vorkommen fossiler Wirbeltierreste, fanden bei den Ausgrabungen im Geiseltal ihre volle Bestätigung.

Die Biostratonomie der pflanzlichen Fossilien erfreut sich erst in letzter Zeit einer etwas größer werdenden Beachtung, besonders, seitdem J. WEIGELT (1928) selbst das erste Beispiel in seiner Bearbeitung der Kupferschieferflora gab.

Zu der anfangs mehr idiobiologischen, d. h. vom Einzelindividuum ausgehenden Betrachtungsweise trat vor allem seit E. WASMUND (1929) auch die biosoziologisch-biocoenologische. Sie gestattet unter anderem, aus der Zusammensetzung allochthoner Fossilkonzentrationen rückläufig Schlüsse zu ziehen auf den Transportweg, die Transportart und die Todesursache.

Da aber, wie rezente Beobachtungen zeigen, vor der endgültigen Einbettung eine oft mehrfache Umlagerung von Sediment und Organismenresten erfolgt, läßt sich eine genaue Abgrenzung der Biostratonomie nach der diagenetischen Seite nicht vornehmen. Der Übergang ist fließend. Aus diesem Grunde müssen auch noch einige frühdiagenetische Erscheinungen mitbehandelt werden, Vorgänge also, die sich vor dem endgültigen Zuruhekommen des Sediments unter normalen Bedingungen abspielen, d. h. also vor Beendigung der Sackungserscheinungen im eigentlichen Sinne und vor der Verfestigung.

Die praktische Bedeutung vieler Erkenntnisse der Biostratonomie liegt auf der Hand. Sie ermöglichen in strittigen Fällen oft die Erkennung der natürlichen Lagerung und durch Feststellung von Strömungsverhältnissen lagerstättenkundliche Orientierungen. J. WEIGELT selbst gab bei den durch biostratonomische Arbeitsweise erfolgreichen Aufschluß- und Erweiterungsarbeiten von Salzgitter ein hervorragendes Beispiel.

Auf die Bedeutung im einzelnen wird jeweils an Ort und Stelle hingewiesen.

B. Die nekrotischen Vorgänge

Die Biostratonomie umfaßt alle Vorgänge, die von Beginn des Absterbens bis zum endgültigen Begräbnis und zur definitiven Einbettung im Sediment auf den sterbenden Körper, die Leiche oder ihre voneinander getrennten Bestandteile einwirken.

Die Wissenschaft, die sich mit den Prozessen während des Zeitabschnitts des Sterbens befaßt, bezeichnet man als „Nekrobiose". Die Beschäftigung mit der Nekrobiose im Rahmen der Biostratonomie ist deshalb erste Vorbedingung.

I. Über den Tod im allgemeinen

Im Einzelfall ist es sehr schwierig, den Augenblick des Todes genau zu fixieren. Er tritt selten plötzlich ein und ist fast immer mit einem zeitlich mehr oder weniger langanhaltenden Abbau der Stoffwechselvorgänge verknüpft. Dieser Abbau gehört bereits zum Tod im weiteren Sinne, obgleich man bei dem betroffenen Organismus noch nicht von einem Kadaver sprechen kann. Gewisse Zellkomplexe überleben zudem bei den Wirbeltieren z. B. relativ lange den Moment des Herztodes, so daß man nicht wie üblich diesen als den definitiven Tod bezeichnen darf. Dieser liegt vielmehr erst dann vor, wenn keine einzige Lebensäußerung mehr erfolgen kann.

Der Beginn und das Ende des Todes läßt sich biostratonomisch leider nur selten erfassen, doch liefert die biostratonomische Analyse in vielen Fällen nekrotisch wichtige Aussagen über

a) die Todesursache,
b) den Todeskampf,
c) den Todeskrampf.

II. Die Todesursache

Es ergibt sich nun die Frage nach den Faktoren, von denen der Eintritt des Todes abhängig ist. Und von diesen wiederum interessieren uns vor allem solche, die sich biostratonomisch nachweisen lassen.

Als von außen einwirkende Ursachen können wir unterscheiden:

a) Ersticken, betrifft jeden aeroben Organismus bei Fehlen einer ausreichenden Sauerstoffzufuhr;
b) Verhungern, erfolgt bei langanhaltendem Mangel ausreichender und richtig zusammengesetzter Nahrung;
c) Verdursten;
d) Erfrieren;
e) Erhöhung der Körpertemperatur über eine gewisse Grenze;
f) Vergiftung durch Aufnahme lebensfeindlicher, chemisch wirksamer gasförmiger, flüssiger und fester Substanzen;
g) Lichtmangel, besonders wichtig bei Pflanzen;

h) mechanische Erschütterungen, Zertrümmerung, Zerquetschungen des ganzen Körpers oder lebenswichtiger Teile und sonstige Verletzungen durch Sturz, Riß, Stich, Überrolltwerden, Erschlagenwerden, Abklemmung wichtiger Adern usw.;

i) Druckerhöhung bzw. Druckerniedrigung über eine bestimmte Grenze;

k) Parasiten- und Bakterienbefall.

Als innere Ursachen treten hinzu:

l) das Altern;

m) organische Krankheiten.

In der nachfolgenden Betrachtung können wir uns jedoch nicht an diese einfache Gliederung halten. Die Ursachen des Absterbens sind im allgemeinen ja derart komplexer Art, daß es willkürlich wäre, eins aus der Fülle der z. T. eng voneinander abhängigen Partialglieder herauszugreifen.

Betrachten wir zunächst den biostratonomisch leicht nachweisbaren

1. Tod durch Überwuchertwerden

Viele sessile Tierformen vermögen der Gefahr, daß sie durch arteigene oder artfremde Individuen überwuchert und abgetötet werden, durch mannigfache Anpassung zu entgehen. Nicht selten unterliegen sie aber auch, werden überwachsen und sterben ab. Meist handelt es sich dabei um flache Formen, die nicht das Vermögen zum korallinen Höhenwachstum besitzen. In allen diesen Fällen entsteht eine besondere Art des in sich bedingten Faunenwechsels. Hierzu einige Beispiele:

1. *Mytilus edulis* in massenhafter Ansiedlung über Austernbänken: Im Byssusgeflecht der *Mytilus* fängt sich Sediment und erstickt zunächst die Austern, schließlich die *Mytilus* selbst. Damit ergibt sich erneut die Möglichkeit für eine Ansiedlung von Austern. Vielleicht läßt sich auf diese Weise auch das Vorkommen fossiler Aviculiden über Austern deuten (R. RICHTER, 1921).
2. *Mytilus edulis* über *Cardium edule: Cardium* wird von den Miesmuscheln als Siedlungsgrund benutzt und oft so zusammengesponnen, daß Tod durch Ersticken eintritt. Nach Verschlicken der *Mytilus*-Bänke kann Neubesiedlung mit *Cardium* erfolgen.
3. *Mytilus edulis* über *Balanus*-Kolonien: Dabei wird *Balanus* derart übersponnen, daß seine Cirren nicht mehr durch das Byssusgeflecht zu dringen vermögen. Die Siedlung muß schließlich verhungern (F. TRUSHEIM, 1932).
4. Korallen über gedeckelten Hippuriten: Das Vorhandensein der Deckel macht es wahrscheinlich, daß die Überwachsung bereits zu Lebzeiten der Muscheln begonnen hat (W. DEECKE, 1921).
5. Austern über *Balanus:* Dabei werden die Seepocken völlig in die Prismenschicht der Austernschalen eingebettet. Bei toten Exemplaren von *Balanus*, deren *Scutum*- und *Tergum*-Paare bereits herausgefallen sind, dringt die Kalkmasse der Muschel schubweise in das Lumen hinein, in dem sich häufig auch noch organische und anorganische Fremdkörper finden, die entweder eingespült wurden oder Schutz vor stärkerer Strömung oder Feinden suchten. Erfolgt dagegen eine Überwachsung noch lebender Formen, so schließen sich die Platten des *Oroficiums* und werden dabei ebenso wie die feinsten Unebenheiten des Balanidenpanzers von der Muschelschale abgeformt (Abb. 1).
6. Schneidet oder schleift man dickere rezente oder fossile Austernschalen an, so entdeckt man nicht selten eine ganze Reihe weiterer organischer Reste, die in den meisten Fällen durch das Schalenwachstum der Austern vernichtet und abgetötet wurden. Sie sind

i. d. R. mit allen Einzelheiten erhalten. Besonders häufig finden sich rezent die Röhren von *Pomatocerus triquer*, die überwachsen, später nicht selten auch durch Sandschliff wieder freigelegt werden (W. SCHÄFER, 1938b).

Nicht zu verwechseln mit diesen Vorkommen sind aber solche Fälle, bei denen zwar eine starke Überwucherung mit Organismen zu Lebzeiten, aber keine Abtötung erfolgte. Sessile Formen benutzen ja sehr häufig die Hartteile anderer Lebewesen als Ansatzstellen. In vielen Fällen bilden sie die einzige Möglichkeit (Ansatzstütze). Sehr oft sind es Überreste der eigenen Art. Aus der Lage der Anheftungsstelle läßt sich gelegentlich ableiten, ob der als Unterlage dienende Rest bereits abgestorben war (Bewuchs auf der Innenseite von Molluskenschalen oder quer über die beiden Schalenränder zweiklappig erhaltener Brachiopoden und Muscheln usw.).

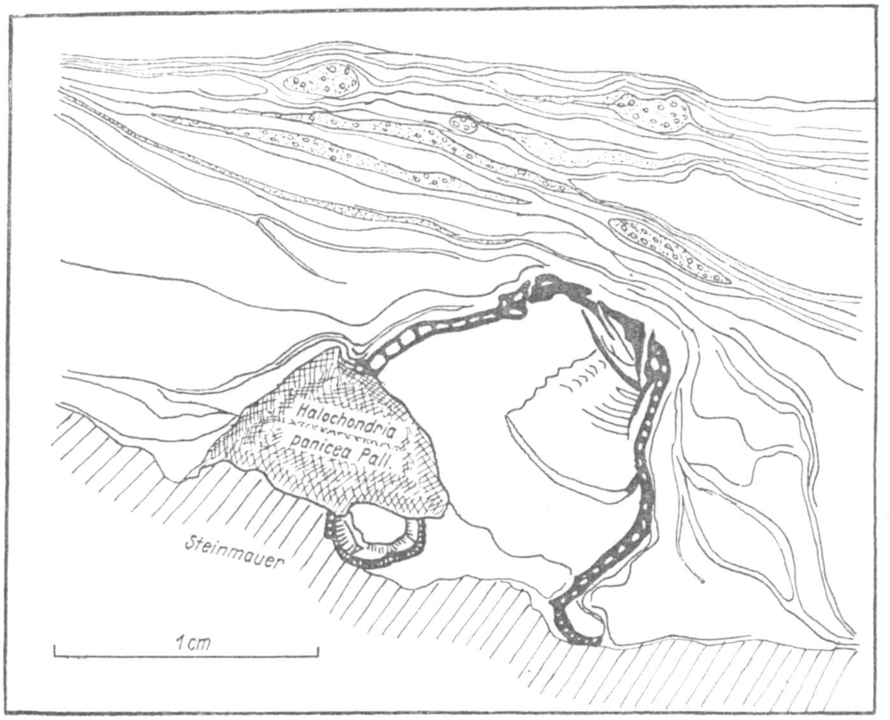

Abb. 1. Querschnitt durch die Schale einer rezenten *Ostrea edulis L.* mit einem, im lebenden Zustand überwachsenen *Balanus* und foraminiferenhaltigen, sandigen Zwischenschichten. Nach W. SCHÄFER (1938).

2. Der Tod durch Sauerstoffmangel (Ersticken)

Die zum Leben notwendige Energie wird bei den Tieren vor allem durch den Verbrennungsprozeß aus den aufgenommenen Nahrungsstoffen gewonnen. Der hierzu erforderliche Sauerstoff gelangt meist im gasförmigen Zustand auf dem Atemweg in den Körper. Wird in der einen oder anderen Hinsicht ein bestimmter, von dem jeweiligen Bewegungszustand der Tiere und der Beschaffenheit der unmittelbaren Umgebung abhängige Grenze in der Sauerstoffzufuhr unterschritten, kommt es zum Absterben.

Dabei ist der Sauerstoffbedarf im Einzelfall außerordentlich verschieden und vor allem abhängig von der Affinität des speziellen Hämoglobins zum Sauerstoff. Diese Affinität ist bei den niederen Tieren um ein vielfaches größer als bei den höheren Tieren. Umgekehrt verhält es sich mit der Affinität zur Kohlensäure. Beim Menschen z. B. beläuft sie sich auf das 250fache der Affinität zum Sauerstoff. Bei *Arenicola marina* ist sie nur ca. 50—70mal so groß. Viele niedere Tiere, insbesondere Polychaeten, vermögen deshalb eine ganz erhebliche Sauerstoffverminderung ohne die geringste Schädigung zu ertragen. Eine Störung tritt i. d. R. erst bei völligem Fehlen des Sauerstoffs ein. Besonders instruktiv hierzu sind Untersuchungen, die F. HECHT (1932) an *Arenicola marina* durchgeführt hat.

Während für *Arenicola* und die untersuchten Nereiden nur ein vorübergehendes Fehlen von Sauerstoff erträglich ist und überstanden werden kann, gibt es andere marine Polychaeten, die sich durch eine weitgehende, fakultative Anoxybiose den Sauerstoffbedarf durch Spaltung des in ihrem Körper enthaltenen Glykogens decken (BRAND, 1927). Bei den Versuchstieren war dabei der Verbrauch an Glykogen etwa doppelt so groß als bei denen mit oxybionitischer Lebensweise. Es erscheint darum verständlich, daß es vor allem glykogenreiche Tiere (*Fasciola*, *Ascaris* usw.) sind, die fakultativ bionitisch zu leben vermögen. Die große Affinität des Hämoglobins gegenüber dem Sauerstoff ermöglicht ihnen das Leben in sehr sauerstoffarmem Wasser für dauernd; die Fähigkeit, durch Oxybiose aus Glykogen Sauerstoff zu spalten, auch die vorübergehende Existenz in völlig sauerstofffreiem Medium, eine Tatsache, die bei der Beurteilung fossiler Lebensräume von großer Wichtigkeit ist.

Die Reduktionszone H_2S-haltiger Sedimente kann die Sedimentoberfläche auch dann nahezu erreichen, wenn im darüberstehenden Wasser noch ausreichend Sauerstoff vorhanden ist, um ein niederes Benthosleben zu gewährleisten. So betrug z. B. die Dicke der Oxydationszone bei einem Gehalt von 1,87 cm^3 O_2 je Liter Wasser nur 3 mm und wurde beim weiteren Abklingen des Sauerstoffgehaltes noch geringer (F. HECHT, 1932). Daraus läßt sich für fossile, FeS_2-haltige Sedimente schließen, daß ihr Bildungsmedium nicht unbedingt lebensfeindlich gewesen zu sein braucht. Lebensfeindlich war es nur dann, wenn das über der jeweiligen Sedimentoberfläche stehende Wasser keinen Sauerstoff mehr enthielt. Dies wird unterstrichen und ganz offenkundig durch das Vorkommen von Grab- und Kriechspuren in vielen FeS_2-haltigen, an organischer Substanz reichen Gesteinen, wobei die Autochthonie der Spuren keinem Zweifel unterliegen kann. Ihr Fehlen braucht indes nicht auf dauernden H_2S-Gehalt (bzw. Fehlen von Sauerstoff) im Atemwasser zurückzuführen zu sein, sondern kann andere ökologische Ursachen haben (z. B. Mangel an geeigneter Nahrung). Lebensfeindlichkeit des Mediums liegt nur dann vor, wenn neben H_2S im Boden auch solcher dauernd im Wasser über ihm nachgewiesen werden kann, was gleichbedeutend ist mit völligem Sauerstoffmangel. Zu erwarten sind derartige Sedimente in ruhigen, abgeschlossenen, mehr oder weniger strömungslosen Gebieten, während im übrigen die Wasserbewegung keine dauernde Vergiftung des über dem Grunde stehenden Wassers aufkommen läßt.

Besonders empfindlich gegen Sauerstoffmangel sind viele Fische. Der Gehalt des Wassers an Sauerstoffgas schwankt etwa zwischen 0,17—0,61% und beträgt im Durchschnitt 0,33%. Ein Gehalt zwischen 0,17 und 0,20% ist unzureichend für die Mehrzahl der Raubfische, die infolge ihrer großen Beweglichkeit einen besonders hohen Bedarf an Sauerstoff besitzen. Nach KUZIS (zitiert nach J. WEIGELT, 1930) tritt bei Weißlingen, Grundlingen, Kaul- und Flußbarschen, Rotaugen und Brachsen Atemnot ein, wenn im Liter Wasser nur 1 cm^3 O_2 enthalten sind. Bei 0,5—0,8 cm^3 erfolgt bereits der Tod. Für die Forelle reichen nach M. PLEHN 5—8 cm^3 O_2 aus; 2—3 cm^3 sind ungenügend, 1,5 cm^3 tödlich. Bei Karpfen sind 3—5,2 cm^3 ausreichend, 0,5 cm^3 tödlich. Einen außerordentlich geringen Sauerstoffbedarf besitzen viele Grundfische, so z. B. die Schlammbeißer, die sogar im trüben und faulig stinkenden Wasser vorkommen.

Unter Wasser wird der Sauerstoffgehalt durch die Zersetzungsprozesse und die dabei auftretenden Zerfallsprodukte, insbesondere Ammoniak und Schwefelwasserstoff vermindert, so daß zwischen beiden ein enger Zusammenhang besteht. Die Verminderung wirkt sich dann aus, wenn nicht durch anhaltende und ausreichende Wasserbewegung eine laufende Zufuhr frischen Wassers erfolgt bzw. die Verarmung an Sauerstoff durch die Tätigkeit von pflanzlichen Organismen ersetzt wird.

Frieren z. B. stehende Wasserflächen zu und wird die Eisdecke mit Schnee bedeckt, so vermögen die darunter befindlichen Wasserpflanzen (wichtig besonders das chlorophyllhaltige Plankton) nur dann noch Sauerstoff zu erzeugen, wenn der Schnee nicht zu dicht liegt. Erfolgt von anderer Seite keine Zufuhr, so verarmt das Wasser durch die laufenden Zersetzungsprozesse und die Atemtätigkeit der Organismen. Der Sauerstoffmangel kann dabei so groß werden, daß sogar im Winterschlaf befindliche Wasserbewohner trotz ihres geringen Sauerstoffbedarfs aufwachen. Durch die Muskeltätigkeit wird dann bedeutend mehr Sauerstoff als vorher benötigt. Und da der Zugang zur Luft durch die Eisdecke verhindert ist, gehen sie dann regelmäßig ein.

Bei winterschlafenden Warmblütern (z. B. Hamster, Igel, Dachs, Brauner Bär, Fledermaus usw.) sinkt die Körpertemperatur oft bis ganz nahe an die Umgebungstemperatur, was gleichbedeutend ist mit einer außerordentlichen Herabdrosselung der Atmung und folglich des Verbrennungsprozesses auf ein Minimum. Der Stoffwechsel sinkt auf $^1/_{25}$, ja bis auf $^1/_{100}$ des normalen Wertes. Bei Sauerstoffmangel bzw. bei zu starker Absenkung der Temperatur erwachen die Tiere. Irgendwelche Störungen führen indes nicht selten zum Absterben.

3. Tod durch Gefressen- und Erbeutetwerden

Von besonderem Interesse ist die Untersuchung, inwieweit das Erbeutet- und Gefressenwerden als Todesursache zu betrachten ist. Dabei kann der Nachweis, daß eine bestimmte Tierart durch eine andere gefressen wurde, nur dann erbracht werden, wenn vorliegen:

a) der fossile, nicht deplazierte Mageninhalt,

b) die, als zu einem bestimmten Tier zugehörig erkannten Koprolithen und Gewölle oder

c) erkennbare Überreste zwischen den Zähnen und in deren Kavitäten.

Damit gelingt aber nicht nur der Nachweis über die Todesart eines bestimmten Tieres, sondern auch über die Ernährungsweise des Räubers.

a) Der fossile Mageninhalt

Bei vielen fossilen Lebewesen ist der Mageninhalt und der Inhalt der Leibeshöhle ganz oder teilweise erhalten geblieben. Derartige Fälle sind, wie z. B. ein Blick in die Arbeit von NEUMAYER (1919) zeigt, nicht allzuselten. Seltener dagegen sind solche Stücke, bei denen zugleich die genaue Form der Verdauungsorgane erhalten ist. Erste Voraussetzung hierfür scheint zu sein, daß eine rasche Einbettung der noch nicht in Mazeration übergegangenen Leiche erfolgt, so daß nach Zersetzung der Magenwände der Inhalt beisammen bleibt und nicht in der Leibeshöhle und darüber hinaus verteilt wird. Dann ist die Todesursache für die im Bereich der Magenhöhle gefundenen Reste mit Sicherheit gegeben, wenn sie folgende Bedingungen in bezug auf den Räuber erfüllen:

a) Artfremdheit,

b) Eignung als Beutetier,

c) wenn die Möglichkeit ausscheidet, daß es sich um parasitäre oder sonstige Untermieter handelt.

Hierzu einige Beispiele:

1. *Hybodus hauffianus* aus dem Posidonienschiefer von Holzmaden, beschrieben von E. KOKEN (1907, S. 261) und abgebildet auch bei O. ABEL (1922, S. 555, Abb. 467)

mit erhaltenem, nicht deplazierten Mageninhalt. Die Nahrung dieses Haies scheint hauptsächlich aus Belemniten bestanden zu haben.

In dem Magen eines anderen *Hypodus* konnte C. BROWN (1899—1900, S. 163) nicht weniger als 250 Belemnitenrostren zählen, die wohl als die unverdauten Reste einer einzigen Mahlzeit zu betrachten sind und deren sich das Tier sonst durch Erbrechen entledigt haben dürfte. Haie fressen, wie zahlreiche Sektionsbefunde ergeben haben, oft die unglaublichsten Dinge, die dann von Zeit zu Zeit, wenn unverdaulich, erbrochen werden.

2. F. v. NOPCSA (1923) beschreibt die Reste eines *Compsognathus longipes* WAGN., in dessen Leibeshöhle die Knochen eines gefressenen Reptils liegen. Es ist einer der am häufigsten zitierten Mageninhalte (vgl. Abb. 2).

3. W. WEILER (1934) verzeichnet aus dem stampischen Tegel von Kiscell bei Budapest einen vollständigen Cybiiden, der durch günstige Erhaltungsbedingungen den Umriß des Magens deutlich erkennen läßt. Er enthält die Überreste von etwa einem Dutzend kleinerer Fische, von denen aber meist nur noch Reste der Wirbelsäule vorhanden sind. Alle liegen etwa parallel zueinander und zwar, wie aus dem Verlauf der Dornfortsätze ersichtlich ist, mit dem Schwanz nach dem Kopfende des Räubers hin. Sie wurden also von vorn gepackt und unzerkleinert verschlungen. Bei den am weitesten hinten liegenden Resten ist durch den Angriff der Verdauungssäfte die Wirbelsäule bereits bis auf undeutliche Reste zerfallen und zerstört. Bei dem vordersten und vermutlich zuletzt gefressenen war der Auflösungsprozeß offensichtlich noch nicht bis zum Achsenskelett vorgedrungen, wie die gute Erhaltung zeigt.

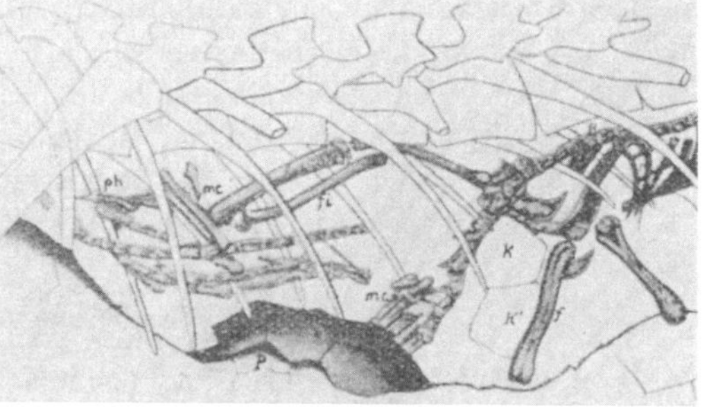

Abb. 2. Leibeshöhle von *Compsognathus longipes* WAGN. mit den Resten eines kleinen, gefressenen Reptils. Lithographischer Schiefer von Jachenhausen i. d. Oberpfalz (Bayern). Nach F. v. NOPCSA (1923).

Nach KISHINOUYE (1921–1923) besitzen die rezenten Cybiiden einen stark sauren Magensaft, der besonders schnell lösend wirkt. Die Verdauung geht in der Reihenfolge Haut — Muskulatur — Knochen vor sich. Alles wird restlos gelöst, so daß in den Darm kein Knochen mehr gelangt.

Mit Stacheln versehene Fische werden übrigens durch Raubfische immer von vorn gepackt. Als paläontologisches Beispiel vergleiche man AGASSIZ (1833–1844, Taf. 44, Fig. 1) und PANCA (1933, S. 26, Taf. 6, Fig. 6). Die übrigen dagegen werden häufig ohne Bevorzugung einer Seite gefressen. So packen z. B. Thunniden (vgl. KISHINOUYE, 1921–1923) ihre aus Clupeiden bestehende Beute bald von vorn, bald von hinten. Ähnliches gilt, wie jeder Angler weiß, auch vom Hecht.

4. J. WEIGELT (1928) beschreibt aus dem Kupferschiefer von Mansfeld einen *Pygopterus*, in dessen Leibeshöhle der losgetrennte Kopf und Rumpf eines gefressenen *Palaeoniscus* (Abb. 3) liegen.

5. Bei vielen Ichthyosauriern aus dem Posidonienschiefer von Boll und Holzmaden ist der Mageninhalt und der Inhalt der Leibeshöhle teilweise erhalten geblieben. Der biostratonomische Befund ergibt mit Sicherheit, daß sie hauptsächlich von dibran-

chiaten Cephalopoden lebten. Neben deren Fangarmhäkchen findet man aber auch hin und wieder die Überreste von Jungtieren der eigenen Art.

Bereits W. BRANCA (1908) zählt 14 Funde auf, von denen sieben je 1, zwei je 2, und von den übrigen je eins 3, 5 oder 6, 6, 7 und 12 Junge enthalten. Damit beginnen aber die Schwierigkeiten. Man kann nämlich annehmen, daß *Ichthyosaurus* als rein marines Tier vivipar gewesen ist. Man betrachtete deshalb früher das Vorkommen von Jungen in seiner Leibeshöhle als schlüssigen Beweis dafür.

Verschiedene Gründe machen es indes wahrscheinlich, daß wenigstens bei einem Teil der Fälle Stirpivorie vorliegt, daß also ein Teil der Jungen von den Alten aufgefressen wurde. Betrachten wir uns aus diesem Grunde einige Exemplare etwas genauer.

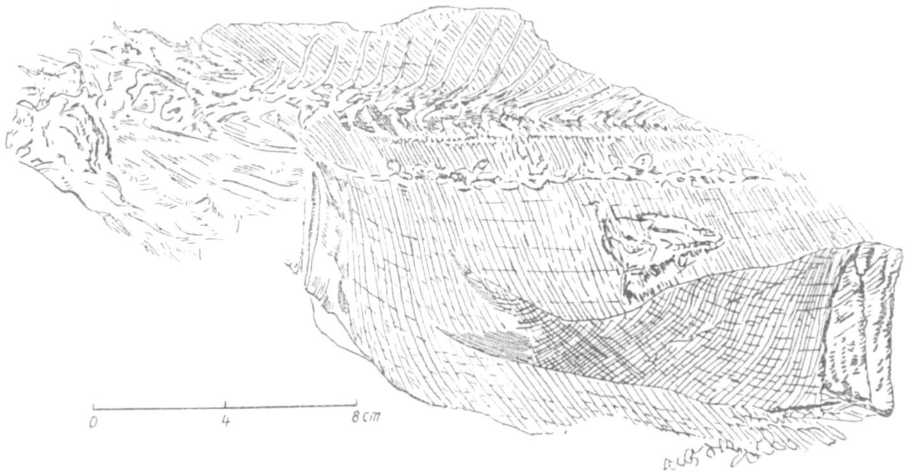

Abb. 3. *Pygopterus humboldti* AG. Innenansicht der rechten Körperseite mit gefressenem Rumpf und Schädel von *Palaeoniscus freieslebeni*. Kupferschiefer von Mansfeld. — Nach J. WEIGELT (1928).

Bei dem Fund, welcher die 12 Jungtiere enthält, handelt es sich um einen *Stenopterygius quadrissimus* QU. von Holzmaden. Soweit der Kopf noch erhalten ist, liegen hier die Tierchen alle mit den Schnauzenspitzen nach vorn in gestreckter Stellung. Das vorderste befindet sich mit der Kopfspitze etwa in Höhe des Schultergürtels. Gestreckte Lage ist für einen Embryo nicht anzunehmen. Bei einem weiteren, ebenfalls von W. BRANCA (1908) beschriebenen und abgebildeten Exemplar liegen zwei Junge in der Leibeshöhle. Das eine, kleinere, befindet sich weit vorn, dicht neben den Resten eines Tintenfisches. Das zweite ist mehr als doppelt so groß als das erste und liegt viel weiter hinten. Eins von beiden, wahrscheinlich das vordere, dürfte, wie aus den Größenunterschieden hervorgeht, gefressen worden sein. Als Embryonen kommen vielleicht nur die Jungtiere in Frage, die gekrümmt liegen und bei denen man infolgedessen annehmen kann, daß sie in ihren Eihüllen eingebettet wurden. Bei einigen von diesen zeigt die Schnauzenspitze nach hinten, was auf Kopfgeburtslage hinweisen könnte (O. ABEL, 1922).

Entsprechende Untersuchungen lassen sich auch über die Art gefressener Pflanzen vornehmen. So beschreibt J. WEIGELT (1930) aus dem Kupferschiefer von Mansfeld das stark mazerierte Skelett eines *Protorosaurus speneri* H. V. MEY., das sich durch eine eigenartige Vergesellschaftung der Knochenteile mit Pflanzenresten auszeichnet. Obgleich viele Fälle bekannt sind, wo z. B. Fische und Pflanzen durch Wasserbewegung miteinander eingebettet wurden, dürfte es sich hier um den Mageninhalt des Tieres handeln, und zwar um ca. 60 Samen von *Archaeopodocarpus germanicus* J. WEIGELT.

Ein Teil derselben scheint bereits mazeriert zu sein; denn es finden sich auch kleinere Schüppchen von Pflanzensubstanz. Gegen die Annahme, daß die Pflanzenreste erst post mortem zwischen die Knochen transportiert wurden, spricht die Tatsache, daß die Samen zwischen den Rippen, dort, wo der Bauchpanzer am geschlossensten erhalten ist, eine dicke, gepackte Masse sich gegenseitig überschneidender Lagen bilden. *Protorosaurus* dürfte also ein Pflanzenfresser gewesen sein. Es ist aber möglich, daß ihm außer den *Archaeopodocarpus*-Samen auch noch anderes als Nahrung diente und daß die Samen den Magensäften lediglich am meisten Widerstand leisteten.

Im Inneren der S. 42 beschriebenen Mumien von *Trachodon* fanden sich dort, wo der Magen zu erwarten war, zusammengeballte, erdigbraune Massen, die zahlreiche Pflanzenbruchstücke enthielten. R. KRÄUSEL (1922) konnte darin Nadeln von *Cuninghamites elegans* (einer sehr häufigen Kreidekonifere), zahlreiche kleine Samen und Früchte und sonstige Reste, insbesondere Zweigreste von anderen Koniferen und Laubbäumen feststellen. *Trachodon* beschränkte sich also nicht nur auf die Bodenvegetation.

Die Freßgier führt in manchen Fällen auch zum Tode des Räubers selbst. So beschreibt J. WEIGELT (1930) einen *Palaeoniscus* aus dem Kupferschiefer von Mansfeld, der einen anderen, relativ großen *Palaeoniscus* zur Hälfte verschlungen hat.

Man darf jedoch nicht, wie dies häufig geschehen ist, jeden etwas reichlich erscheinenden Mageninhalt entsprechend bewerten. Welch enorme Quantitäten manche Formen ohne Schaden zu vertilgen vermögen, ergibt sich am besten aus dem Mageninhalt eines Delphins, der an der spanischen Mittelmeerküste erlegt wurde und nach SCHMIDT (1923, in der Zeitschrift *La Nature*) Skeletteile (Knochen, Augen, Otolithen) von ca. 7600 Fischen aus 5 verschiedenen Arten enthielt. Sie stellen möglicherweise die Überreste einer einzigen Mahlzeit dar. Ähnliches gilt auch für den oben zitierten *Hypodus hauffianus*, in dessen Leibeshöhle sich nicht weniger als 250 Belemnitenrostren fanden.

b) Koprolithen

Fossile Exkremente (Koprolithen) enthalten unverdauliche oder überschüssig aufgenommene Nahrungsbestandteile, aus denen man gelegentlich Rückschlüsse auf die Art der gefressenen Tiere und Pflanzen zu ziehen vermag. Leider sind aber in Koprolithen Gräten, Schuppen, Knochen usw. nicht so häufig, wie man vielleicht annehmen könnte, da diese bei den meisten Tieren ausgewürgt werden, bevor sie in den Darm gelangen (Haie, Reptilien, Amphibien). Die erbrochenen Reste gestatten deshalb oft einen besseren Einblick in den Speisezettel der Tiere (vgl. z. B. die Gewölle der Eulen) als die eigentlichen Koprolithen. Voraussetzung ist natürlich, daß alle diese Produkte vorher mit ihrem Erzeuger identifiziert werden, sei es indirekt durch logische Schlußfolgerungen oder direkt an Hand von Lagebeziehungen. So kommt es im Todeskampf häufig zu einer letzten Darmentleerung. Bleiben dann Leiche und Exkrement unverändert nebeneinander liegen, ist die Identifikation meist leicht möglich.

Daß es mitunter ziemlich sicher gelingt, auch indirekt, nur auf Grund logischer Schlußfolgerungen, den mutmaßlichen Erzeuger zu ermitteln, zeigt F. TRUSHEIM (1937) an Hand eines Koprolithen aus dem Oberen Muschelkalk von Würzburg. Der gänzlich aus Schuppen und sonstigen Skelettelementen eines *Gyrolepis albertii* bestehende Rest ist gänseeigroß (4 cm lang, 4 cm breit). Der Erzeuger muß also eine erhebliche Größe gehabt haben. Unter den Tieren des Muschelkalkmeeres kommt nur *Nothosaurus* in Frage, dessen Bezahnung, Schädelform usw. schon darauf hinweisen, daß er sich vorzugsweise von Fischen ernährt hat. Daß der Fisch nicht etwa an der Küste aufgenommen sein kann, an die er etwa tot durch festländische Flüsse gebracht wurde, geht aus dem Fundpunkt des Koprolithen hervor, der ca. 100 km von der damaligen Küste entfernt lag. *Nothosaurus* war ja ein Fleischfresser mit entsprechend schneller Verdauung.

Im sibirischen Bodeneis wurden diluviale Großsäuger (Mammut, wollhaariges Nashorn) eingefroren und mit Haut, Haar und allen Weichteilen erhalten aufgefunden. Diese außergewöhnlichen Funde ermöglichten es, nicht nur die Körpergestalt und Anatomie der Tiere eingehend zu studieren, sondern auch die Nahrung, die sich u. a. im Maule, vor allem zwischen den Zähnen und in ihren Kavitäten befand.

4. Der Tod durch Versinken oder Steckenbleiben in weichen, lockeren, nachgiebigen, haftenden oder klebenden Substanzen

Tod durch Steckenbleiben oder Versinken ist, wie ein Blick in die rezenten Verhältnisse zeigt, bei den verschiedensten natürlichen Substanzen möglich. Entsprechende Beispiele lassen sich auch aus der geologischen Vergangenheit zahlreich anführen. In Frage kommen vor allem:

a) Schlamm und Schlick, moorige und anmoorige Böden,
b) Rohöl und Asphalt,
c) Triebsand,
d) Harz.

Betrachten wir zunächst die Verhältnisse, die uns entgegentreten in

a) Schlamm und Schlick

Tonige Böden können beim Austrocknen steinhart werden. Dann besitzen sie eine große Stand- und Tragfähigkeit, die aber rasch verloren geht, wenn eine ausreichende Durchfeuchtung erfolgt. Derartige Böden durchweichen dann rasch unter Quellungserscheinungen und werden nachgiebig. Geraten Tiere, deren Gewicht die Tragfähigkeit des nachgiebigen Mediums übersteigt, auf solche Flächen, so sinken sie mehr oder weniger tief ein. In vielen Fällen gelingt es ihnen nicht, sich wieder zu befreien.

Wirbeltiere versinken meist nur bis zum Bauch und zeigen, wie erstmalig J. WEIGELT (1927) ausführte, eine charakteristische Stellung. Besonders augenfällig ist die Lage der Beine. Die Unterarme zeigen nach vorne, die Unterschenkel nach hinten. Wir können diese Merkmale nicht nur bei rezenten Beispielen beobachten, sondern treffen sie auch an fossilen Tieren, die auf entsprechende Weise ums Leben kamen.

Rezent finden wir sie z. B. in den Prärien, etwa von Texas (vgl. J. WEIGELT, 1927, S. 46), deren tonige, im trockenen Zustande sehr harten und festen Böden durch plötzlich auftretende Ruckregen im Handumdrehen aufweichen und zum Grab Tausender von Rindern werden können.

Ein sehr eindruckvolles fossiles Beispiel liefern die bekannten Skelette von *Diprotodon australis* OWEN, das im Salzschlamm des Callabonnasees auf entsprechende Weise den Tod fand (vgl. STIRLING & ZIETZ, ferner A. S. WOODWARD, 1907). In der Nähe des Sees wurde die an sich tragfähige Kruste der Soda- und Salzböden dünner, die Klebfähigkeit der darunter liegenden viskosen Lagen größer. Die schweren Tiere brachen ein. Vollständig erhaltene Reste lassen erkennen, daß die Beine tief im Schlamm staken, während sich die übrigen Skelettelemente (Schädel, Becken, Wirbelsäule) viel höher befanden und lange Zeit frei gelegen haben müssen. Sie wurden oberflächlich mit Travertin überzogen. In ähnlicher Weise verendeten auch die hier aufgefundenen *Genyornis*-Riesenvögel. Der Kopf aller Skelette, die rings um den See ausgegraben wurden, zeigte nach seiner Mitte.

Die über die Erdoberfläche hinausragenden Teile der Kadaver werden ganz allgemein vor der Einbettung häufig durch die Atmosphärilien zerstört, durch Aasfresser verschleppt und eventuell durch fließendes Wasser auseinandergespült oder verfrachtet. Man findet dann, wie etwa bei den Dinosauriervorkommen in den Tendaguru-Schichten von Deutsch-Ostafrika, nur die Gliedmaßenreste und eventuell die Becken- und Schulterknochen erhalten.

Eine relativ große Rolle spielt die Thixotropie. Darunter versteht man die Erscheinung, daß gewisse bindige Ablagerungen durch mechanische Beeinflussung reversible Zähigkeitsänderungen erleiden können. Die „thixotrope Konsistenzform" befindet sich zwischen der dauernd plastischen und dauernd flüssigen (vgl. ATTERBERG, 1912) als ein quasi fester Zustand mit der Möglichkeit vorübergehender Verflüssigung.

Die Thixotropie wächst dabei im allgemeinen mit steigendem Feintongehalt und ist u. a. in starkem Maße abhängig vom Feuchtigkeitsgrad und der Ablagerungsfestigkeit. Je höher der Wassergehalt, um so bedeutender ist bei sonst gleichen Voraussetzungen die mögliche Festigkeitsabnahme.

Thixotrope Böden können lange Zeit eine größere Standfestigkeit vortäuschen, dann aber nach Auslösung der thixotropen Erscheinungen erhebliche Zustandsänderungen erleiden. Die Auslösung erfolgt z. B. durch Erschütterung und Belastung oder durch Vergrößerung des Porenwasserdruckes.

Besonders stark treten sie auf nach vorheriger Durchfeuchtung. Gerät ein Tier etwa in ein thixotropes, zähes, toniges Medium, so rührt es bei dem Versuch, wieder freizukommen, die anfangs noch relativ feste Substanz durch. Sie wird breiflüssig und in zunehmendem Maße nachgiebig, und das Tier gerät gerade durch seine Bemühungen immer tiefer in den Schlamm. Auf ähnliche Weise können durch die Erschütterungen, die von darüberziehenden oder -flüchtenden Herden verursacht werden, an sich für einzelne Tiere noch gängige Böden zu Todesfallen werden.

b) Der Tod in Rohöl, Asphalt und Erdwachs

Erdwachs bildet den festen Rückstand der Erdöle mit Paraffinbasis, Asphalt entsprechend den der asphaltischen Öle. Die Konsistenz beider kann in weiten Grenzen von salbenartig weich bis hart und spröde schwanken. Sie entstehen, wenn Rohöl mit Luft in Berührung kommt. Zu den Ursprungsölen lassen sich alle Übergänge nachweisen.

Im flüssigen und später im mehr oder weniger weichen Zustand wirken solche Vorkommen als Tierfallen. Die Tiere werden durch das meist gleichzeitig vorhandene, von den Kohlenwasserstoffen gestaute Wasser oder durch die wasserähnliche Oberfläche angelockt. Entsprechend wirkt auch der Geruch, vor allem des zunächst immer vorhandenen Schwefelwasserstoffes auf koprophage Formen. Die Tiere bleiben stecken und versinken, und durch ihre Körper werden wiederum Raubtiere und Aasfresser angezogen.

Der Tod im noch weichen und nachgiebigen Asphalt und Erdwachs steht dem Tod durch Steckenbleiben und Versinken im Schlamm, Schlick, Moor und Triebsand sehr nahe.

Von besonderer Bedeutung ist aber auch das noch flüssige Öl, insbesondere hinsichtlich der Vögel. Es verschmiert und verklebt die Federn. Das Flugvermögen geht verloren. Die isolierende Luftschicht entweicht. Die Tiere können nicht mehr fliegen. Sie erfrieren oder verhungern.

Sehr verhängnisvoll wirken sich in diesem Zusammenhang untermeerische Ölaustritte (z. B. im Mississippi-Delta) und die ins Meer abgelassenen Ölabfälle der Schiffe aus. Die spiegelnden, das Gewimmel von Fischschwärmen vortäuschenden Ölhäutchen locken oft Massen von Seevögeln an, die in so großer Zahl zugrunde gehen, daß man bereits internationale Maßnahmen zu ihrem Schutze erwogen hat.

Während die natürlichen Austritte der paraffinischen Leichtöle im allgemeinen räumlich begrenzt und unscheinbar sind, fallen die der schweren Asphaltöle mehr ins Auge.

Bei den ersteren verflüchtigt sich das Erdöl größtenteils und wird leicht weggewaschen. Bei den letzteren trifft dies nicht zu. An Stelle einer meist braunen, leicht beweglichen Flüssigkeit bei den paraffinischen Ölen sehen wir bei den asphaltischen eine schwarze, teerähnliche Masse mit allen Übergängen zum spröden Asphalt. Im Zentrum der Vorkommen, das meist identisch ist mit dem Mittelpunkt der Förderung, findet sich i. d. R. noch flüssiges, schwarzes Öl. Es wird von einem nach außen fester werdenden Asphaltsaum umgeben.

Rezente Vorkommen sind zahlreich bekannt, so aus Mesopotamien, Syrien, Sachalin, Kanada, Kalifornien, dem Kaspigebiet usw. Zu den bekanntesten gehört der Asphaltsee von Rancho La Brea i. d. N. von Los Angeles. Das heute noch tätige, ca. 70000 m² einnehmende Vorkommen muß sich schon seit dem Diluvium in Gang befinden; denn der Asphalt umschließt unter anderem zahlreiche Reste diluvialer Tiere.

Neben Insekten findet sich eine große Zahl von Raubtieren (insbesondere Säbeltiger, Wölfe, Löwen, Leoparden und Luchse) und Pflanzenfressern (Hirsche, Pferde, Kamele, Elefanten, Wisente usw.). Vom Säbeltiger (*Smilodon californicus*) wurden z. B. bis 1925 ca. 3000 Exemplare, von einem Riesenwolf noch mehr geborgen. Besonders auffällig ist die große Zahl der Vögel, insbesondere der Raubvögel. Vor allem handelt es sich um den Goldadler (vgl. L. H. MILLER, 1909).

In den meisten Fällen sind die Knochen der oberen Körperhälfte, wie dies auch bei den in Schlamm und Schlick umgekommenen Tieren zu beobachten ist, stark verwittert, verschleppt oder zerstört; die der Unterseite (Beine, Brustbein, Schädelbasis und Vorderseite des Kopfes) dagegen, soweit sie beim Einsinken vom Asphalt umhüllt wurden, i. d. R. gut erhalten.

Eine ganz andere Zusammensetzung als die Vogelfauna von Rancho La Brea zeigt die aus dem Asphalt von Mc. Kittrick (vgl. L. H. MILLER, 1925). Hier überwiegt die Zahl der Wasservögel (Enten und andere Ufervögel). Im übrigen finden sich Tiere der verschiedensten Größen, vom *Mastodon* bis zur Schwalbe, die dem durch Vegetation und Wasseransammlungen verschleierten Rohölaustritt zum Opfer fielen. Die andersartige Zusammensetzung der Fauna ist auf die verschiedene altersmäßige und geographische Stellung zurückzuführen.

Entsprechende Vorkommen in paraffinischen Austritten sind weniger bekannt geworden. Dies hängt z. T. mit der leichten Verdunstbarkeit, dem relativ geringen Gehalt an festen Kohlenwasserstoffen und der leichten Verwaschbarkeit durch Niederschläge zusammen, was für die asphaltischen Öle nicht zutrifft. Das bislang hierher gestellte Vorkommen von Starunia (Galizien) muß nach den neuesten und von F. ZEUNER (1934) beschriebenen Funden anders betrachtet werden. Man war ursprünglich der Meinung, daß die hier gefundenen Nashorn- und Mammutleichen in ähnlicher Weise wie etwa die Säuger und Vögel von Rancho La Brea umgekommen sind. Die Einbettung besonders des 1929 ausgegrabenen Nashorns in einem zwar salz- und erdölhaltigen Flußschlick in Rückenlage, läßt sich aber kaum anders als durch fluviatile Vorgänge erklären.

Die Reste sind hier mit Weichteilen erhalten. Die Konservierung muß dem Salz und den Kohlenwasserstoffen zugeschrieben werden. Dies ergibt sich schon aus der Tatsache, daß Salz aus der Haut der Reste nach der Bergung ausblühte. Im übrigen war sie hier und da mit einer dünnen Erdwachslage bedeckt. Zudem trat reichlich Öl aus den zerbrochenen Knochen.

Freilich dürfte die konservierende Wirkung vor allem auf das Salz zurückgehen, das wohl den gleichzeitig mit dem Erdöl geförderten Ölwässern entstammt. Im Asphaltsumpf von Rancho la Brea fehlt das Salz, und es sind nur die Skelette, ohne Reste von Weichteilen erhalten. Die Weichteile der hier eingeschlossenen Tiere wurden von innen heraus durch die anaeroben Bakterien des Darmtraktus zersetzt und in kurzer Zeit verflüssigt.

c) Der Tod im Triebsand (Schwimmsand)

Die auch als Fließ- oder Schwimmsande bezeichneten Triebsande leiten zu den thixotropen Feinsanden hinüber. Im Gegensatz zu letzteren müssen sie aber, um standfest zu werden, Wasser abgeben. Fließgefährlichkeit tritt erst wieder ein bei erneuter Aufnahme ausreichender Wassermengen.

Durch die Vermengung von Wasser und Sand wird die Berührung und damit die gegenseitige Reibung der einzelnen Sandkörnchen aufgehoben. Die Folge ist, daß diese sich leicht verschieben lassen. Sie weichen unter dem Druck eines darauf lastenden Körpers seitlich aus und vermögen anschließend wieder zusammenzufließen.

Triebsand kann entstehen, wenn lockerer, zur Schwimmsandbildung geeigneter Feinsand:

a) horizontal von Wasser durchströmt wird. (Wir finden diese Art vor allem dort, wo fließende Gewässer in das Meer oder in Seen mit sandigem Ufer münden oder wo Grund- und Niederschlagswässer von der Seite in sandige Gebiete sickern);

b) vertikal von hydrostatisch aufsteigendem Wasser durchflossen wird (z. B. artesisches oder durch Stauwirkung bei hoher Brandung im Strandsaum hochquellendes Wasser);

c) durch Wind oder langsames Abgleiten in stehendes Wasser befördert wird.

Die gefährlichste, weil tiefgründigste Art der Triebsandbildung tritt auf, wenn, wie im Fall b) das Wasser vertikal von unten mit hydrostatischem Druck aufsteigt.

Geraten Tiere von ausreichendem Gewicht auf Triebsand, so sinken sie mehr oder weniger tief ein. In vielen Fällen vermögen sie sich, besonders wenn Entkräftung mitspielt, nicht mehr zu befreien und gehen zugrunde. Meist versinken sie nicht gänzlich, sondern ragen noch mit den oberen Körperpartien hervor. Körperstellung und Erhaltung dieser Reste gleichen deshalb i. d. R. weitgehend denen der in Schlamm, Schlick, Moor und Asphalt umgekommenen Tiere.

Ein bezeichnendes Beispiel aus der Gegenwart beschreibt J. WEIGELT (1927) von der nordamerikanischen Golfküste. Im Verlauf der hier auftretenden schweren Nordstürme (Northers) wenden sich die auf den Salzmarschen weidenden Rinder vom Winde ab nach Süden und gehen, da das Meerwasser viel höhere Temperaturen aufweist als die kalte Luft, mit dem ganzen Körper in dasselbe hinein. In den Triebsandgebieten finden auf diese Weise ganze Herden ihren Untergang, besonders dann, wenn die Tiere entkräftet sind. Die Kadaver versinken häufig soweit, daß nur noch die Hörner oder Nasenbeine herausragen.

Nach Abflauen des Sturmes geht das Wasser zurück und gibt die Leichenfelder frei. Im Laufe der Zeit werden die Reste durch den Wind freigeblasen und zeigen, daß viele bei einer merkwürdigen, halbseitigen Lage so stark gekrümmt sind, daß sich der Kopf in der Nähe des Beckens befindet. Die Schädel liegen meist mit der Basis, seltener mit der Seite auf.

Ein hervorragendes fossiles Beispiel gibt ein in der Wüste Gobi aufgefundener Skelettrest von *Baluchitherium* (ANDREWS, 1927). Alle vier Beine staken senkrecht im Gestein. Das Tier muß also derart schnell eingesunken sein, daß der Rumpf sich nicht zur Seite neigen konnte. Vom übrigen Skelett war nichts erhalten.

Antriftende Kadaver, die auf Triebsandflächen geraten, können ebenfalls schnell und vollständig versinken und eingebettet werden.

d) Der Tod in Harzen

Am bekanntesten unter den fossilen Harzen ist der Bernstein. Ähnlich, wie man etwa am Harzausfluß angeschlagener Nadelhölzer heute direkt beobachten kann, fanden in ihm zahlreiche, aber aus erklärlichen Gründen nur kleine Tiere den Tod (Fossile „Fliegenfänger"). Größere und stärkere besaßen die Kraft, sich zu befreien. Häufig geschah dies nur unter Verlust von Körperteilen (Beinen, Fühlern, Flügeln). Bisher ist lediglich ein Fall bekannt, in dem ein größeres Tier in Bernstein eingeschlossen wurde — eine Eidechse, wahrscheinlich aber bereits im verendeten Zustand.

Der Tod tritt je nach der Viskosität des Harzes, mit dem die Lebewesen (vor allem Insekten) in Berührung kommen, ankleben oder überflossen werden, mehr oder weniger rasch ein. Die Einbettung erfolgt im allgemeinen schnell und ohne eine nennenswerte Spur von Todeskampf, wenn das Harz etwa durch Sonnenbestrahlung sehr dünnflüssig ist. Ist es jedoch zäher (etwa dann, wenn es an der Schattenseite austritt), so vollzieht sich die Einbettung meist erst nach einem mehr oder weniger langen Todeskampf.

Für rasche Einbettung in relativ leichtflüssiges Harz sprechen folgende Befunde aus dem Bernstein:

a) in Kopulation befindliche Insekten. Hier muß sich die Einbettung derart rasch vollzogen haben, daß eine Trennung aus der Kopulation nicht mehr erfolgen konnte (Beispiel siehe bei A. BACHOFEN-ECHT, 1929, Taf. II, Fig. 1);

b) eine Ameise, die noch eine Larve zwischen den Kiefern hält und zwar anscheinend eine eigene, da die Kiefer nicht fest zusammengekrampft sind, sondern locker fassen (A. BACHOFEN-ECHT, 1929, Taf. II, Fig. 2).

Käfer, die, wie Spuren im Bernstein beweisen, mit großer Energie aus dem Fluge in leichtflüssiges Harz hineingestoßen sind und dabei sofort eingeschlossen wurden, zeigen beiderseits an den Tracheen kleine Luftbläschen. Man hat es hier wahrscheinlich mit dem letzten Atem der Tiere zu tun.

Besonders häufig sind Ameisen, die vermutlich auf Nahrungssuche verunglückten.

Mitunter finden sich Fliege und Spinne gemeinsam mit Resten des Spinnennetzes eingebettet. Möglicherweise handelt es sich um Beutetier und Jäger. Reste von Spinnenmahlzeiten dürften dann vorliegen, wenn von einem Insekt nur die Flügel und die Beine in einem Päckchen zusammenliegen.

5. Tod durch Austrocknung

Besonders in Räumen mit aridem und semiaridem Klima ist die Austrocknung von Flußläufen und stehenden Gewässern eine häufige Erscheinung. Für viele Tiere bedeutet sie eine große, oft tödliche Gefahr. Aber auch in gemäßigten Gegenden kann Ähnliches beobachtet werden.

Zusammendrängung in Resttümpeln führt hierbei zu Auslesevorgängen nach Alter, Art und Größe. Hochkörperige Formen verenden früher als flache und nicht zum Eingraben in den noch feuchten Schlamm befähigte eher, als solche, die dazu in der Lage sind. Freiliegende Kadaver zeigen die für Austrocknung charakteristischen Erscheinungen, so vor allem die dorsale Wirbelsäulenverkrümmung. Weniger widerstandsfähige, am Boden festhaftende Reste (z. B. Krebspanzer) können durch Trockenrisse zerteilt werden. Betrachten wir nun einige Beispiele:

In einem feinkörnigen Sandstein des Unt. Keupers von Nottingham fanden sich zahlreiche Exemplare von *Semionotus* und *Woodhorpea.* Sie lagen dicht nebeneinander 0,3 bis 0,6 cm unter einem feinen Tonhäutchen, welches den Sandstein durchzog. SWINNERTON (1925) schloß daraus, daß sich die Tiere zu Beginn einer Trockenperiode eingegraben haben, dann aber bereits vor Wiederkehr des Wassers (Bildung des Tonhäutchens) verendeten.

Der rezente Schlammbeißer gräbt sich bei Austrocknung der Wohngewässer bis zu einem Meter tief in den Schlamm ein. Schleie und andere Fische vermögen in einer Art Schlafzustand Austrocknungsperioden zu überdauern. Das bekannteste Beispiel ist aber *Protopterus*, der Molchfisch, der sich beim Eintrocknen der Gewässer bis $^1/_2$ m tief vergräbt und eine Schleimkapsel anlegt. In allen diesen Fällen kann es zu einem Absterben und zu einer Einbettung mit charakteristischen Merkmalen kommen.

Mit den gelegentlich durch langanhaltende Trockenheit in Afrika verursachten Massenansammlungen von Krokodilen in Resttümpeln lassen sich nach C. WIMAN (1913) die bekannten Belodonnester aus dem Keuper von Württemberg vergleichen.

F. TRUSHEIM (1931) beschreibt eine flache, mit Schiefertonen und Sandsteinlagen der Heldburgstufe erfüllte, in die Oberfläche des Semionotensandsteines bei Ebrach (Franken) eingetiefte Schüssel, die einem ehemaligen Tümpel entspricht. In den Tonschiefern fanden sich zahlreiche Reste von *Triops cancriniformis minor* F. TRUSHEIM. Die Sohlflächen der hangenden Sandsteinlagen waren regelmäßig mit zarten Netzleisten bedeckt. Vor der Ablagerung des Sandsteins und nach Abschluß der Schiefertonbildung muß also jeweils der Tümpel völlig ausgetrocknet sein. Bei einer erneuten Wasserzufuhr schlugen sich zunächst die gröberen, dann die feineren Sandkörnchen, schließlich die Tonteilchen nieder. Das Schicksal der Tümpelbewohner war aber in jedem Falle bereits besiegelt, bevor eine neue Sandeinschwemmung erfolgte. Der Tod wurde also nicht durch die Eindeckung mit Sand verursacht, sondern durch das vorherige Austrocknen. *Triops* ist ja, wie Untersuchungen an rezentem Material zeigen, außerhalb des Wassers nicht lebensfähig.

6. Tod durch Überschwemmung

Bekannt sind aus der Gegenwart die oft katastrophalen Auswirkungen plötzlich auftretender Überschwemmungen, in deren Verlauf Landtiere, soweit sie nicht sofort ertrinken, an hochgelegenen Stellen zusammengedrängt werden und hier beim weiteren Ansteigen des Wassers den Tod finden. Jedoch ist ein Nachweis dieser Todesursache in fossilen Fällen schwierig und nur selten eindeutig zu führen. Einfacher gestaltet er sich mitunter bei Pflanzenvorkommen.

Viele Pflanzen, insbesondere Bäume sterben ab, wenn das Porenvolumen des von ihnen durchwurzelten Bodens längere Zeit mit mehr als 70—75% Wasser erfüllt wird. Fossile Beispiele lassen sich vor allem aus dem Tertiär und den quartären Mooren anführen. So trifft man in Braunkohlenflözen mitunter auf geringmächtige, tonige Zwischenlagen. Sie entsprechen Überschwemmungszeiten, in deren Verlauf die Braunkohlenbildung unterbrochen wurde. Ein derartiges Tonband beschreibt F. GLÖCKNER (1912) aus dem Oberflöz des Tagebaues „Wilhelminensglück" bei Klettwitz (Niederlausitz). Über einem *Taxodium*-Wurzelstumpf bildet die Tonlage unvermittelt einen Sattel, eine Erscheinung, die nur durch die Sackung der liegenden Braunkohle erklärt werden kann (vgl. S. 130). Im Hangenden des Tonmittels folgt wieder Braunkohle und in ihr, direkt über dem Wurzelstumpf liegen die Reste eines Baumstammes (vgl. Abb. 75b). Der Befund läßt sich wie folgt deuten: Durch die Überschwemmung kam es zum Absterben des Baumes. Er faulte in der Wasserlinie ab und stürzte, als die tonige Trübe bereits abgesetzt war, um.

Sehr bezeichnend ist die Tatsache, daß innerhalb der gleichen Stubbenhorizonte, wie sie in vielen Braunkohlenrevieren zahlreich den Flözen eingeschaltet sind (vgl. S. 71), alle Stubben etwa dieselbe Höhe (0,20—2,00 m) besitzen, gleichgültig, welchen Durchmesser sie im einzelnen aufweisen (vgl. Abb. 4). Man kann diese Erscheinung wohl kaum anders als durch Abfaulen in gleicher Höhe erklären. Daß sie durch die entsprechende Wirkung einer vernässenden Flora bewirkt sein könnte, scheidet u. a. schon deshalb aus, weil junge und alte Bäume zu derselben Zeit betroffen wurden. Die Höhe der Stubben gibt somit wohl einen gewissen Anhalt für das Ausmaß der Grundwasserschwankung, die zu der Überschwemmung geführt hat.

Die Durchmesser der umgefallenen Baumstämme erreichen Beträge bis zu 3 und 4 m, solche von 2 m sind ziemlich häufig. So ist es erklärlich, daß in vielen Fällen die

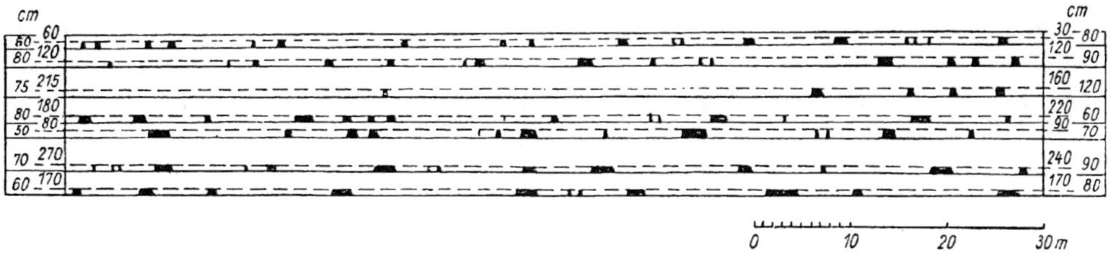

Abb. 4. Die Stubbenhorizonte im Flöz der Grube „Anna-Mathilde". Oberflöz des Senftenberger Braunkohlenreviers. Nach TH. TEUMER (1932).

gestürzten Stämme nicht ganz unter den Wasserspiegel zu liegen kamen und teilweise über ihn hinausragten. Sie sind heute in der Regel nicht mehr rund, sondern vom Hangenddruck zusammengepreßt. Durch die Zersetzung der über den Wasserspiegel hinausragenden Teile fehlt am Querschnitt aber häufig nach oben hin ein Segment. Es ist leicht am unterbrochenen Verlauf der Jahresringe zu erkennen (vgl. Abb. 5).

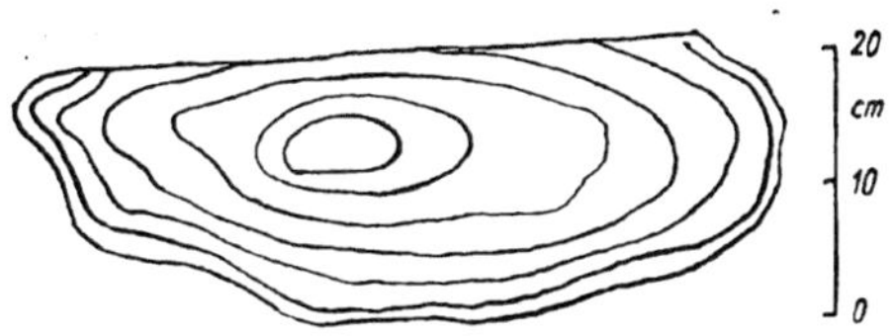

Abb. 5. Querschnitt durch einen flachgedrückten Taxodiumstamm aus der Braunkohle. Der über das Wasser herausragende Teil des nach dem Absterben umgestürzten Baumes wurde vor der Einbettung zerstört. Am Querschnitt des Stammes fehlt daher ein Segment. Nach TH. TEUMER (1932).

Die Zahl der Ursachen, die zum Tode führen können, ist groß, ihr biostratonomischer Nachweis jedoch in den meisten Fällen schwierig. Er dürfte in erster Linie wohl aus der Art des Nebengesteins zu führen sein. Von den möglichen Todesursachen seien hier nur noch genannt: Hunger, Kälte, Entkräftung durch Überanstrengung (Zugvögel), Vergiftung, Prärie- und Waldbrände, vernichtende Stürme, Bergstürze, Krankheiten.

III. Der Todeskampf und seine Spuren

Die Spuren des Todeskampfes legen uns Zeugnis ab von den letzten Augenblicken eines Tieres. Zugleich geben sie meist Auskunft über die Todesursache. In vielen Fällen sind sie Beweise für die Ortsfremdheit von Organismen; dann nämlich, wenn wir sie in einem Medium beobachten, das in einer ihnen fremden und lebensfeindlichen Umgebung abgelagert wurde. Nachstehend einige Beispiele.

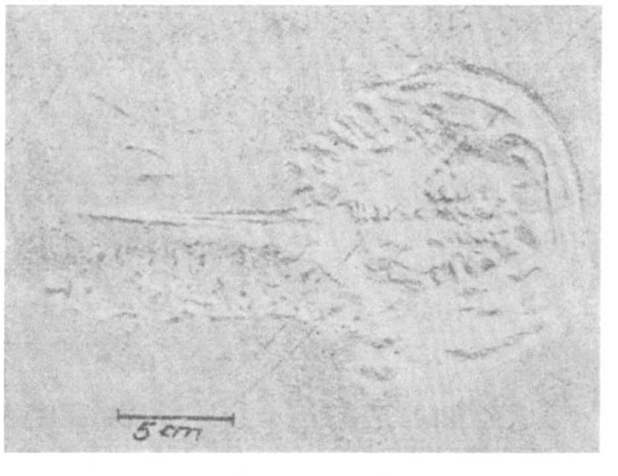

Abb. 6. Am Ende seiner Fährte eingebetteter *Limulus walchi* aus dem lithographischen Schiefer von Eichstätt (Bayern). Nach O. ABEL (1922).

Im lithographischen Schiefer von Solnhofen finden sich mitunter auf den Schichtflächen die Fährten eines Krebses *(Limulus walchi)*. Verfolgt man sie im Gestein, so trifft man in der Regel auf das versteinerte Tier selbst (Abb. 6). Eine dieser Platten zeigt einen *Limulus*, der vor dem Verenden im Todeskampf noch mehrmals mit dem Schwanzstachel in den Schlamm schlug.

Aus den gleichen Schichten stammt ein versteinerter Tintenfisch (*Trachyteuthis hastiformis* RÜPP.), der vor dem Verenden die Tentakeln bewegte und dabei jedesmal einen Abdruck hinterließ. Neben der Mundregion liegen Teile eines anderen Tintenfisches. Es ist möglich, daß das Tier im Todeskampf diese als halbverdaute Reste erbrochen hat.

In ähnlichen Ablagerungen wurde bei Kelheim das vorzüglich erhaltene Skelett eines kleinen Sauriers gefunden (*Homoeosaurus brevipes* H. v. MEY, vgl. Abb. 7). Die Extremitäten der rechten Körperseite liegen flach der Platte auf, die der linken stecken dagegen tief im Sediment. Dicht neben Rumpf und Kopf befindet sich ein Eindruck, der deutlich die Körperumrisse zeigt. Nach A. ROTHPLETZ (1909) schnellte sich das in den trocken gefallenen, noch zähen und weichen Schlammboden einsinkende Tier in die Höhe, um sich zu befreien. Es kam dann seitlich des ersten Eindrucks zu liegen und verendete hier. Eine andere, vor allem von J. WEIGELT (1927) vertretene Version lehnt indes diese Deutung ab und nimmt eine Verrückung des Kadavers durch Aasfresser an, eine Erscheinung, die an rezenten Leichen nicht selten zu beobachten ist.

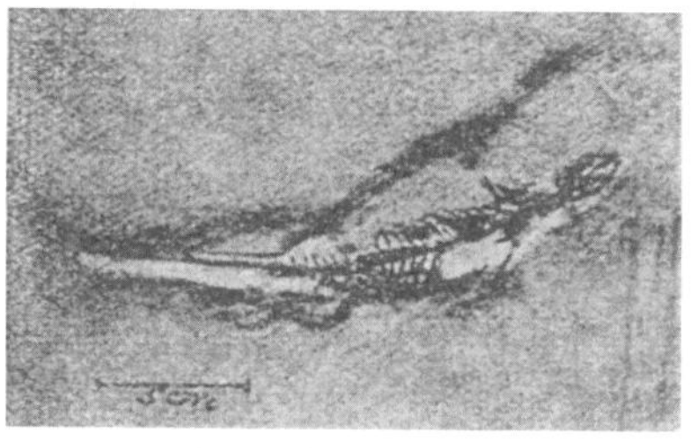

Abb. 7. *Homoeosaurus brevipes* H. v. MEY. aus dem Plattenkalk von Kelheim (Bayern). Malm. Neben Kopf und Rumpf befindet sich ein Eindruck, der deutlich die Körperumrisse des Tieres zeigt. Nach A. ROTHPLETZ (1909).

Besonders zahlreiche Spuren des Todeskampfes finden sich bei den im Bernstein eingeschlossenen Insekten. Hier trat der Tod je nach der Zähigkeit des Harzes verschieden schnell ein. Er vollzog sich im allgemeinen rasch und ohne nennenswerte Spuren dann, wenn das Harz etwa durch Sonnenbestrahlung sehr dünnflüssig war und die Tiere sofort umschloß. Bei zäher Konsistenz hingegen (etwa an der Schattenseite der Bäume) erfolgte er in der Regel erst nach einem längeren Kampf.

Klebten die Tiere zunächst nur mit den Flügeln oder Beinen fest, so bemühten sie sich unter heftigen Bewegungen, wieder freizukommen und hinterließen dabei charakteristische Spuren. Schnellkäfer suchten sich z. B. durch Emporschnellen, andere Käfer durch Herumwirbeln oder durch Herumschwimmen in der zähen Masse zu befreien (vgl. A. BACHOFEN-ECHT, 1928—1929).

Käfer, die mit großer Energie aus dem Fluge heraus in dünnflüssiges Harz hineinstießen und dabei sofort eingeschlossen wurden, zeigen beiderseits an den Tracheen kleine Luftblasen. Wir haben es hier wahrscheinlich mit dem letzten Atem von Tieren zu tun, die vor ca. 33 Millionen Jahren ums Leben kamen.

Im Todeskampf vollzieht sich häufig eine letzte Darmentleerung. Aus diesem Grunde findet man nicht allzu selten die Reste autochthon eingebetteter Wirbeltierleichen dicht neben ihren Exkrementen (Koprolithen). In ähnlicher Weise wird mitunter auch der Mageninhalt mitsamt den in ihm eventuell enthaltenen Magensteinen erbrochen. So konnte man bei Sauropodenresten aus den Tendaguru-Schichten von Ostafrika Magensteine unmittelbar neben den Halswirbeln beobachten, die wahrscheinlich auf die Weise dahingelangt sind (JANENSCH, 1926, 1928).

IV. Der Todeskrampf und seine Spuren

Kurz nach Eintritt des allgemeinen Todes der Körpermuskulatur beginnt normalerweise die Todesstarre (Todeskrampf). Sie breitet sich langsam, oft unter typischen Veränderungen der Lage einzelner Teile über den ganzen Körper aus und verliert sich dann allmählich wieder. Erfolgt die Einbettung des Kadavers während des Todeskrampfes, können die typischen Lagebeziehungen überliefert werden. Derartige Reste weisen dann immer auf sehr rasche Einbettung hin.

Bei Wirbeltieren beginnt die Starre gewöhnlich nach 8—10 Stunden und breitet sich, meist von der Kopfregion ausgehend, über Hals und Rumpf aus. Nach Ablauf von weiteren 10—20 Stunden verliert sie sich im allgemeinen wieder. Dann machen sich die im folgenden Kapitel behandelten Zersetzungserscheinungen stärker bemerkbar. In manchen Fällen, insbesondere nach größeren Anstrengungen, kann die Leichenstarre ausnahmsweise auch sofort nach dem Tode eintreten.

Ihre Ursache ist die zunehmende Wärmeabgabe der wärmeren an die kälteren Teile, wodurch die Muskeln jede Gelenkigkeit und Beweglichkeit verlieren und sich zusammenziehen. Mit dem Einsetzen wahrnehmbarer Zersetzungsvorgänge wird Wärme frei und hierdurch die Starre wieder aufgehoben. Aus diesem Grunde kann man etwa sagen:

Mit dem Ende der Leichenstarre beginnt die deutlich wahrnehmbare Zersetzung mit ihren Erscheinungen, zu denen auch Verlagerungen einzelner Körperteile gehören. Ihre Erkennung als unmittelbare Folge des Todeskrampfes oder der Zersetzungsvorgänge ist deshalb nur ausnahmsweise möglich.

Dies gilt auch für die bei Vertebraten nicht selten zu beobachtende dorsale Wirbelsäulenverkrümmung. Es handelt sich hierbei um eine postmortale Erscheinung, die auf Verkürzung der Muskeln, Sehnen und Bänder, welche der Wirbelsäule aufsitzen, zurückzuführen ist. Diese Verkürzung kann folgende Ursachen haben:

a) Todeskrampf,

b) Schrumpfung im Verlaufe der Zersetzung der Weichteile,

c) Eintrocknung.

Die dorsale Wirbelsäulenverkrümmung ist also vieldeutig. Im Einzelfall muß zur sicheren Beurteilung eine genaue Untersuchung der Umwelt- und Einbettungsbedingungen vorangehen.

Fall a) und b) treten häufig bei langen, schmalen Fischen, z. B. bei Clupeiden auf, doch dürfte auch die nicht selten zu beobachtende Krümmung etwa von *Leptolepis sprattiformis* aus dem Solnhofener Plattenkalk und bei *Palaeoniscus* aus dem Kupferschiefer darauf zurückzuführen sein. Daß es sich hierbei nicht ausschließlich um fixierte Bewegungen des Todeskrampfes handelt, geht daraus hervor, daß bei allen diesen Formen die Bauchseite die konvexe ist. Setzt man nach W. WEILER (1929) tote, kleine Clupeiden (z. B. 7 bis 8 cm lange Exemplare von *Clupea harengus* L.) in ein mit Wasser gefülltes Gefäß, so beginnen sich Kopf und vorderer Rumpfabschnitt nach $1—1^1/_2$ Tagen aufwärts zu krümmen. Diese Krümmung erreicht am 2. bis 3. Tage das Maximum. Dabei kommt es meist zum Platzen der stark gespannten Bauchdecke hinter den Brustflossen. Die dorsale Verkrümmung der Wirbelsäule ist hier eine Folge von Zersetzungsvorgängen.

Dorsale Krümmung durch Eintrocknung kommt hauptsächlich auf dem Festland vor und wurde oft in fossilen Wüstenablagerungen beobachtet. Sie betrifft bei land- und luftbewohnenden Wirbeltieren vor allem die Hals- und Schwanzregion, bei Wasserbewohnern in der Regel die ganze Wirbelsäule, zumindest aber den Rumpfabschnitt (vgl. S. 43).

C. Das Schicksal der organischen Substanz der Leichen

I. Allgemeines

Biostratonomisch auswertbar sind nicht nur die Hartteile der Organismen, die besonders bei den Tieren als eigentliche „Fossilien" die Aufmerksamkeit auf sich gelenkt haben, sondern auch die Weichteile und ihre Zersetzungsprodukte. Diese unterliegen wie alle anorganischen Substanzen nach ihrer Ablagerung als tote Körper der Einwirkung von Einbettungsmedium (Luft, Wasser usw.) und Sediment. Deren Abänderung besitzt deshalb richtungsbestimmenden Einfluß auf den Ablauf der sich vollziehenden Umsetzungen und ihre Endprodukte. Kennt man die Gesetzmäßigkeiten dieses Ablaufs für bestimmte Bedingungen, so lassen sich aus den fossilen Restprodukten oder Spuren derselben Rückschlüsse der verschiedensten Art ziehen.

Aus den Lagebeziehungen der organischen Substanz, ihrer Rest- und Umwandlungsprodukte (autochthon oder allochthon) zum Nebengestein oder zu den anorganischen Überresten des zugehörigen Organismus kann man auf diese Weise Aussagen gewinnen über:

a) Bildungsbedingungen des Nebengesteins,
b) Veränderungen, welche die Zersetzungs- und Umwandlungsprodukte an den Hartteilen des Tieres vollzogen haben,
c) Einwirkungen auf das Nebengestein,
d) Umrißformen der Weichteile.

II. Die Zersetzung

Unmittelbar nach dem Tode beginnt der Zersetzungsprozeß, welcher die organische Substanz der tierischen und pflanzlichen Körper betrifft. Bei Wirbeltieren wird er deutlich wahrnehmbar erst nach Beendigung der Leichenstarre. Es handelt sich dabei um chemische (meist bakterielle) Vorgänge, die sich wie folgt gruppieren lassen:

1. Verwesung (bei Gegenwart von reichlich Sauerstoff),
2. Fäulnis (bei Abschluß von Sauerstoff).

Während bei der völligen Verwesung die organische Substanz gänzlich zerstört und in einfachste Verbindungen übergeführt wird, endet die Fäulnis mit der Bildung fossil erhaltungsfähiger Körper. Sie besitzt darum geologisch ein besonderes Interesse.

Die Fäulnis ist im wesentlichen mit einer unvollkommenen Reduktion bei Luftabschluß unter Anreicherung kohlen- und stickstoffreicher Massen verknüpft. Die Verwesung dagegen stellt eine langsame, aber vollständige Verbrennung dar. Verwesungsprodukte besitzen deshalb in den Sedimenten gegenüber den Fäulnisprodukten nur eine untergeordnete Bedeutung. Es handelt sich vor allem um einfachste Gase und Flüssigkeiten der Elemente Wasserstoff, Kohlenstoff, Stickstoff, Schwefel und Phosphor.

Unter den natürlichen Verhältnissen gibt es indessen Übergänge. Beide Prozesse können nebeneinander verlaufen. Auch kann ein Körper nach teilweiser Verwesung unter Fäulnisbedingungen geraten, andererseits ein durch Fäulnis betroffener Körper der Verwesung zugänglich werden. In der Regel ist es aber die Fäulnis, die, wenn überhaupt etwas von der organischen Substanz selbst erhalten bleiben soll, den Zersetzungsprozeß abschließt. Vor allem wird nach erfolgter Einbettung die Fäulnis überwiegen.

Bakterielle Zersetzung konnte hauptsächlich in fossilen Pflanzenresten nachgewiesen werden, wo durch die Tätigkeit der Spaltpilze vornehmlich die Zellulosemembranen vernichtet wurden. Derartige Zerstörungen beobachtete z. B. van TIEGHEM (1877, 1879) an verkieselten Pflanzenresten aus dem Oberkarbon von St. Etienne (Frankreich). Er glaubte, in den Schliffen auch die Bakterien selbst erkennen zu können und war überzeugt, daß es sich um *Bacillus amylobacter* handelt, der auch heute noch in sich zersetzenden Pflanzenresten zu finden ist.

Besonders eingehend hat sich B. RENAULT mit den fossilen Bakterien beschäftigt. Seine Ergebnisse sind in einer ganzen Anzahl von Arbeiten niedergelegt (1896, 1899—1900). B. RENAULT war u. a. der Meinung, daß bei der Bildung der Kaustobiolithe Spaltpilze eine entscheidende Rolle spielen. Die chemische Umwandlung soll sich dabei relativ rasch in der Zeit vollziehen, in der die pflanzlichen Substanzen noch nahe der Oberfläche liegen. Dies dürfte, wie neuere Arbeiten bestätigen, für die ersten Schritte der Inkohlung zutreffen. In Ligniten treten Spaltpilze massenhaft auf. Dabei ist anzunehmen, daß sie in pflanzlichen Substanzen in erster Linie die Zellulose verbrauchen, während das Lignin nur teilweise abgebaut wird.

Im wesentlichen handelt es sich entsprechend der äußeren Gestalt um zwei Gruppen von Bakterien:

a) *Bacillus:* Stäbchen mit abgerundeten Enden und einigen Mikron Länge; oft kettenartig zusammenhängend. Fossil nachgewiesen im Oberen Karbon, Perm, Gault, Tertiär.

b) *Micrococcus:* kleine, kugelige Körperchen, mitunter mit deutlicher Membrane. Fossil nachgewiesen im Unteren Karbon, Oberen Karbon, Perm, Jura, Kreide, Tertiär.

B. RENAULT glaubt, nicht nur morphologische, sondern auch biologische Unterschiede hinsichtlich der Anpassung der von ihm nachgewiesenen Bakterien bei allgemein anaerober Lebensweise festgestellt zu haben.

Im übrigen konnten Bakterien und ihre Spuren mehrfach auch in fossilen Knochen und in Koprolithen beobachtet werden. MOODIE (1923) beschreibt z. B. Mikrokokken und die für sie bezeichnenden Veränderungen des Gewebes aus Knochenplatten von *Bothriolepis* und *Coccosteus* des kanadischen Devon, B. RENAULT (1896, 1899—1900) aus Resten von *Pleuracanthus* (Perm, Frankreich) und in Koprolithen eingeschlossenen Knochenstückchen.

Bernsteininklusen sind häufig auf einer Seite mit einer weiß erscheinenden Masse bedeckt, von der man früher annahm, daß es sich um einen Fadenpilz handele. Nach LENGERKEN (1923) löst sich der Belag aber bei starker Vergrößerung unter dem Mikroskop in zahlreiche feine Bläschen auf. Er deutet ihn als Folge der Zersetzung, bei der Gewebewasser aus dem Tierkörper hervortrat und das umgebende Harz trübte. A. BACHOFEN-ECHT (1928) bezweifelt allerdings diese Ansicht, da in Fällen, wo zahlreiche Inklusen nebeneinander liegen, mitunter nur ein einzelnes Individuum von diesem Belag bedeckt ist.

Neben der eigentlichen Zersetzung erweist sich die Tätigkeit der leichenfressenden Organismen bei der Vernichtung und Umwandlung der Weichteile von Bedeutung. Bekannt ist die außerordentliche Skelettierfähigkeit von Raubvögeln (Geier), Füchsen, Wölfen, Hyänen, Krebsen, manchen Fischen (Pirhana, Aal), vielen Insekten und ihren Larven (Ameisen, Fliegenmaden). Ihr direkter Nachweis am fossilen Material gelingt aber nur ausnahmsweise (Mumien, Einschlüsse im Bernstein). So konnte beobachtet werden, daß im sibirischen Bodeneis eingefrorene Mammutkadaver von Füchsen und Wölfen angefressen wurden.

Aber indirekt gibt sich das Ausmaß dieser Tätigkeit zu erkennen, besonders, wenn man auch die abgestorbenen Reste des Planktons mit berücksichtigt, an den im Sediment enthaltenen koprogenen Bestandteilen. Da die Kotproduktion im Laufe des Lebens die körperliche Masse des Erzeugers bei weitem übertrifft, vermag sie die Beschaffenheit und Zusammensetzung des Sediments oft wesentlich zu beeinflussen. Besonders groß ist, wie Arbeiten von A. SCHWARZ (1932), W. WETZEL (1937) und H. B. MOORE (1939) zeigen, die Bedeutung bei der Bildung mariner Ablagerungen. Bei der z. T. relativ festen Konsistenz der Koprolithen war in vielen Fällen eine fossil nachweisbare Massenerhaltung auch bei kleineren Lebewesen (Muscheln, Gastropoden, Würmern) möglich. Sie konnte erstmalig im Ordovizium (*Tomaculum*) beobachtet werden. Kotpillen von Gastropoden beschreibt W. WETZEL (1937) aus dem Oberen Glimmerton von Föhr.

Die Zersetzungsfähigkeit der organischen Substanzen ist außerordentlich verschieden. Sehr leicht zersetzbar sind vor allem die sog. Labilbitumina (Fette, Öle, Eiweiße, ölige höhere Alkohole, ungesättigte Fettsäuren der Seetieröle), schwer oder kaum zersetzbar die sog. Stabilprotobitumina und Kerogenbitumina z. T. (Harze, bestimmte Wachse, Suberin, Kutin usw.). Letztere passieren oft unter nur geringfügigen Veränderungen die Diagenese und werden dabei zu den sog. Fossilstabilprotobitumina umgewandelt.

Bei allen diesen Zersetzungsvorgängen entstehen aber immer Gase. Sie sind ihrer Art und Quantität nach verschieden, je nach dem Chemismus der sich zersetzenden organischen Substanzen und dem Verlauf der sich abspielenden Zersetzungsvorgänge. Die sich bildenden Gase vermögen im Sediment die verschiedensten texturellen Einflüsse auszuüben. Die hierbei bewirkten Erscheinungen gehören mit zu den Mitteln, um in heute völlig bitumenfreien Gesteinen einen ursprünglich vorhandenen reicheren Gehalt an organischer Substanz nachzuweisen, wie es sonst etwa noch durch die Anzeichen gewisser chemischer Prozesse oder durch das Vorkommen autochthoner Lebensreste und Lebensspuren möglich ist.

Auf diese Entgasungserscheinungen soll nun zunächst eingegangen werden.

III. Entgasungserscheinungen an sedimentbedeckter organischer Substanz

Die bei der Zersetzung sedimentbedeckter organischer Substanz freiwerdenden gasförmigen Produkte hinterlassen unter gewissen Bedingungen erhaltungsfähige Spuren. So sammeln sich die Gase nicht selten in einem abgeschlossenen Hohlraum, etwa der Leibeshöhle oder dem Gehäuse tierischer Organismen und erzeugen hier besonders unter Wasserbedeckung einen mehr oder minder kräftigen Auftrieb mit den entsprechenden Erscheinungen.

Entweichen sie dagegen frei ins Sediment, so können sich unter bestimmten Voraussetzungen die Entgasungswege erhalten. Erste Bedingung hierzu sind eine ausreichende Viskosität und Standfestigkeit des Sediments im Augenblick der Gasentbindung. Bleiben die Gase infolge zu großer Viskosität und zu geringer Gasspannung im Gestein stecken, so entsteht ein mehr oder minder dichtes Blasengewebe.

Da uns hier nur solche Gase interessieren, die bei der Zersetzung organischer Substanzen unmittelbar freiwerden, scheiden alle im Prinzip ähnlichen Entgasungsgebilde durch entweichende vulkanische Gase, im Sediment eingeschlossene atmosphärische Luft und sekundär verlagerte organische Gase, besonders der Erdöllagerstätten aus.

Die Entscheidung, ob es sich im Einzelfall wirklich um organische Zersetzungsgase handelt, ist vor allem bei fossilen Beispielen schwierig und kann in der Regel nur nach eingehender Berücksichtigung aller stratigraphischen, tektonischen und sonstigen Gesichtspunkte erfolgen. Betrachten wir nun der Reihe nach:

1. Entgasungskanäle, -trichter und -hügel,
2. Entgasungsblasen (Blasentextur),
3. Auftriebs- und Sackungserscheinungen als Folge von Zersetzungsvorgängen.

1. Entgasungskanäle, -trichter und -hügel

Bei den Entgasungskanälen handelt es sich um die meist langgestreckten Wege entweichender, das Gestein vertikal oder schräg durchziehender Gase. Der Durchmesser kann mehrere Zentimeter betragen, hält sich aber wohl i. d. R. zwischen 0,5—2,0 cm. Die Längserstreckung schwankt und ist von der Gasspannung, der über dem Entgasungsherd lastenden Sediment- und Wassersäule und von der Viskosität und Durchlässigkeit des Sediments abhängig. Es sind Fälle bekannt, wo auf Grund der geologischen Lagerungsverhältnisse Längen bis zu 20 m erreicht werden müssen.

Sicher auf organische Zersetzungsgase zurückzuführende Entgasungskanäle sind besonders aus sapropelitischen Ablagerungen der Gegenwart und ihrem unmittelbaren Hangenden beschrieben worden. Ihre sichere Erkennung in fossilen Sedimenten macht dagegen häufig Schwierigkeiten, weil eine Verwechslung mit ähnlichen Grabgängen verschiedener Tierarten leicht möglich ist. Das gleiche gilt auch für die besonders aus dem Gezeitenbereich des Meeres bekannt gewordenen Kanäle, die durch aufsteigende und aufperlende Luftblasen entstehen. Die Bildung erfolgt vor allem dann, wenn ausgetrockneter und mit Luft erfüllter Sand wieder unter Wasserbedeckung gerät. Eine ausführliche Zusammenstellung der sie betreffenden Literatur gibt K. ANDRÉE (1920).

H. KORN (1932) beschreibt aus dem zu_2 (Hornflöz) vom Mühltal bei Obernitz, in senkrecht stehenden Reihen angeordnete Blasen, die im einzelnen selbst als vertikale, kanalartige Hohlräume zu betrachten sind (Durchmesser 1,5—3,0 cm, ausnahmsweise bis 4,5 cm; Höhe bis 30 cm). Das Nebengestein ist ein ca. 0,3 m mächtiger Dolomit, der unmittelbar dem Kupferschiefer aufliegt. Die Kanäle verjüngen sich allmählich nach dem Liegenden, wo sie sich gewöhnlich in einige kleine Bläschen auflösen. Nach oben schließen sie mit breiterer Wölbung unmittelbar unter dem hangenden Mergel ab.

Die Innenwand ist im mittleren und unteren Teil blasig und schlackig ausgebildet, was auf die sekundäre Auflösung einer ehemals vorhandenen Wandauskleidung bzw. Füllung hinweisen dürfte. Bis zu 4 cm um das hangende Ende der Hohlräume gruppieren sich kleine, rundliche Limonitpartikel. In einigen Fällen sitzt über den Hohlräumen eine regelrechte Brauneisenkappe. Sowohl um die Brauneisenpartien als um die Kanäle ist das Nebengestein bis 3 mm tief ausgebleicht.

Es handelt sich mit ziemlicher Sicherheit um Entgasungskanäle. Das entweichende Gas dürfte dem liegenden Kupferschiefer entstammt haben, der an den Stellen, wo wir diese eigenartigen Blasengänge im hangenden Dolomit antreffen, im Gegensatz zu den übrigen Vorkommen sehr bitumenarm erscheint. Und es ist anzunehmen, daß das sicherlich ehemals vorhandene Protolabilbitumen durch Fäulnis entfernt wurde. Das heute noch enthaltene Bitumen stammt von pflanzlichem Stabilprotobitumen.

Die Limonitpartikelchen und -kappen sind als die Umwandlungsprodukte von ursprünglich vorhandenem Schwefeleisen aufzufassen, wahrscheinlich dürfte also H_2S als wirksam gewesenes Gas zu betrachten sein. Leider war es unmöglich, Pseudomorphosen nach Markasit oder Pyrit festzustellen, da die Brauneisenpartien infolge Deshydration eine schalige Grobstruktur erhalten haben.

In einem interessanten Versuch deutete H. KORN (1929, 1932) das Problematikum *Dictyodora liebeana* WEISS em. ZIMMERMANN aus dem Kulm von Thüringen als Gasblasenbahn. Die Gase sollen Pflanzenresten entstammen, die sich nach ihrer Einbettung in das Kulmsediment zersetzten. Eine zur Erhaltung der Entgasungswege ausreichende

Viskosität und Standfestigkeit im ursprünglichen Sediment muß vorhanden gewesen sein. Dies beweisen zahlreiche Kriechspuren, die auch sonst in den thüringischen Kulmschiefern weit verbreitet sind.

Die spirale Form läßt sich durch die unterschiedliche Durchlässigkeit von abwechselnd tonigeren und sandigeren Lagen, aus denen der Kulmschiefer zusammengesetzt ist, erklären. Bekanntlich ist ja die Durchlässigkeit von Tonen für Gase viel größer als für feuchte Sande (POTONIÉ, 1911).

Die im unverfestigten Sediment aufsteigenden Gasblasen wurden an den feinsandigen Zwischenlagen deformiert und infolge ihrer geringeren Durchlässigkeit seitlich abgedrängt, bis schließlich der Durchbruch gelang. Mit abnehmender Belastung verringerte sich die Windungsweite nach oben. Anschließend wurden feinste Tonpartikelchen eingeschlämmt und die Aufstiegsbahn in ihrem Verlauf kenntlich gemacht. Nachfolgende Setzungsvorgänge schleppten sie zu Bändern aus, da der Setzungsbetrag und die Setzungszeit bei Füllmaterial und Nebengestein verschieden waren.

Allerdings ist diese Deutung recht unsicher. Auch in anderen Formationen (Lias, Kreide) kommen spirale Problematika vor. Bei diesen scheidet aber infolge der regelmäßigen Ausbildung eine Deutung als Gasblasenbahn von vornherein aus. Man neigt dazu, sie auf Grabgänge zurückzuführen, eine Erklärung, die auch für *Dictyodora* zutreffen könnte.

Ein besonders interessanter Fall tritt dann ein, wenn Entgasungskanäle, ähnlich wie es auch bei Grabgängen beobachtet wurde, als Sedimentfallen wirken. Sie zeigen dann mitunter eine vom Nebengestein abweichende Füllung und beweisen das Vorhandensein einer intermittierenden Sedimentation.

Ein vielleicht hierher gehörendes Beispiel beschreibt H. KORN (1930) aus der Dachberge des Kupferschiefers von Eisleben. Sie wird von einem 1 cm breiten, 5,7 cm langen und ca. 45° gegen die Schichtung geneigten Kanal durchquert, der im Wechsel mit dünnen Lagen von der Art des Nebengesteins und anderen, eines fremden, sandigen Gesteins erfüllt ist. Die Textur spricht für das Einsacken in einen Hohlraum. Aus der Beteiligung von Sand kann man auf eine intermittierende Sandsedimentation bei sonst kontinuierlichem Schieferprofil schließen. Die sandigen Ablagerungen wurden jeweils vor dem Weitergang der Schiefersedimentation „amputiert“ und blieben nur in dem Kanal in kleinen Resten erhalten. Seine Deutung als Entgasungsschlot ist allerdings unsicher.

Bei rezenten Vorkommen kann man mitunter beobachten, daß die Entgasungskanäle nach oben in kleinen Hügeln oder Trichtern enden, die sich durch die Aktivität der ausströmenden Gase bildeten. Fossil ließ sich die Erscheinung noch nicht nachweisen. Ein Beispiel aus der Gegenwart beschreibt A. BORN (1930) vom Ebbestrand südlich Walfischbucht. Im Juli 1929 ließen hier Gase, die einem H_2S- und sapropelreichen Material im unmittelbaren Untergrund entstammten, hunderte kleiner Entgasungshügel entstehen (Durchmesser ca. 1 m, Höhe 0,25 m). Die Entgasung fand in der Regel bei Ebbe statt, während sie zur Flutzeit durch die auflastende Wassersäule und die 0,10—0,15 m mächtige, sapropelfreie, sandige Deckschicht unterbunden wurde.

2. Blasentextur

Ist die Viskosität und Auflast (Wassersäule, Sediment) größer als die Gasspannung, verbleiben die bei den Zersetzungsvorgängen aus der organischen Substanz frei werdenden Gase im Gestein. Sie bilden hier mehr oder weniger große, meist rundliche und linsenförmige Hohlräume, die bei genügender Standfestigkeit des Sediments auch fossil werden können.

Im Extrem kommt es dann zu größeren Gasansammlungen unter Aufblähung von Menisken. Hierzu einige Beispiele:

a) Plötzlich auftauchende Inseln in norddeutschen Seen (vgl. MEYN, 1892 und POTONIÉ, 1911);
b) Auftreibung von Inseln in der Walfischbucht durch gestauten Schwefelwasserstoff (F. WALDROSS, 1901).

In Mooren explodieren beim Abbau derartige Partien mitunter, wobei Torfstücke bis 15 m weit fortgeschleudert werden (H. UDLUFT, 1931).

Kleinere Gasentbindungen führen zu einem mehr oder weniger dichten, blasigen und porösen Gefüge. So nimmt es bei der außerordentlichen Verbreitung der Zellulosegärung in der Natur nicht wunder, daß viele schlickige und tonig-sandige Wasserablagerungen der Gegenwart (z. B. in Seen und Flüssen) durch gestaute und angereicherte Gasblasen ein poröses und aufgelockertes Gefüge erhalten; dies aber nur dann, wenn reichlich pflanzliches Material mit eingebettet wurde. In entsprechenden fossilen Sedimenten muß also auch mit dem Auftreten ähnlicher Texturen gerechnet werden. Nur wird sich hier selten ein sicherer Beweis für die organische Herkunft der Gase erbringen lassen. Eine genaue Analyse der Fundumstände ist jeweils notwendig, da auch Auslaugungserscheinungen und Entbindungen sonstiger Gase zu ähnlichen Bildern führen können. Man denke beispielsweise an die eigenartige, löcherige Ausbildung in den dolomitischen Mergeln des Mittleren Muschelkalkes und ähnlicher Gesteine des Zechsteins (zo). Hier handelt es sich z. T. um die Auslaugung von Anhydritkristallen. Wahrscheinlich wird die Entstehung durch organische Zersetzungsgase dann, wenn das löcherige Gefüge in oder über einem sapropelitischen Gestein und in Begleitung typischer Entgasungskanäle auftritt.

Im Verlauf der Diagenese wurden die entstandenen Hohlräume meist mit Mineralneubildungen aus wässerigen Lösungen erfüllt oder ausgekleidet. Derartige Drusen finden sich in vielen Ablagerungen nicht selten; so z. B. im Unteren Keuper des Thüringer Beckens. Sie sind meist kreisrund, im Querschnitt symmetrisch-ellipsoidisch und besitzen nur eine dünne, dem Nebengestein entsprechende Schale. Ihre gleichmäßige, meist linsenförmige Gestalt kann wohl schlecht anders als durch angestaute und komprimierte Gasansammlung erklärt werden.

Die Entgasungsvorgänge sind in Gebieten mit Wechselklima rhythmischen, durch das Klima gesteuerten Erscheinungen unterworfen. In gemäßigten Gebieten hängt dies offenbar mit der Tatsache zusammen, daß im Spätsommer alles Leben am reichsten entwickelt ist, während im Spätherbst ein verstärktes Absterben und damit eine erhöhte Gasentwicklung erfolgt. Die Gasentwicklung ist auch zu Beginn des Winters noch sehr rege und vermindert sich erst dann, wenn der Frost nach unten vordringt. Vielleicht lassen sich ähnliche Erscheinungen fossil nachweisen.

Unter einer Eisdecke entweichende Gasblasen frieren mit zunehmendem Dickenwachstum des Eises einzeln in übereinanderliegenden Zügen ein. Die Blasen können beträchtliche Ausmaße erreichen.

3. Auftriebs- und Sackungserscheinungen

Auftriebserscheinungen sind an Organismenresten dort zu erwarten, wo sich abgeschlossene, gaserfüllte Räume von ausreichender Größe bilden können. Bei Wirbeltieren entstehen sie gewöhnlich in der Leibeshöhle, bei schalentragenden Mollusken im Gehäuse.

Entweichen im Laufe der Zeit die so angesammelten Zersetzungsgase durch Zerreißen, Zerbrechen oder Poröswerden der Wandung und ist die umschließende Sedimentdecke noch nicht ausreichend erhärtet und standfest, so bricht oder sackt oft der gebildete Hohlraum zusammen. Bleibt er aber erhalten, so erfüllt er sich im weiteren Verlauf der Diagenese meist mehr oder weniger mit Mineralien und wird zur Druse. Diese Erfüllung vollzieht sich nicht selten einseitig, da sich die restlichen Gase unter der Wölbung ansammeln und hier ein Zudringen der Lösungen wenigstens zunächst verhindern. Diese Räume bleiben oft hohl.

Erfolgt aber trotzdem eine Ausfüllung mit Kristallen, etwa mit Kalzit, so lassen sich nicht selten zwei Generationen unterscheiden: eine verunreinigte im unteren und eine reinweiße, hellere im oberen Abschnitt. Häufig sind große Teile, etwa von Brachiopodenschalen, mit Sediment erfüllt, während sich unter der oberen Wölbung eine kleine Druse oder ein Hohlraum gebildet hat. Sie entsprechen dem Restraum angesammelter Verwesungsgase.

Alle diese Vorkommen repräsentieren gewissermaßen fossile „Libellen" (Wasserwaagen). Sie ermöglichen eine Unterscheidung von oben und unten und zum Teil auch die ungefähre, ursprüngliche Horizontalstellung. So zeigt Abb. 8 den Querschnitt durch ein etwa 3 cm mächtiges Terebratelbänkchen aus dem Muschelkalk von Gorazde bei Gogolin. Nahezu alle Brachiopoden wurden mit dem Stielloch nach unten, also in Lebendstellung einge-

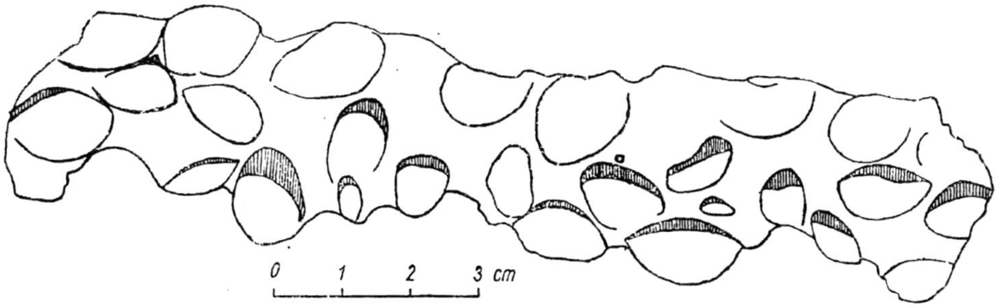

Abb. 8. Querschnitt durch ein Terebratelbänkchen. Muschelkalk, Gorazde. Viele Schalen zeigen unter der oberen Wölbung ein kalziterfülltes Segment, das auf ehemals mit Verwesungsgasen erfüllten Raum zurückzuführen ist (fossile „Wasserwaage"). Orig. Geolog. Institut Greifswald.

lagert (Abb. 62). Im Querschnitt zeigen die im söhligen Teil des Bänkchens eingebetteten und völlig sedimentbedeckten Exemplare unter der oberen Schalenwölbung jeweils ein kalziterfülltes Segment, das auf einen ehemals mit Verwesungsgasen erfüllten Hohlraum zurückzuführen ist. Die im oberen Teil des Bänkchens befindlichen Terebrateln weisen, soweit sie nicht völlig vom Sediment umschlossen werden, diese Erscheinung nicht auf. Es ist deshalb anzunehmen, daß hier die Sedimentation einige Zeit aussetzte oder zumindest so verlangsamt wurde, daß vor der endgültigen Einbettung eine Verwesung der organischen Substanz und nachfolgende Entfernung der entwickelten Zersetzungsgase stattfinden konnte.

Ein sehr interessantes Beispiel von Auftriebs- und Sackungserscheinungen aus der Gegenwart verdanken wir F. HECHT (1933). Er beobachtete im Wattengebiet des Jadebusens die Zersetzungsvorgänge an flach eingegrabenen Dorschen. Es handelte sich um ein sehr wasserhaltiges, feinkörniges Sediment. Selbst bei nur 4—7 mm Sedimentdecke vermochten sich dabei die Kadaver unter dem Auftrieb der sich in ihnen entwickelnden Zersetzungsgase nicht aus dem Sedimentverband zu lösen. Jedoch entstanden bereits nach 3—5 Tagen 1—3 mm breite Spalten.

Während anfangs nur eine Aufwärtsbewegung des überlagernden Sediments durch die Zersetzungsgase eintrat, sank nach 2, stärker noch nach 3 und 4 Wochen die Auftreibung besonders über der Bauchseite zusammen. Gleichzeitig zerteilte sich das Sediment in einzelne, durch Risse voneinander getrennte Stücke (Ursache: Wasser- und Gasaustritt, chemische Umsetzungen in der Leibeshöhle). Die dabei entstandenen Risse und Verwerfungen hielten sich in dem sehr tonigen Sediment 4 Monate unverändert. Auch blieben die seitlich und oberhalb des Fisches im Sediment steckengebliebenen Gasblasen räumlich während dieser Zeit erhalten.

Vielfach kann man auch bei Fossilien ähnliche Erscheinungen beobachten.

Ammonitengehäuse, die wie gewöhnlich mit ihrer Breitseite parallel zur Schichtfläche eingebettet wurden, verraten häufig ihre Lage durch eine Anschwellung an der Oberseite der Platte, an deren Unterseite sie liegen. Besonders deutlich wird die Erscheinung im Solnhofener Plattenkalk (vgl. A. ROTHPLETZ, 1909). Da sich die Aptychen meist im Innern

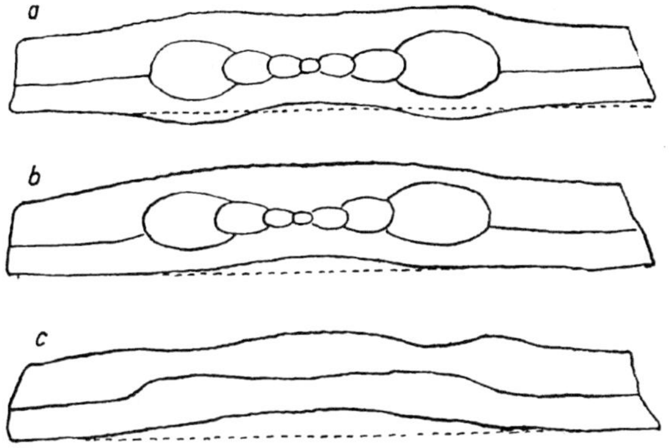

Abb. 9. Schema zur Einbettung eines Ammoniten im Solnhofener Plattenkalk.

a) Das Gehäuse sank etwas in den Schlamm ein, wurde von einer neuen Schlammschicht zugedeckt und

b) vom Auftrieb der sich in seinem Inneren bildenden Verwesungsgase in die Höhe gehoben. Dabei zog es die untere Schlammschicht mit empor.

c) Unter dem ständig zunehmenden Hangenddruck wurde es schließlich ganz zusammengedrückt. Die Aufblähung ist aber noch deutlich zu erkennen.

Nach A. ROTHPLETZ (1909), aus O. ABEL (1922).

dieser Reste und nur selten außerhalb der Wohnkammer befinden, läßt sich schließen, daß die Gehäuse mitsamt dem Weichkörper (vielleicht lebend) zu Boden gingen und so eingebettet wurden. Nach Überdeckung mit einer neuen Kalkschlammlage machte sich der Auftrieb der Verwesungsgase bemerkbar und bildete eine blasenförmige, domartige Anschwellung auf der Oberseite der Deckschicht. Da aber das Gehäuse fest auf der unter ihm befindlichen Schlammschicht haftete, wurde diese durch den Auftrieb des mit Verwesungsgasen erfüllten Gehäuses etwas nach oben gezogen, so daß unter der Stelle, auf welcher der Ammonit lag, ein Hohlraum entstand. In diesen drang von den Seiten Schlamm ein und füllte ihn aus. Viele Ammonitenreste zeigen deshalb nicht nur die Aufwölbung der beiden, den Ammoniten einschließenden Schichten, sondern auch eine sockelartige Erhöhung, auf welcher das später durch den Sackungsdruck zusammengepreßte Gehäuse liegt. Der Kalkschlamm muß hier also längere Zeit hindurch eine teigartige Beschaffenheit bewahrt haben. Später wurde dann das Gehäuse unter Einwirkung des Hangenddruckes und durch die Sackung plattgedrückt, doch läßt sich die ehemalige Aufblähung des Sediments noch erkennen (Abb. 9).

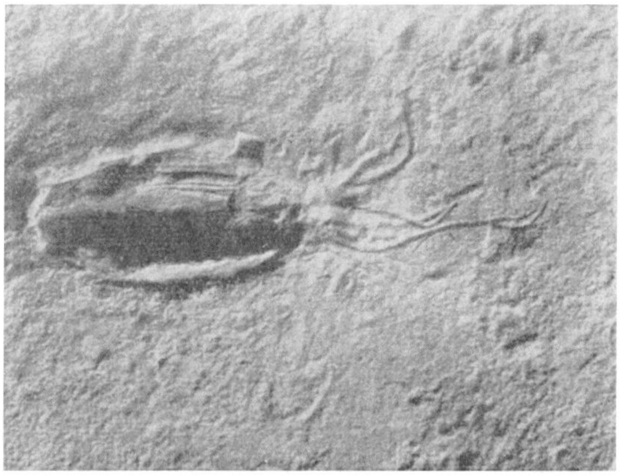

Abb. 10. *Trachyteuthis hastiformis* RÜPPELL aus dem Solnhofener Plattenkalk. — Die Platte ist stark gewölbt, was auf die Auftreibung des im Schlamme haftenden Tieres durch die Verwesungsgase zurückzuführen ist. Diese haben, wie aus kalziterfüllten Rissen hervorgeht, an verschiedenen Stellen ihren Ausweg genommen. Nach O. ABEL (1922).

Fig. 10 stellt die Abbildung eines vollständig erhaltenen *Trachyteuthis hastiformis* aus dem Solnhofener Plattenkalk dar. Das Fossil liegt auf einer relativ starken Wölbung, der auf der Liegendseite der Platte eine ovale Vertiefung entspricht. Von dem Rest strahlen nach allen Seiten zahlreiche, geradgestreckte und kalziterfüllte Sprünge aus. Andere verlaufen zackig, sind ebenfalls mit Kalzit erfüllt und bilden in sich geschlossene Höfe. Auf der Unterseite der Platte finden sich nur an den Stellen dünne Haarrisse, die den besonders breiten Sprüngen der Oberseite entsprechen. Das Gas sammelte sich zunächst im Innern der Leibeshöhle. Dies bewirkte einen Auftrieb, welcher die Leiche samt der an ihr haftenden Unterlage nach oben zog. Dabei bildete sich auf der Sohlfläche die entsprechende Einbuchtung. Im Hangenden wurde durch den anschwellenden Tierkörper diese Auftreibung verstärkt und dabei vermutlich bereits Risse gebildet. Schließlich zerriß die Körperwandung. Die Gase wurden frei, erweiterten und vermehrten die Sprünge und fanden z. T. seitlich einen Ausweg durch zackig umrissene, heute kalziterfüllte Spratzlöcher (O. ABEL, 1922).

Es ist möglich, daß derartige, durch Auftreibungen entstandene Risse in der Sedimentoberfläche mit Trockenrissen verwechselt werden und zu falschen Folgerungen über die Bildung von Ablagerungen führen.

IV. Die Entgasungserscheinungen an freiliegenden organischen Körpern

Über oder auf der Sedimentoberfläche bei Gegenwart von ausreichendem freien Sauerstoff sich zersetzende organische Substanzen gehen dem Sediment als solche nahezu gänzlich verloren. Sie verwesen und hinterlassen nur einfachste mineralische Stoffe und Gase. Erst die Überdeckung der Leichen mit Sediment oder sonstigen sauerstoffreien oder -armen Medien verhindert, daß

a) die Verwesung zum Abschluß kommt,

b) Zersetzungsprodukte, bei tierischen Kadavern insbesondere Fetteile, sich loslösen, und da sie spezifisch leichter als Wasser sind, nach oben steigen und verfrachtet werden.

Allerdings lassen sich auch Erscheinungen beobachten, die als Folge der Zersetzung freiliegender organischer Körper auftreten und deren Auswirkungen man im Gestein nachzuweisen vermag. Hierher gehört vor allem die pseudoplanktonische Verfrachtung durch Zersetzungsgase im Wasser. Körper, die an sich schwerer als Wasser sind, können, falls sie der Sedimentoberfläche aufliegen oder nur wenig mit Sediment bedeckt sind, mit Hilfe der Zersetzungsgase aufsteigen und pseudoplanktonisch verfrachtet werden. Voraussetzung ist natürlich, daß sich ein geschlossener Gasraum von ausreichender Größe im Körper zu bilden vermag. Bei den Wirbeltieren entsteht er in der Regel in der Leibeshöhle, bei schalentragenden Mollusken im Innern des Gehäuses.

Andererseits vermögen lufterfüllte Gehäuse, wie die der Nautiliden, auch ohne zusätzlichen Auftrieb durch Zersetzungsgase aufzusteigen, wenn die Weichteile gänzlich oder ausreichend genug zersetzt und herausgefallen sind. Man kann dies leicht an einem leeren und sonst unbeschädigten Gehäuse des rezenten *Nautilus* beobachten, wenn man es in ausreichend tiefes Wasser gibt. Die Schale schwimmt dann mit nach unten gerichteter Mündung so, daß nur ein kleiner Abschnitt des Luftkammerteils aus dem Wasser ragt und das erste Septum horizontal liegt. Beschwert man das Gehäuse in der Wohnkammer derart, daß es dem Gewicht des Weichkörpers entspricht, so sinkt die Schale zu Boden.

Besondere Bedingungen sind natürlich zu erwarten, solange sich der Weichkörper noch im Schaleninneren befindet. Die bei der Zersetzung freiwerdenden Gase speichern sich und erzeugen einen zusätzlichen Auftrieb, der genügt, um das Gehäuse auch mitsamt dem restlichen Tierkörper im Wasser mehr oder weniger weit emporsteigen zu lassen; denn es scheint so zu sein, als ob die noch nicht zersetzte Cephalopodenleiche mitsamt ihrem Gehäuse zunächst zu Boden geht.

Eine ausreichende Haftfähigkeit des Sediments vorausgesetzt, wird das mehr oder weniger tief in den Schlamm eingesunkene Tier von seiner Unterlage festgehalten. Die dann mit der beginnenden Zersetzung des Weichkörpers in Gang kommende Gasentwicklung und Gewichtsverminderung verstärkt den Auftrieb derart, daß die anhaftende Unterlage unter Umständen mit in die Höhe gezogen und aufgewölbt wird. So beschreibt O. ABEL (1922) eine *Oppelia steraspis*. Sie liegt der Dachfläche auf und ist von einem Wulst des ursprünglich offensichtlich ziemlich dünnflüssigen Gesteins umgeben. Der Auftrieb des Gehäuses ließ eine unregelmäßig umgrenzte Grube an der Unterseite der Schicht und auf der Oberseite einen entsprechenden Sockel entstehen, der durch das am Schlamm zäh anhaftende Gehäuse mitgezogen wurde.

Solche Exemplare und auch die S. 32/33 erwähnten, bei denen die Auftriebserscheinungen unter einer Sedimentdecke eintraten, wurden also mitsamt ihrem Weichkörper eingebettet. Diese Folgerung wird gestützt durch die Tatsache, daß man gerade sie meist im Zusammenhang mit ihren Aptychen findet. Hier kam es nicht zu einem Aufsteigen des Gehäuses mit nachfolgender pseudoplanktonischer Verfrachtung, was aber sonst wohl die Regel gewesen sein dürfte. Die Trift dauerte dann vermutlich nach völliger Zersetzung des Weichkörpers solange, bis entweder die Gehäuse strandeten oder (vor allem im gekammerten Teil) durch Lösungserscheinungen oder sonstige Beschädigungen undicht wurden.

Abb. 11. Abdruck eines Perisphincten aus dem Solnhofener Plattenkalk. — Das Gehäuse stand zunächst senkrecht. Erst dann sank es auf die Seite, wie die Abformung der Rückenskulptur neben dem Fossil beweist. — Nach A. ROTHPLETZ (1909).

Nach J. WALTHER (1893) werden Weichteile rezenter Nautiliden sehr selten gefunden. Er folgert daraus, daß die Weichteile relativ bald aus der Wohnkammer herausfallen. Die leeren Gehäuse treiben dann lange Zeit umher, um mitunter in Massen an Land geworfen zu werden. Ammoniten- und Nautilidengehäuse, die nach Undichtwerden der Schalenwandung wieder zu Boden gingen, dürften also im allgemeinen keine Weichteile mehr enthalten haben.

Dabei sanken die Gehäuse wohl zunächst in Vertikalstellung nach unten und kippten erst beim weiteren Verlust des Auftriebes um. So zeigen mit der Breitseite auf den Platten des Solnhofener Schiefers liegende Perisphincten unmittelbar neben sich einen Abdruck ihrer Schmalseite, der durch das Aufsetzen des vertikal zu Boden sinkenden Gehäuses entstand (Abb. 11). Andere, besonders breitrückige oder mit langen, seitlich abstehenden Dornen versehene Formen wurden aber auch in der Vertikalstellung selbst eingebettet und gestatten Rückschlüsse auf die Sedimentationsgeschwindigkeit. Dies gilt z. B. für die dickbauchigen, mit Lateralstacheln besetzten Gehäuse von *Aspidoceras* aus dem Solnhofener Plattenkalk. Ihr Durchmesser beträgt im Mittel etwa 5 cm, die Mächtigkeit der Flinzschichten aber nur 2,5 cm. Das Gehäuse muß also nach der Bildung der unteren Plattenkalklage etwa 2,5 cm frei aus dem Sediment hervorgeragt haben, ehe sich eine neue Flinzschicht ablagerte. Zwischen der Entstehung dieser beiden Flinzlagen kann also unmöglich ein viele Jahre umfassender Zeitraum verstrichen sein. Sonst wäre das Gehäuse zerstört worden. Dies spricht, wie noch vieles andere, für eine relativ rasche Sedimentation der Solnhofener Plattenkalke.

Andererseits läßt sich aber, besonders an den ursprünglich wohl zartschaligeren Perisphincten beobachten, daß der obere, frei aus dem Sediment hervorragende Teil bei den vertikal eingebetteten Gehäusen fehlt. Das gleiche gilt auch nicht selten für entsprechende

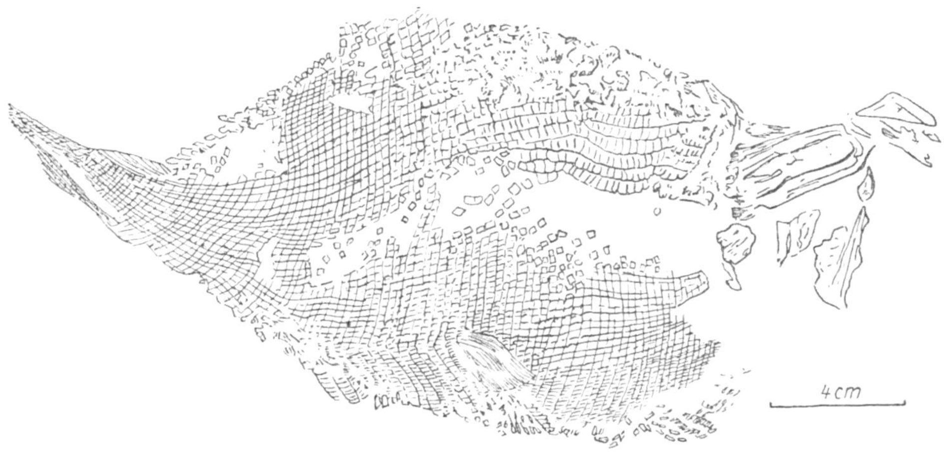

Abb. 12. Aufgeplatzter, in die Dorsalebene eingebogener Panzerschlauch eines erwachsenen *Palaeoniscus* mit Auflösungserscheinungen in der Mitte. Kupferschiefer, Eisleben. — Nach J. WEIGELT (1928).

Vorkommen von Ceratiten und Nautiliden aus den Kalkmergeln und Mergelkalken des Oberen Muschelkalkes. Besonders häufig finden sich hier die Reste des breitrückigen *Nautilus bidorsatus* in Vertikalstellung. Alle diese Reste stecken isoliert und einzeln im Gestein. Eine gegenseitige Behinderung oder Aufrichtung durch Schubphänomene scheiden also aus.

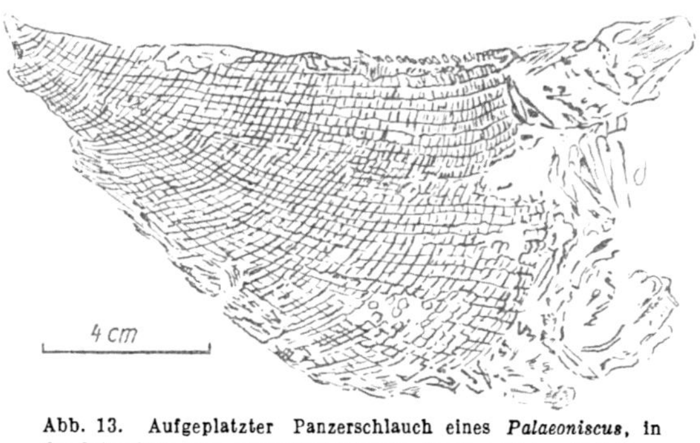

Abb. 13. Aufgeplatzter Panzerschlauch eines *Palaeoniscus*, in der Seitenlinie noch zusammenhängend. Kupferschiefer, Eisleben. Nach J. WEIGELT (1928).

Wenigstens z. T. auf die Mitwirkung von Zersetzungsgasen mag die Entstehung der aus verschiedenen Formationen und auch aus der Gegenwart bekannt gewordenen geöffneten Ganoidfischschläuche zurückzuführen sein (Abb. 12 und 13). Vor allem dürfte dies für jüngere Exemplare zutreffen. Im übrigen entsteht, wie J. WEIGELT (1928) nachweisen konnte, eine Teilungsnaht, längs der dann die Trennung erfolgt, vor allem dann, wenn sich die Seitenwände bereits leergefaulter Schläuche aufeinander legen. Auch an die Mitwirkung von Aasfressern muß gedacht werden.

V. Der zeitliche Verlauf des durch Zersetzung tierischer Leichen bewirkten Zerfalls in die erhaltungsfähigen Einzelbestandteile (selektiver Zerfall) unter Wasserbedeckung

Der körperliche Zerfall beginnt im Verlaufe der Zersetzung im allgemeinen an den äußersten und dünnsten Körperteilen, bei den meisten Wirbeltieren z. B. mit der Loslösung des Unterkiefers, des Kopfes, der Kopf- und Schwanzwirbel und der Extremitäten. Die Reihenfolge läßt sich biostratonomisch nachweisen. Sie gestattet ebenso, wie das Ausmaß und die Art, in welcher der Zerfall vor sich geht, Rückschlüsse auf die Einbettungsverhältnisse; bei Unterwasserablagerungen z. B. auf die Sedimentationsgeschwindigkeit und den Bewegungszustand, in dem sich das Wasser befunden hat. Hier lassen Leichen, bei denen es zwar zur Loslösung einzelner Bestandteile kam, diese aber nicht nennenswert vom Körper entfernt wurden, auf Einbettung unter ruhigen Wasserverhältnissen schließen. Aus der relativen Entfernung zur Ablösungsstelle läßt sich unter Berücksichtigung von Form und Gewicht der betreffenden Elemente die Reihenfolge des Zerfalls bestimmen.

Besonders gut wurden diese Erscheinungen an mazerierten Ganoidfischleichen des Kupferschiefermeeres untersucht und durch rezente Befunde ergänzt (W. LAATSCH, 1931; J. WEIGELT, 1928 u. a.).

Aus allen Beobachtungen ergibt sich, daß der Zerfall des Kopfskelettes bei den Fischen in der Regel mit der Herauslösung der Otolithen beginnt. Diese im *Sacculus* des Fischohres eingeschlossenen Gebilde erreichen eine durchschnittliche Länge von 0,6 cm und eine Breite von 0,2 cm. Sie sind relativ schwer, so daß unter ihrem Gewicht sehr frühzeitig die in Zersetzung übergehende *Sacculus*-Wand etwa auf dem Meere treibender und verwesender Fischleichen zerreißt. Die frei werdenden Körperchen sinken zu Boden und finden sich deshalb in vielen Ablagerungen isoliert und weit verstreut. Das gleiche kann eintreten, wenn der tote Fisch längere Zeit unbedeckt am Strande oder am Grunde liegt und durch Wasserbewegung verlagert wird. Stärker zersetzte Fische finden sich deshalb in der Regel ohne Otolithen. Noch in situ befindlich, sind sie im allgemeinen nur bei solchen Fischresten zu erwarten, die rasch eingebettet wurden. Indessen scheint dieser Fall nur selten eingetreten zu sein. Am häufigsten wurde er bei *Palaeoniscus* aus dem Kupferschiefer von Mansfeld beobachtet (vgl. R. HUNGER, 1939).

Bei Clupeiden und ähnlichen Formen erfolgt unter bestimmten Voraussetzungen eine Trennung von Kopf und Rumpf. Sie vollzieht sich, wie aus nachstehendem Versuch hervorgeht, sehr frühzeitig und vor dem Zerfall des übrigen Skelettes.

Setzt man nach W. WEILER (1929) tote, kleine Clupeiden (z. B. 7—8 cm lange *Clupea harengus* L. oder bis 11 cm lange *Clupea sprattus* L.) in ein mit Wasser gefülltes Gefäß, so verändert sich bald die Form. Nach 1—$1^1/_2$ Tagen krümmen sich der Kopf und der vordere Rumpfabschnitt nach oben. Die Krümmung erreicht am 2. bis 3. Tag das Maximum. Dann platzt die stark gespannte Bauchdecke hinter den Brustflossen auf. Die hierdurch bewirkte Lockerung der Verbindung zwischen Kopf und Rumpf verstärkt sich anschließend derart, daß bei leichtem Hin- und Herschwenken im Wasser zunächst eine mehr oder weniger starke Knickung und schließlich eine nahezu völlige Trennung eintreten kann. Daraus ergibt sich, daß eine regelmäßig wiederkehrende Wasserbewegung bei toten und auf den Grund gesunkenen Clupeiden die Verbindung zwischen Kopf und Rumpf so zu lockern vermag, daß schließlich beide voneinander getrennt werden. Diese Erscheinung wird durch die weiche und relativ wenig gefestigte Wirbelsäule der Clupeiden ermöglicht.

Fossile Beispiele wurden vor allem aus dem Septarienton des Mainzer Beckens bekannt (W. WEILER, 1929). Es handelt sich im wesentlichen um *Meletta crenata* und Verwandte. Neben zahlreichen isolierten Köpfen trifft man hier alle Übergänge bis zum unversehrten Fisch. Eine Zusammenstellung der verschiedenen Erhaltungsstadien findet sich in Tab. 1. Als typisch für die isolierten Köpfe sind dabei folgende Merkmale zu betrachten:

a) verschiedene Größe. Sie stammen also von Exemplaren der verschiedensten Altersstadien,
b) Maul immer geschlossen, selten leicht geöffnet,
c) nirgends ist der Kiemenkorb herausgepreßt,
d) Erhaltungszustand meist vorzüglich,
e) hinter dem Kopf sind i. d. R. noch die beiden Brustflossen und einige Wirbel vorhanden.

Tabelle 1: Erhaltungsstadien fossiler Clupeiden aus dem Septarienton des Mainzer Beckens. Zusammengestellt nach W. WEILER, 1929

a) Leicht eingekrümmt, Bauchdecke aufgeplatzt. 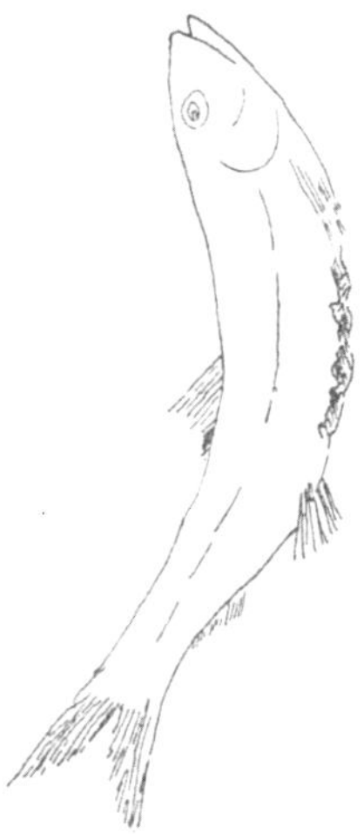 Abb. 14.	b) durch Wasserbewegung geknickt.  Abb. 15. Kopf von Exemplar A nach oben, bei B nach unten geknickt.	c) geknickt, mit beginnender Ablösung des Kopfes.  Abb. 16.
d) Kopf gänzlich vom Rumpf gelöst.  Abb. 17.	e) Isolierte Köpfe. 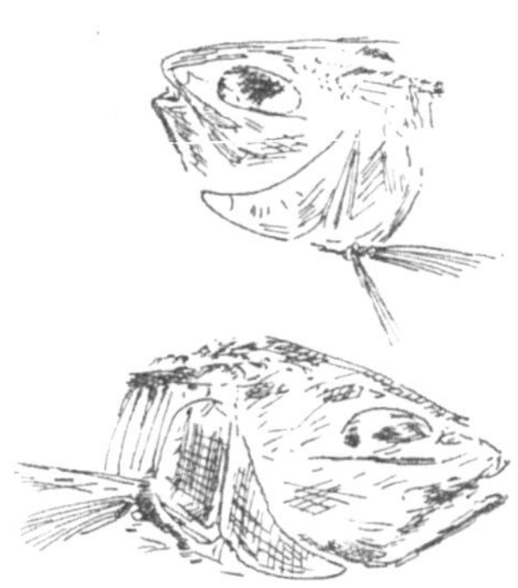 Abb. 18.	

Auf die Bedeutung geknickter Fische als Strömungsanzeiger wird S. 102 eingegangen.

Anschließend an die Otolithen erfolgt wohl meist die Ablösung des Unterkiefers. J. WEIGELT (1927, S. 99) hat diese Erscheinung an der Golfküste bei gestrandeten rezenten Ganoiden beobachtet und eine gewisse Gesetzmäßigkeit festgestellt. Zur Erklärung gibt er folgendes an:

„Der eigenartige Hebelbau des Unterkiefers, die große Lücke der Hautbekleidung, die die Mundöffnung darstellt, die leichte Auflösbarkeit der Symphyse und die in der Halsgegend gelegenen Viskeralorgane begünstigen außerordentlich das Abspreizen des Unterkiefers. Die Aasfresser benutzen nächst dem After vor allem die Mundöffnung als Angriffspunkt beim Anschneiden der gestorbenen Tiere. Durch Wegreißen des Unterkiefers suchen sie die Schlundpartie zu öffnen und auszufressen. Bei im Wasser treibenden Leichen gehört der Verlust des Unterkiefers durch Abfaulen oder Abfressen zu den allerhäufigsten Erscheinungen."

Auch bei fossilen Fischresten fehlt der Unterkiefer nicht selten. Dabei lassen sich bis zur endgültigen Ablösung alle nur denkbaren Stadien beobachten, so z. B.:

a) Trennung der Kieferäste an der Symphyse;

b) Umklappen der noch intakten Kieferhälften zur Ventral- oder Dorsalseite;

c) Loslösung und Einbettung in der Nachbarschaft des Kopfes. Bei stark mazerierten Stücken sind die Kieferäste dann stets voneinander getrennt;

d) Fehlen des Unterkiefers (vgl. W. LAATSCH, 1931, Abb. 5).

Daß andererseits Fischreste ihren Unterkiefer noch besitzen können, obgleich der Kadaver lange im Wasser getrieben haben muß, ist z. B. an dem bei W. LAATSCH (1931), Taf. V, Fig. 3 abgebildeten *Palaeoniscus* gut zu erkennen.

Über die Reihenfolge, in welcher sich die einzelnen Kopfknochen aus ihrem Verbande lösen, geben uns Auskunft:

a) schwach mazerierte Stücke,

b) Reste, deren Kopfknochen durch konstant gerichtete Bodenströmungen etwas verlagert und in der Nähe des Körpers eingebettet wurden.

Abb. 19 zeigt z. B. nach W. LAATSCH (1931) eine leicht gekrümmte *Palaeoniscus*-Leiche aus dem Mansfelder Kupferschiefer. Die Knochen des Kopfskeletts wurden durch eine schwache lineare Wasserbewegung an der konvexen Körperseite parallel zur Längserstreckung des Rumpfes entlangbewegt und dicht daneben eingebettet. Die relative Transportweite war hierbei in erster Linie von dem Zeitpunkt abhängig, in dem die Loslösung aus dem Schädelverbande erfolgte, in zweiter Linie erst von Gewicht, Form und Sperrigkeit. So haben einige der am weitesten transportierten Elemente (*Operculum*, *Praeoperculum*, *Interoperculum* und *Maxillare*) sogar ihre gegenseitige Lage unter nur geringen Verschiebungen bewahrt. Diese Teile entstammen wohl der am stärksten

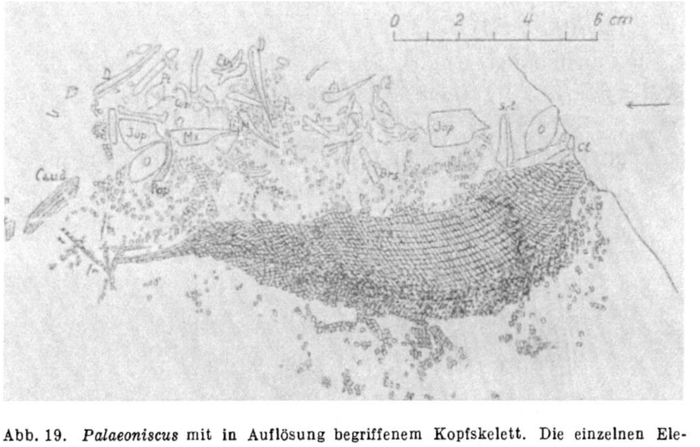

Abb. 19. *Palaeoniscus* mit in Auflösung begriffenem Kopfskelett. Die einzelnen Elemente sind durch lineare Strömungen an einer Körperseite verschieden weit, parallel zur Längserstreckung des Rumpfes entlangbewegt worden. Kupferschiefer, Mansfeld. Nach W. LAATSCH (1931).

Signaturen: Mx = *Maxillare*, D = *Dentale*, HyM = *Hyomandibulare*, Cor = *Circumorbitalia*, Pa = *Palatinum*, O = *Operculum*, Iop = *Interoperculum*, Caud = *Caudalis*, Pop = *Praeoperculum*, Brs = *Brachiostegalstrahlen*, Pt = *Posttemporale*, Sci = *Supraclavicula*, Cl = *Clavicula*, Eth = *Ethmoidale und Praefrontalia*.

beanspruchten konvexen Körperseite. *Operculum* und *Suboperculum* der konkaven Seite wurden offensichtlich später losgelöst und deshalb nur ein geringes Stück transportiert. Relativ früh trennte sich auch die Ethmoidalregion ab. *Praefrontalia* und *Ethmoidale* scheinen sich selbst bei vollständigem Zerfall des Kopfes nicht voneinander zu lösen.

Ähnliche Zusammenhänge lassen sich auch an Hand von Resten belegen, die in verschieden weit fortgeschrittenem Zersetzungszustand eingebettet wurden. Mit ihrer Hilfe kann die Reihenfolge der Ablösung statistisch gut festgestellt werden, wenn man lediglich die noch im Verband gebliebenen Knochen berücksichtigt.

Von besonderer Bedeutung wird die selektive Mazeration der Skelette dann, wenn die einzelnen Teile nur unwesentlich gegeneinander verlagert, aber getrennt eingebettet wurden, wie häufig beim Kopfskelett der Fische. Bei diesen läßt sich die Form und Gestaltung der Skelettelemente nur selten sicher erkennen, solange sie sich im Zusammenhang befinden. Bestimmte, biostratonomisch faßbare und auffindbare Erhaltungszustände sind also gelegentlich für eine eingehende und genaue Untersuchung fossiler Reste notwendig.

Betrachten wir nun den Zerfall des Rumpfskeletts. Hier wirkt sich in besonders starkem Maße die Einbettungslage aus. Neben der Seitenlage läßt sich die Rücken- und Bauchlage unterscheiden. Bei den Ganoiden kommt hinzu, daß sich bei der meist vorliegenden Krümmung der Rumpf nur selten symmetrisch-dorsal einstellt (WEIGELT, 1927). Der Bauchpanzer wird vielmehr an der konkaven Seite etwas sichtbar, weil die Rückenlinie dem konkaven Körperumriß mehr genähert ist.

Da im nach außen gekrümmten Teil stärkere Spannungen und Zerrungen herrschen, beginnt die Zersetzung des Rumpfskeletts hier früher als in dem nach innen gerichteten Teil (vgl. Abb. 14). Hinzu kommt, daß die Ventralseite mit ihren bakterienreichen Verdauungsorganen eher in Fäulnis übergeht als die Dorsalseite. Elemente der Dorsalseite werden sich also i. d. R. später lockern als die der Ventralseite, die zudem häufig durch Fäulnisgase aufgerissen wird. Durch die Zerstörung der Schlundregion lösen sich sodann vor allem die hinteren Schädelknochen mit dem Schultergürtel leicht aus dem Verband (W. LAATSCH, 1931).

Bei den höheren Wirbeltieren vollzieht sich die Ablösung des Unterkiefers ebenso wie bei den Fischen in einem sehr frühen Stadium (vgl. S. 39). Er fehlt deshalb bei den fossilen Skelettresten derart häufig, daß J. WEIGELT (1927) von einem „Unterkiefergesetz" sprechen kann. Anschließend folgen die Mehrzahl der Finger- und Zehenglieder, die Unter- und Oberarmteile sowie die sonstigen, gelenkig mit dem Körper verbundenen Skelettelemente. Bei den Saurierskeletten aus dem Posidonienschiefer von Holzmaden zeigt sich der Zerfallsbeginn gewöhnlich am Schwanzende.

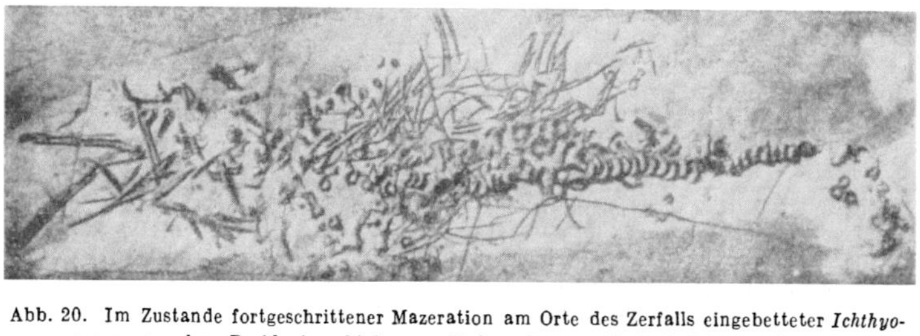

Abb. 20. Im Zustande fortgeschrittener Mazeration am Orte des Zerfalls eingebetteter *Ichthyosaurus* aus dem Posidonienschiefer von Holzmaden. — Nach F. DREVERMANN.

Abb. 21 stellt das völlig zerfallene Skelett eines *Homoeosaurus maximiliani* aus dem Solnhofener Plattenkalk dar; Abb. 20 einen entsprechend erhaltenen *Ichthyosaurus* aus dem Posidonienschiefer von Holzmaden. In beiden Fällen erfolgte die Mazeration auf dem Grund.

In keinem reichte die Energie der Wasserbewegung aus, die isolierten Skelettelemente über eine größere Fläche zu zerstreuen.

Ein ganz anderes Bild zeigt sich aber, wenn die Zerstörung von Kadavern durch die Brandung oder stärkere Strömung erfolgt. Eine treffende und anschauliche Schilderung gibt hierzu O. ABEL (1922):

„Einzelne Wirbel lösen sich ab; zunächst die Schwanzwirbel. Die Gliedmaßen und der Schädel folgen. Endlich wird in günstigen Fällen der Thorax in stark durcheinandergeworfenem Zustand in das Gestein des Ufers eingebettet, während ungünstigenfalls alle Skelette auseinandergerissen, gerollt und abgesetzt werden, bis sie ihre ursprüngliche Form verloren haben.

Beispiel: Die stark gerollten Wirbel und Gliedmaßenfragmente, die man häufig in den Leithakalkbildungen des Wiener Beckens antrifft."

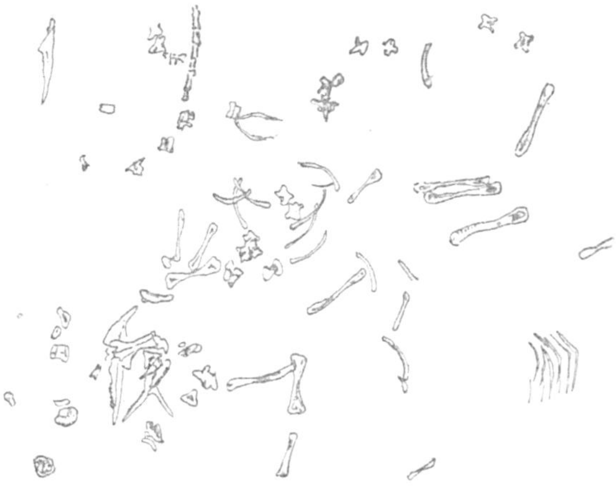

Abb. 21. Völlig zerfallenes Skelett von *Homoeosaurus maximiliani* v. AMMON aus dem lithographischen Plattenkalk vom Painter Forst. Nach J. WEIGELT (1927).

Die härtesten Teile und die schmelzbedeckten Zahnkronen leisten den größten Widerstand. Sie sind deshalb am häufigsten zu finden.

Tote Wasservögel vermögen, wie bereits MILLER (1909, 1911) z. T. erkannt hat, durch die im Federkleid eingeschlossene Luft, die pneumatischen Hohlräume der Knochen und die im Körperinneren, besonders im Darmtraktus sich entwickelnden Zersetzungsgase relativ lange auf dem Wasser zu treiben, wenn nicht durch den herrschenden Wind eine vorzeitige Strandung erfolgt. Die Unterschenkel sind während dieser Zeit, da sie kein Federkleid tragen, einer stärkeren Verwesung, sowie den Angriffen von Wasserinsekten und anderem Kleingetier ausgesetzt. Hierbei wird die Abgliederung durch Zerstörung der Sehnen beschleunigt. Die Folge ist eine Ausstreuung der Metapodien über oft weite Flächen.

Abb. 22. *Roemeraster* in beginnender Kippstellung aus dem Bundenbacher Schiefer. Eine Armspitze ist von der Verwesung stärker angegriffen und beginnt zu zerfallen. Nach R. v. KOENIGSWALD (1930).

Auch bei den Vögeln, deren Kadaver auf dem Lande längere Zeit frei liegen, lösen sich häufig Fuß und Unterschenkel als erste und werden bei Verlagerungen vom übrigen Körper getrennt. So kommt es, daß an fossilen Vogelfunden häufig die festen und widerstandsfähigen Tarso- und Metatarsi fehlen, während die pneumatischen und andere, oft sehr zarte Knochen erhalten geblieben sind.

Auch bei niederen Tieren läßt sich ein selektiver Zerfall in die einzelnen Elemente nicht selten nachweisen. So zeigt Abb. 22 einen *Roemeraster* aus dem Bundenbacher Schiefer. Eine der dünnen Armspitzen ist am stärksten von der Verwesung angegriffen und beginnt zu zerfallen.

VI. Die Mumifikation

Werden die durch Fäulnis und Verwesung gekennzeichneten Vorgänge erheblich verzögert oder abgestoppt, so können die Weichteile der Kadaver in mehr oder weniger großem Umfange erhalten bleiben. Man spricht dann im weiteren Sinne von Mumifikation und bei den mumifizierten Körpern von Mumien.

Je nach der Art der Erhaltung kann man unterscheiden:

a) echte Mumien,

b) Mumienpseudomorphosen.

Mumienpseudomorphosen entstehen dann, wenn die organischen Reste nach erfolgter Einbettung zerstört und der gebildete Hohlraum durch ein körperfremdes, organisches oder anorganisches Material derart angefüllt wird, daß ein vollständiger Ausguß entsteht. In dieser Erhaltung liegen z. B. die bekannten *Trachodon*-Mumien aus der nordamerikanischen Kreide von Wyoming, Dakota und Kanada vor. Die ausgetrockneten organischen Reste wurden nach der Einbettung in Sand völlig zerstört und durch anorganisches Gesteinsmaterial ersetzt.

Fossilisierte Mumien sind in älteren Ablagerungen äußerst selten. Sie werden jedoch häufiger, je näher wir der Gegenwart kommen. Relativ häufig sind dabei Mumien kleinerer Tiere (Reptilien, Amphibien), selten im allgemeinen die der größeren Formen (Vögel, Säuger, Mensch).

Mumifikation kann erfolgen durch:

a) Wasserentzug (Austrocknen),

b) Kälte (Einfrieren, Gefrieren),

c) Sauerstoffabschluß,

d) konservierende Stoffe.

Von diesen Faktoren interessieren uns hier vor allem diejenigen, die auch ohne Einbettung in das Sediment möglich sind. Es handelt sich im wesentlichen um das Gefrieren, das Austrocknen und die Einwirkung von Wasser mit darin gelösten konservierenden Stoffen (*Aseptika*).

Die Spaltpilze bedürfen zu ihrer Entwicklung einer gewissen Wärme. Mit fallender Temperatur verlangsamt sich ihre Lebenstätigkeit und erlahmt schließlich nach Überschreiten einer bestimmten Grenze. Am raschesten vollzieht sich infolgedessen die bakterielle Zersetzung in den tropischen und subtropischen Räumen. In polaren Gegenden z. B. und oberhalb der Schneegrenze der Hochgebirge kann sie gänzlich aussetzen.

Das Gefrieren ist somit vielleicht die wirkungsvollste Art der natürlichen Mumifikation. Es bewahrt den gesamten Kadaver und überliefert ihn ohne nennenswerte Veränderungen. Die nachhaltige Wirkung ergibt sich z. B. aus den Funden diluvialer Großsäuger (Mammut) im sibirischen Bodeneis. Muskulatur, innere Organe, ja sogar das Blut waren derart frisch erhalten, daß sie von Füchsen, Wölfen und Hunden gefressen werden konnten (vgl. H. Lang, 1925).

Bakterielle Zersetzung kann sich ferner nur in Gegenwart ausreichender Feuchtigkeitsmengen vollziehen. Erfolgt in trockener Luft oder durch Einwirkung hygroskopischer Medien eine Austrocknung, so stockt die Zersetzung. Dabei verschließen sich die Poren der Oberfläche und erschweren den Zutritt von Sauerstoff und das erneute Eindringen von Feuchtigkeit; eine Erscheinung, die bei der Herstellung von Dörrgemüse, Dörrobst und Trockenfisch nutzbringend verwertet wird.

Vorbedingung ist anhaltende Trockenheit, regelmäßige und ausreichende Entlüftung und weitgehende Abgeschlossenheit, möglichst in Verbindung mit völliger Dunkelheit, um Aasfresser und Aasfliegen fernzuhalten. Natürliche Trockenmumien sind deshalb vor allem in abgeschlossenen Hohlräumen oder in gut durchlüfteten, trockenen Böden der tropischen und subtropischen Gebiete zu erwarten (Peru, Ägypten, Innerasien usw.). Sie finden sich aber, allerdings seltener, auch in den gemäßigten Breiten. Ein schönes Beispiel hierzu beschreibt J. VIGH (1929) aus Ungarn. Es handelt sich um einen mumifizierten Katzenkadaver, der auf dem Dachboden eines Hauses entdeckt wurde. Am Fundort herrschten bei starker Durchlüftung große Trockenheit und Finsternis, d. h. alle zur Entstehung von Trockenmumien notwendigen Voraussetzungen.

Bei den Trockenmumien handelt es sich meist um kleinere Tiere (Mäuse, Vögel), da sie bei relativ großer Körperoberfläche einen verhältnismäßig kleinen Flüssigkeitsgehalt besitzen. Sie trocknen leichter aus.

Als Folge der Austrocknung schrumpfen Muskulatur und Haut. Sie legen sich eng auf Knochen, Sehnen und Bänder, die hierdurch in ihren Verlauf deutlich erkennbar werden. Zu den durch den Todeskampf und den Todeskrampf verursachten Verlagerungen treten solche hinzu, die auf die verschiedenstarke Wasserabgabe der miteinander verbundenen Zell- und Gewebeschichten zurückzuführen sind. Das Plasma bleibt infolge der Kohäsion an den Zellwänden haften, so daß diese sich nach innen umstülpen. Die Folge hiervon sind besondere Schrumpfungsmechanismen und Verlagerungen, die durch die mit der Austrocknung verknüpfte Erhärtung fixiert werden.

Bei den Vertebraten zeigt sich vor allem eine Verkrümmung der Halswirbelsäule. Sie entsteht durch Austrocknung der Nackenmuskulatur, wobei der Hals mehr oder weniger vertikal nach oben gebogen wird. Kontrahiert sich auch noch die Rumpfmuskulatur, so kann es zu kreisförmigen Einkrümmungen kommen. Dann hat man es mit einer extremen Steigerung der bereits S. 25 behandelten dorsalen Wirbelsäulenverkrümmung zu tun, deren Ursache jedoch im einzelnen sehr komplexer Natur sein kann.

Der mögliche Grad der Wirbelsäulenverkrümmung ist bei Säugetieren abhängig von der Entwicklung der sog. Antiklinie (vgl. J. WEIGELT, 1927). Hierunter versteht man die bei der Mehrzahl aller Landsäugetiere zu beobachtende Erscheinung, daß die Dornfortsätze der Rumpfwirbel im allgemeinen von einem etwa in der Mitte gelegenen Wirbel nach beiden Seiten allmählich an Größe zunehmen. Sie neigen sich dabei im kopfnahen Teil nach vorne, im rückwärtigen nach hinten. Sie verhindern so eine zu starke Durchbiegung der Wirbelsäule, die nach dem Bauprinzip einer Hängebrücke die Last der Eingeweide trägt. Je weniger streng die Führung der Wirbelsäule ist, desto schärfer kann die Austrocknung des zähen Dorsalteiles gegenüber dem weichen, leichter vergänglichen Viskeralteil zu Verkrümmungen, insbesondere des Halses führen.

Abb. 23. Ausgetrocknete und bereits stark skelettierte Rinderleiche auf einer Sandbank. Der Hals ist weit zurückgebogen. Nach J. WEIGELT (1927).

Diese Verkrümmungen lassen sich nicht nur an Mumien, sondern auch an mehr oder weniger skelettierten Resten beobachten. Ein sehr schönes Beispiel hierzu beschreibt J. WEIGELT (1927) aus Texas. Ein Kuhkadaver wurde zunächst als Wasserleiche auf einer Sandbank angetrieben. Dann trocknete die bereits stark skelettierte Leiche aus. Durch die Schrumpfung von Nackenmuskulatur und Nackensehnen verlagerten sich Kopf und Halswirbelsäule derart stark, daß der *Epistrophus* mit seinem hinteren Ende an den Dornfortsatz des ersten Rumpfwirbels zu liegen kam (vgl. Abb. 23).

Da die dorsale Wirbelsäulenverkrümmung auch andere Ursachen haben kann, muß in jedem einzelnen Fall eine genaue Untersuchung der Begleitumstände, insbesondere des Nebengesteins erfolgen. Und es ist nicht verwunderlich, daß die Mehrzahl aller sicher auf Austrocknung zurückführbaren Beispiele aus salinaren oder wüstenhaften Ablagerungen stammt. Sie sind geradezu die Regel in den gipshaltigen Lagen des Pariser Beckens (vgl. Abb. 24).

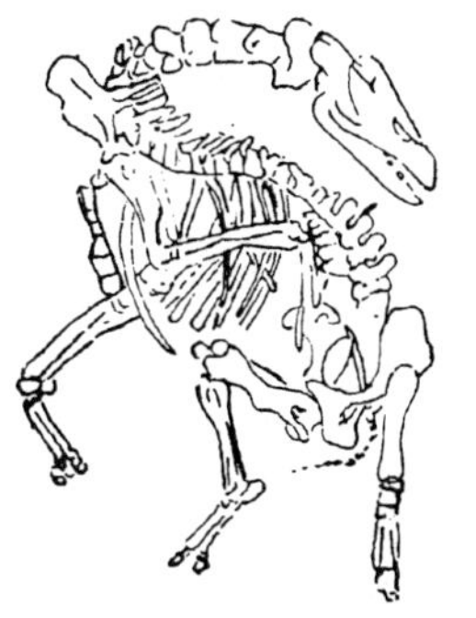

Abb. 24. *Palaeotherium magnum* CUVIER mit stark zurückgekrümmter Halswirbelsäule. Ob. Eozän, Mormoiron (Frankreich). Nach O. ABEL (1924).

Von den übrigen, ohne vorherige Einbettung in Sediment denkbaren Konservierungsarten ist die Durchtränkung mit salzhaltiger Lauge (Einpökeln) am wichtigsten. Auf sie geht nach neueren Untersuchungen (vgl. F. ZEUNER, 1934) wenigstens teilweise die Erhaltung des 1929 bei Starunia geborgenen Nashornkadavers zurück. Aus der trocknenden Haut des Tieres blühte Kochsalz aus. Im übrigen war es stellenweise von einer dünnen Erdwachslage bedeckt. Aus den zerbrochenen Knochen trat reichlich Öl hervor. Das Salz dürfte Ölwässern entstammen. Ohne Salzimprägnierung werden Wirbeltierleichen, die in Asphalt oder Erdwachs versinken, durch die Bakterien des Darmtraktus von innen heraus verflüssigt (vgl. die Vorkommen von Rancho La Brea, S. 19).

Ein anderes Beispiel wurde durch W. WETZEL (1925) aus der Salpeterwüste von Tocopilla bekannt, wo man in einem salzverkitteten Granitgrus zahlreiche Vogelmumien (*Thalassidroma*) fand. Die Ablagerung erfolgte unter fluviatilen Bedingungen, zu einer Zeit mit weniger aridem Klima. WETZEL nimmt an, daß die Vögel in trockenliegenden Flußtälern brüteten und durch plötzlich auftretende, katastrophale Wasserführung vernichtet wurden.

D. Das Schicksal der erhaltungsfähigen Hartteile vor der endgültigen Einbettung

I. Allgemeines

Die toten Lebensreste werden Bestandteil des Sediments und gehorchen den bei der Sedimentation herrschenden mechanischen und chemischen Gesetzen. Gleichgültig, um was für Reste es sich handelt, immer klingen dabei unter ähnlichen Bedingungen die gleichen Bestattungsregeln durch. Aus den Lagebeziehungen der erhaltungsfähigen Lebensreste zueinander und zum Nebengestein, sowie aus den während des Bestattungsvorganges erlittenen mechanischen und chemischen Veränderungen durch anorganische und biologische Faktoren, kann man deshalb mannigfache Rückschlüsse, vor allem auf die Sedimentbildung ziehen.

Die im Gestein eingeschlossenen Fossilreste bilden Grabgemeinschaften (= Thanatocoenosen n. E. WASMUND, 1927), deren Entstehung je nach der Mitwirkung transportierender Kräfte erfolgen kann:

a) am Lebensort, der zugleich Sterbeort ist (autochthon),

b) nach mehr oder weniger weitgehender Verfrachtung vom Sterbeort (allochthon),

c) am Sterbeort, nach vorherigem Transport im lebenden Zustand in ein dem betreffenden Organismus lebensfremdes oder lebensfeindliches Milieu (allochthon-autochthon).

Abgesehen von den bei der Bildung einer Thanatocoenose herrschenden physikalischen und chemischen Bedingungen, wird ihre Zusammensetzung mehr oder weniger stark durch die biogeographischen Verhältnisse der materialliefernden Biocoenosen bestimmt. Sie sind aus diesem Grunde immer bis zu einem gewissen Grade zugleich die Funktion der biologischen Gesetzmäßigkeiten. Autochthone Thanatocoenosen, bei denen Lebens- und Sterbeort der Reste zusammenfallen, enthalten Ausschnitte der jeweils zur Zeit der Einbettung an Ort und Stelle vertretenen Biocoenose. Ihre Zusammensetzung ist deshalb weitgehend von den biologischen Zufälligkeiten und Gesetzmäßigkeiten derselben abhängig. Es bilden sich folglich in ihnen bis zu einem gewissen Ausmaße die Triebkräfte ab, aus deren Zusammenwirken sich die Biocoenose ergibt — Ernährung, Atmung, Anpassung. Autochthone Thanatocoenosen sind räumlich gebunden und von den ökologischen Verhältnissen des Raumes abhängig.

Den autochthonen Thanatocoenosen treten die allochthonen gegenüber. Sie verdanken ihre Zusammenführung frachtenden Kräften. Die dabei sich vollziehenden natürlichen Vorgänge der Entmischung, Sortierung und Zerstörung sind die gleichen, wie für die anorganischen klastischen Bestandteile des Nebengesteins. Deshalb erweist sich als von ausschlaggebender Bedeutung die Erhaltungsfähigkeit, d. h. die Widerstandsfähigkeit der Organismenreste gegen chemische und mechanische Angriffe der verschiedensten Art, die vor der Einbettung einwirken.

Der Artenbestand einer Thanatocoenose kann dabei durch die mehr oder weniger weitgehende Eliminierung einzelner Formen stark verändert werden. Eine besonders große Widerstandsfähigkeit täuscht nicht selten eine größere Häufigkeit als in der materialliefernden Biocoenose vor. Diese Auslese wird gelegentlich verstärkt durch Vorgänge während der Diagenese.

Die Stärke und das Ausmaß der aufarbeitenden Vorgänge können natürlich sehr großen Schwankungen unterworfen sein und ebensoviel verschiedene Sortierungsarten ergeben, als Schichten und Gesteine vorliegen. Andererseits kann sich aber durch tektonisch oder astronomisch-klimatisch bedingte Zyklen und Rhythmen eine mehrfach sich wiederholende Abfolge der leichenbestattenden Kräfte ergeben.

II. Die chemisch bedingten Zerstörungen und Veränderungen an den Hartteilen vor der endgültigen Einbettung

Die chemisch bedingten Zerstörungen und Veränderungen an den Hartteilen vor der Einbettung spielen unter bestimmten Voraussetzungen eine erhebliche Rolle und können bis zur gänzlichen Vernichtung der Reste führen. Am wichtigsten sind das Wasser und die in ihm gelösten Stoffe. Die ohne gleichzeitige Gegenwart von Wasser sich vollziehende chemische Zerstörung tritt demgegenüber stark zurück. Auf die Bedeutung der bei der Zersetzung organischer Substanz freiwerdenden Säuren wird S. 125f. eingegangen. Hier soll uns zunächst nur die außerordentlich bedeutungsvolle Auflösung durch kohlensäurehaltiges Wasser an kalkigen Hartgebilden organischer Herkunft beschäftigen.

Die damit im Zusammenhang stehenden Erscheinungen wurden nicht selten theoretisch und experimentell untersucht. Einer der ersten, der sich diesen Fragen zuwandte, war GÜMBEL (1884). Ausgehend von verschiedenstruierten und -zusammengesetzten organischen und anorganischen kalkhaltigen Materialien, kam er zu den in Tab. 2 niedergelegten Werten.

Tabelle 2: Die Kalklösung in CO_2-gesättigtem Wasser (unter anhaltender Durchleitung eines CO_2-Stromes). Nach v. GÜMBEL, 1884

	Substanz	Abnahme in Gew.-% je 2 Monate
1.	Elfenbeinschichten von Muscheln	1,75—2,75
2.	Elfenbeinschichten von Gastropoden	1,13—3,67
3.	Perlmutterschichten	0,41—1,71
4.	Wabenschichten	0,69—1,90
5.	reiner Kalkspat	0,033
6.	kristallin-körniger Kalk	0,271
7.	grobkristallisierter Faserkalk	0,105
8.	erdig-kreidiger Kalk	0,370
9.	Aragonit (Eisenblüte)	0,354
10.	Aragonit (grobfaserig)	0,111

Ähnliche quantitative Versuche führte F. HECHT (1933) in reinem Meerwasser durch, indem er von grobem und organischem Schmutz gereinigte Muscheln in das Vorfilterbecken des Wilhelmshavener Seewasseraquariums brachte. Der Gasgehalt des Wassers war infolge dauernder Erneuerung und guter Besiedlung dem des Meeres gleich.

Die Ergebnisse lassen sich wie folgt zusammenfassen:

a) Der Lösungsbetrag ist bei Arten mit dünner Oberhaut erheblich größer als bei denen mit starker Oberhaut.

b) Er ist nicht abhängig vom Gewicht der Schale, sondern von ihrer Fläche (Lösungsfläche). Bei zwei gleichschweren Klappen derselben Art (eine dünn, die andere dick) erleidet die größere also mehr Substanzverlust als die kleinere.

c) Für einen Zeitabschnitt von 10 Monaten kann man mit folgenden durchschnittlichen Lösungsbeträgen (in Gew.-%) unter an sich ziemlicher Streuung im Einzelnen rechnen bei:

Cardium edule (dünne Oberhaut): 10,61,
Tapes eemiensis senescens: 11,13,
Mytilus edulis (starke Oberhaut): 3,34.

Bei den Versuchen, die H. KLÄHN (1936) vor allem mit Schalen von *Cardium edule* in destilliertem Wasser und mit Regenwasser durchführte, zeigte sich aber, daß die Lösungsgeschwindigkeit nicht nur von der äußerlich sichtbaren Oberfläche der Versuchskörper, sondern auch von deren Dichte, Porosität und Auflockerung abhängig ist. Er bezeichnet die letztere als „Kreidigkeit". Sie nimmt mit der Versuchsdauer zu. Gleichzeitig vergrößert sich häufig auch die Lösungsfläche mit dem Verschwinden der organischen Substanz auf der Schale, insbesondere des Periostrakums.

Ein Anhalt für den Grad der „Kreidigkeit" ergibt sich nach H. KLÄHN (1936) wie folgt aus der Bestimmung der Wasserkapazität. Die gut gewaschenen und getrockneten Schalen werden gewogen und anschließend einige Stunden in destilliertes Wasser gelegt, dann herausgenommen, mit einem Leinenlappen gut getrocknet und erneut gewogen. Die in Prozenten ausgedrückte aufgenommene Wassermenge entspricht der Wasserkapazität und ist abhängig von der „Kreidigkeit" der betreffenden Reste.

Eine Umrechnung der Wasseraufnahme zu Vergleichszwecken auf das Gewicht ($g = 100$) empfiehlt sich nicht. H. KLÄHN wählt deshalb möglichst langgestreckte Schalen und bezieht sich auf die Länge ($l = 100$).

Da die Lösungsverhältnisse in der Natur sehr komplexer Art sind, können Berechnungen über die in bestimmten Zeiträumen zu erwartende Auflösung nur einen ungefähren Anhalt geben. Es folgen einige Beispiele (nach H. KLÄHN, 1936):

a) Die Schale einer rezenten *Cardium edule* besitzt den (sehr kleinen) Kreidigkeitsgrad von 0,71% ($l = 100$). Sie wird mehrfach nacheinander, jeweils 3 Tage mit destilliertem Wasser (CO_2-Gehalt $= 0{,}0110$ g/l), bei 20° unter dreimaligem Umschütteln je Tag behandelt, anschließend getrocknet und gewogen. Wann ist die Schale gelöst?

   Innerhalb von 3 Tagen lösen sich 0,24 bzw. bei Bildung einer Schutzschicht 0,13% ($g = 100$). Läßt man die Zunahme der Kreidigkeit außer acht, wäre die Schale in 3,6 bzw. 6,3 Jahren gänzlich zerstört.

   Die Zunahme der Kreidigkeit ist unbekannt. Um ihre Einwirkung aber abschätzen zu können, stellen wir die in 3 Tagen sich unter sonst gleichen Bedingungen auflösende Menge an einer *Cardium edule* aus der Litorinazeit fest, die den sehr großen Kreidigkeitsgrad von 2,00% ($l = 100$) besitzt. Sie verliert 0,56 bzw. bei Bildung einer Schutzschicht 0,36% ($g = 100$) und wäre folglich innerhalb von 1,46 bzw. 2,3 Jahren gänzlich gelöst. Berechnet man aus den Werten der beiden extremen Fälle die Mittelwerte, so ergeben sich als obere und untere Grenze für den Zeitbereich, in dem sich wahrscheinlich die totale Auflösung vollzieht, 2,5 und 4,3 Jahre.

b) Die Schale einer rezenten *Cardium edule* mit dem besonders kleinen Kreidigkeitsgrad von 0,67 ($l = 100$) wird für die Dauer von 10 Monaten den Niederschlägen ausgesetzt. Dabei ergibt sich eine Gewichtsabnahme von 0,87%. Wann wäre, gleiche Niederschlagsverteilung während der gesamten Versuchsdauer vorausgesetzt, die Schale gänzlich aufgelöst?

   Wenn man die Zunahme der Kreidigkeit nicht berücksichtigt, ist mit einer vollständigen Auflösung in 95 Jahren zu rechnen. Setzt man die in Beispiel a) benutzte hohe Kreidigkeit von 2,00% ein, so erhält man eine Anlösung von $0{,}87 \cdot 2{,}8 = 2{,}4\%$ ($g = 100$) für die Zeitdauer von 10 Monaten und eine Gesamtlösungsdauer von 35 Jahren, vorausgesetzt, daß sich keine Schutzschicht bildet. Die vollständige Auflösung dürfte sich also zwischen 35 und 95 Jahren (Mittelwert 65 Jahre) vollziehen.

Einen gewissen Anhalt für die Lösungsgeschwindigkeit von Zähnen und Knochen ergeben die in Tab. 3 nach H. KLÄHN (1936) zusammengefaßten Werte. Die Probekörper wurden mit je 100 cm^3 dest. Wasser behandelt. Dabei zeigte sich, daß die Anlösung der Zähne viel geringere Beträge als die der Knochen erreicht. Immerhin ist die in 19 Tagen ermittelte Auflösung von 0,33% ($g = 100$) bei dem oberen Backenzahn beachtlich.

Tabelle 3: Laborversuche über die Anlösung (in Gew.-%) von Knochen und Zähnen von *Sus scrofa* in 100 cm^3 dest. Wasser. — Nach H. KLÄHN, 1936

Versuchsdauer (in Tagen)	Unterer Backenzahn M_2 Nicht ganz frisch	Oberer Backenzahn M^2 Ganz frisch aus dem Kiefer eines soeben geschlachteten Tieres	Knochenstück einer Mandibel, etwas angewittert. Die Kollagene waren vollkommen ausgelaugt.
2	0,07	0,08	0,19
4	0,06	0,07	0,11—0,15
6	—	0,07	0,12
19	—	0,33	0,42—0,62

Aus den oben angeführten HECHTschen Werten ergibt sich, daß Meerwasser mit seinem durchschnittlichen CO_2-Gehalt kalkige Skelettelemente, besonders, wenn sie nicht von organischen Häuten und anorganischen Schutzschichten überzogen sind, relativ rasch aufzulösen vermag. Liegen die Reste bei aussetzender Sedimentation längere Zeit frei, so können sie auf diese Weise gänzlich zerstört werden. Bei Muscheln z. B. kann sich währenddessen unter dem Schutz der überdeckenden Klappe ein erhaltungsfähiger Steinkern bilden, wenn die Erhärtung des Nebengesteins rasch erfolgt (vgl. manche Muschelpflaster auf den Kalkbänken des Ob. Muschelkalkes). Kommt es infolge zu langsamer Erhärtung des Nebengesteins nicht zu einer Steinkernbildung, so verbleibt meist nur ein unscharfer, schleierartiger Abdruck. Dieser Fall läßt sich z. B. nicht selten im Hunsrückschiefer beobachten (vgl. Abb. 25).

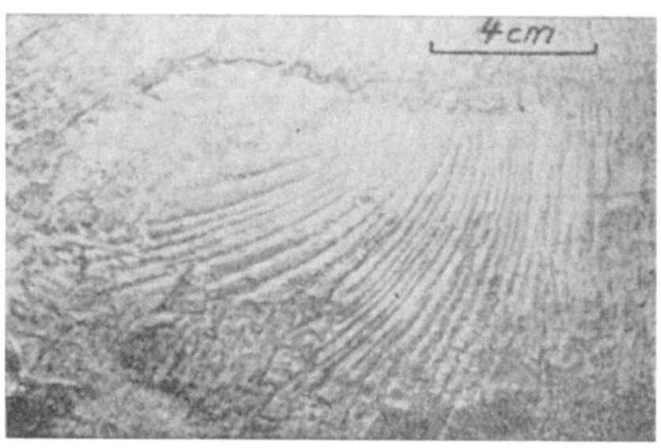

Abb. 25. Unscharfer, schleierartiger Abdruck einer Muschel aus dem Hunsrückschiefer von Bundenbach, deren Kalkschale vor der Erhärtung des Sediments aufgelöst wurde. — Nach R. RICHTER (1931).

Hält bei rascher Erhärtung des Nebengesteins die Sedimentationsunterbrechung weiter an, so kann es neben der Auflösung der Schale auch zu einer Korrosion der Steinkerne kommen, deren Oberfläche dann ein primär lückiges und zerfressenes Aussehen erhält. Auf entsprechende Vorgänge dürfte ein Teil der Zerstörungen zurückzuführen sein, die an den Oberflächen vieler Steinkerne aus dem Muschelkalk zu beobachten sind. Die Erscheinung darf natürlich nicht mit sekundärer Auflösung längs der Schichtfugen im Verlauf der Diagenese verwechselt werden. Im einzelnen bereitet die Unterscheidung indes große Schwierigkeiten.

Primogene Auflösungs- und Abtragungserscheinungen im Sinne des negativen Sedimentationsgefälles B. v. FREYBERGs, die kurz nach der Sedimentation an dem frisch entstandenen Steinkern erfolgten, lassen sich nur dann sicher nachweisen, wenn die gebildeten Auflösungsflächen einen Bewuchs mit sessilem Benthos besitzen. Der Bewuchs darf aber nicht von einer geröllartigen Umbettung herrühren, bei der sich sekundäre Aufarbeitungsflächen im Verlauf des Transports bildeten. Reicht der Bewuchs z. T. auf die benachbarte Schichtoberfläche hinüber, und wuchs er parallel zu dieser weiter, so vollzog sich die Besiedlung auf jeden Fall an Ort und Stelle. Die Unterseite der in das ursprünglich noch schlammigweiche Sediment eingesunkenen Reste ist dann in der Regel gut erhalten, sofern keine sekundäre Umbettung erfolgte.

III. Die biologisch bedingten Zerstörungen

Neben den durch rein mechanische und chemische Faktoren bedingten Zerstörungen an den noch nicht eingebetteten Hartteilen von Organismen spielen die biologischen eine oft nicht unerhebliche Rolle, wie auch an der Zerstörung der Weichteile Bakterien und Aasfresser einen sehr wesentlichen Anteil haben.

1. Bohrende Mikroorganismen

Nach v. PIA (1937) sind die bohrenden Thallophyten als die wichtigsten Zerstörer mariner Molluskenschalen zu betrachten. Ähnliches gilt aber in mehr oder weniger großem Umfange auch hinsichtlich der Panzer der Balaniden und anderer Crustaceen, sowie für die Riffkorallen und Kalkalgen.

Die Bohrgänge sind von mikroskopischer Kleinheit. Ihr Durchmesser beträgt je nach der Art des Erzeugers zwischen 0,024 und 0,0012 mm. Neben wenig verzweigten und ziemlich gerade gestreckten, kommen reichlich verzweigte, gebogene und geknickte vor.

An ihrer Entstehung beteiligen sich nach BORNET & FLAHAULT (1890), v. PIA (1937) und KYLIN (1935) folgende Gruppen:

a) Cyanophyceen: *Hyella*,

b) Chlorophyceen: *Phaeophila*, *Entocladia*, *Ostreobium*, *Gomontia* u. a.,

c) Pilze: *Ostracoblabe* und *Lithophytum* (letztere nach v. PIA eventuell eine Flechte).

Wir finden sie vor allem im Meere, treffen sie aber auch im Süß- oder Brackwasser.

Im lebenden Zustand werden i. d. R. nur solche Organismenreste befallen, die nicht eingegraben leben. Am stärksten findet sich der Befall deshalb bei angehefteten Muscheln (insbesondere *Ostrea*, *Chama*, *Anomia*, *Spondylus*, *Placuna* u. a.), sowie bei den in der Brandungsregion festsitzenden Gastropoden (z. B. *Patella*, *Chiton*) und Balaniden.

Voraussetzung zum Befall noch lebender Mollusken scheint eine vorherige Verletzung des Periostrakums zu sein. Eine solche ist vor allem im Bewegtwasser, insbesondere der Brandungszone zu erwarten. An der rezenten *Mytilus edulis* zeigt er sich deshalb regelmäßig nur bei den Siedlungen, die in den bewegteren Flachwassergebieten gedeihen. In den Bereichen mit ruhigem Wasser fehlt er.

Nach dem Tode können alle organischen Hartteile betroffen werden. Voraussetzung ist nur, daß sie bei relativer Ruhe ausreichend lang und frei exponiert liegen bleiben. Die vergraben lebenden Formen müssen vorher etwa durch Wasserbewegung freigelegt worden sein. Diese Bedingungen treffen im großen Maßstab z. B. bei vielen Schillansammlungen zu.

Ein Teil der Formen (vermutlich zu den Blaualgen und Pilzen gehörend) vermag auch bei relativ großem Lichtmangel und kurzfristiger Trockenlegung zu leben. Wir finden sie deshalb auch in sehr tiefliegenden oder dunkel gefärbten Schalenschichten und in Hartteilen, die, wie im Gezeitenbereich, zeitweilig über den Wasserspiegel geraten.

Gänge bohrender Thallophyten konnten seit dem Silur nachgewiesen werden. Wenigstens seit dem Mesozoikum erscheinen sie mit den gleichen Gangsystemen wie in der Gegenwart. Selten treten sie in Sedimenten auf, die unter relativ sauerstoffarmem Bodenwasser abgelagert wurden, so z. B. im süddeutschen Lias (vgl. K. MÄGDEFRAU, 1937). Häufig finden wir sie dagegen in den Frisch- und Bewegtwasserablagerungen, insbesondere von Malm, Kreide und Tertiär. Auffallend schön erhalten und relativ leicht nachweisbar, treffen wir sie in den Rostren der Belemniten, bei denen aber infolge der größeren Widerstandsfähigkeit im Vergleich mit den Muschel- und Schneckenschalen, die Zerstörungsarbeit der Thallophyten nur eine untergeordnete Rolle gespielt zu haben scheint.

Befall mit bohrenden Thallophyten fehlt bei sonst günstigen Bedingungen, wenn die Einbettung zu rasch erfolgte, die Expositionszeit also zu gering war. Das Fehlen von Thallophytenbohrungen kann demnach ein wichtiges Kriterium sein zur Beurteilung der Einbettungsgeschwindigkeit und damit u. a. etwa der Entstehungsgeschwindigkeit von Schillablagerungen.

Die Bohrgänge bilden i. d. R. eine außerordentlich dicht stehendes und feines Maschenwerk. Durch die damit verbundene erhebliche Oberflächenvergrößerung und Lockerung des Gefüges, bereiten sie die befallenen Reste für die weitere mechanische und chemische Zerstörung vor. Schließlich kann das Zusammenwirken aller dieser Faktoren zur völligen Vernichtung der Hartteile und etwa zur Bildung eines fossilleeren, dichten Kalksteins führen. Bei dem z. T. quantitativ erheblichen Befall ist es deshalb nicht verwunderlich, daß den bohrenden Thallophyten eine außerordentlich große Rolle bei der Zerstörung von organischen Hartteilen zugestanden werden muß. Möglicherweise tritt auch die Mitwirkung von Bakterien hinzu. Untersuchungen hierüber fehlen indes noch gänzlich. Eine nahezu vollständige Zusammenstellung der vor 1937 erschienenen Literatur findet sich bei v. PIA (1937), Ergänzungen bei W. WETZEL (1938).

Wie stark die durch Algenbefall verursachte Schillbildung sein kann, zeigen schön die Untersuchungen von W. SCHÄFER (1938) an *Balanus*-Siedlungen der Innenjade. Die Balaniden können hier durch die bohrenden Algen in einem Jahr zum Absterben gebracht werden. Die Folge ist eine abnorm schnelle Aufeinanderfolge der Generationen und damit eine außergewöhnliche Schillproduktion. Der Schill wird durch Gezeitenströme über ein großes Gebiet zerstreut und kann zwischen den Buhnen örtlich Mächtigkeiten von 50 cm erreichen. Fossil findet sich nach R. RICHTER (1929) ein ähnlicher Balanidenschill im Meeressand der Rupelstufe von Weinheim bei Alzey.

2. Bohrende makroskopische Organismen

Eine nicht unwesentliche Rolle bei der Zerstörung organischer Hartteile spielen auch die bohrenden, makroskopisch sichtbaren Organismen, wenngleich sie in ihrer Bedeutung hinter den entsprechenden Mikroorganismen zurückstehen. Da ihre Tätigkeit mit bloßem Auge ohne weiteres festzustellen ist, sind unsere Kenntnisse über sie bedeutend größer als bei den ersteren.

Beteiligt sind vor allem folgende Gruppen:

a) Bohrmuscheln, Bohrasseln und Bohrschwämme,
b) Raubschnecken,
c) Insekten und ihre Larven.

Die mit der Anlage der Bohrlöcher verbundene Oberflächenvergrößerung und Lockerung des Gefüges beschleunigt auch hier die mechanische und chemische Zerstörung und kann bei quantitativ erheblichem Befall die Ursache zur völligen Vernichtung von Hartteilen sein.

Betrachten wir zunächst die

a) Bohrmuscheln

Unter Bohrmuscheln versteht man Lamellibranchiaten, die in der Lage sind, in mehr oder weniger festes, organisches oder anorganisches Material einzudringen. Bis auf einige seltene, auch im Süßwasser vorkommende Formen, gehören sie ausschließlich dem Meere an. Hier werden Tiefen bis zu 50 m bevorzugt. Nur wenige Arten gehen tiefer. Zu beachten ist allerdings, daß einige Arten auch freilebend vorkommen, wenn der Untergrund nicht angebohrt werden kann. So finden sich im Kattegat nach HAAS (Tierwelt der Nord- und

Ostsee) selbst hochspezialisierte Formen, wie *Pholas candida*, *Zirphaea crispata*, *Saxicava rugosa* auf reinem Sandgrund.

Je nach der Art, wie die Anlage der Bohrlöcher erfolgt, kann man zwischen chemisch und mechanisch arbeitenden Formen unterscheiden. Von diesen legen die chemisch arbeitenden (z. B. *Lithodomus lithophagus*) ihre Bohrlöcher in kalkigen Substraten an. Dabei wird der Kalk durch Kohlendioxyd aufgelöst, das sich bei der Atmung bildet und an der Manteloberfläche ausscheidet. Untersucht man die Bohrlöcher genauer, so lassen sich meist zwei verschiedene Ausbildungen beobachten (W. KÜHNELT, 1930):

a) solche, deren Innenfläche glatt, ohne Bewuchs mit sessilen Tieren und Algen und von gleicher Farbe und Beschaffenheit wie das umgebende Gestein ist. Bei den aus diesen Löchern stammenden Bohrmuscheln ist das Periostrakum fast in seiner ganzen Erstreckung erhalten,

b) andere, die innen mit reichlichem Algenbewuchs und sessilem Benthos (z. B. Röhrenwürmern, Bryozoen) bedeckt sind. Im extremen Fall zeigt die Wandung einen dünnen, sinterähnlichen Kalzitüberzug. Die aus diesen Löchern stammenden Bohrmuscheln besitzen ebenfalls einen starken Bewuchs derart, daß oft ein großer Teil der Schale vollständig überzogen ist.

Diese unterschiedliche Ausbildung der Bohrlöcher läßt sich wie folgt erklären: Solange die Muschel nicht an der Vergrößerung ihres Bohrloches arbeitet, besiedeln zahlreiche Organismen mit ihr die Höhlung. Sobald die Ruheperiode aber vorüber ist, werden sie durch die neu einsetzende Bohrtätigkeit entweder vernichtet oder vertrieben. Häufig kommt es dann auch zur Anbohrung benachbarter Bohrlöcher und Schalen. W. KÜHNELT (1930) konnte mehrfach beobachten, daß dabei auch lebende Individuen vollständig durchschnitten wurden.

Anbohrung von lebenden Muscheln ist dann anzunehmen, wenn äußere Schalenschichten entfernt und an der durch die Ätzung entstandenen, aber noch nicht lebensgefährlichen Verletzung Kalklagen kallusartig von innen vorgebaut sind. Anbohrung toter Schalen liegt dann vor, wenn ausfüllender Kalkgrus glatt durchschnitten und an der Schnittstelle durch eine organische Substanz verkittet ist.

Die Bohrlochwandungen selbst sind immer völlig glatt und zeigen in ihrer Ausbildung keine Abhängigkeit von der Struktur der durchbohrten Schichten. In Löchern dagegen, die auf Verwitterungsvorgänge zurückgehen, werden widerstandsfähigere Teile herausgearbeitet.

Die an rezentem Material zu beobachtenden Eigentümlichkeiten lassen sich z. T. auch bei den fossilen Vorkommen nachweisen. So sind Austernschalen häufig völlig von *Lithodomus* durchbohrt, ähnliches gilt auch für Korallenstöcke.

Während die Oberfläche der chemisch arbeitenden Bohrmuscheln in der Regel glatt ist, besitzen die mechanisch arbeitenden meist Dornen, Rippen und Zähnchen, die beim Bohrprozeß als Raspel benutzt werden. Der anzubohrende Körper darf also nicht härter sein als die Schale der bohrenden Muschel. Die hierher gehörenden Pholadiden und Terediniden finden sich deshalb vor allem in Kalk, Ton, Mergel, mürbem Sandstein, Torf und Holz.

Eine Bindung an bestimmte Substrate ist dabei im allgemeinen nicht zu beobachten, bei manchen Arten lediglich eine gewisse Vorliebe. *Jouannetia* bevorzugt z. B. tote Korallenstöcke, *Teredo* Holz, das ihm z. T. als Nahrung dient.

In härteren Gesteinen (z. B. Mergeln) lebende Bohrmuscheln zeigen am Vorderende der Klappen häufig deutliche Abnutzungsspuren, während sie bei solchen weicher Unterlage (z. B. Ton) gewöhnlich fehlen. Im übrigen läßt sich wie bei den chemisch arbeitenden Bohrmuscheln eine deutliche Trennung von Wachstums- und Ruheperioden nachweisen. Dies ergibt sich schon daraus, daß nur ein völlig verfestigter und ausreichend dicker Schalenrand zum Bohren geeignet ist (W. KÜHNELT, 1933).

b) Die Raubschnecken

Verschiedene Raubschnecken (z. B. *Natica*, *Purpura*) bohren gewisse, mit einer harten Schale bedeckte Tiere an, um zu den Weichteilen zu gelangen. Im besonderen Umfange finden wir die entsprechenden Bohrlöcher an Muschelklappen, etwas weniger häufig bei Schnecken. Fossil finden wir sie besonders zahlreich in den Meeressanden des Mainzer Beckens (Mittel-Oligozän) und in anderen marinen Ablagerungen des Tertiärs. Aber auch in den meisten mesozoischen Schichten läßt sich Entsprechendes beobachten, allerdings seltener, weil hier die Schalen meist im Verlauf der Diagenese zerstört wurden.

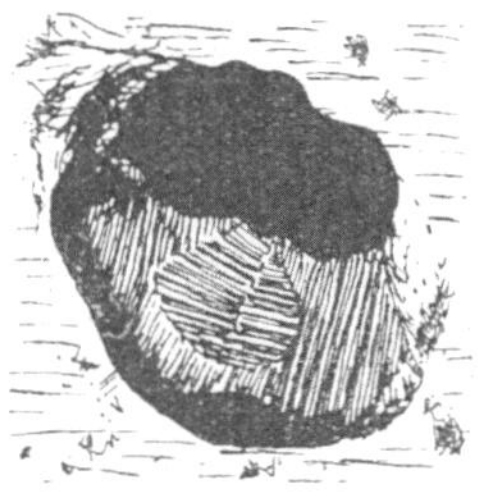

Abb. 26. Bohrloch einer Raubschnecke in einer Muschelschale. Die Wandung zeigt den durch die Ätzung sichtbar gewordenen Verlauf der Kristallbündel. Vergr. etwa 33fach. Nach M. LIVAN (1937).

Der zur Entstehung der Löcher führende Bohrakt vollzieht sich ausschließlich mit Hilfe einer besonderen Bohrdrüse durch Auflösung. Er ist also ein rein chemischer Vorgang. Schneidet man Bohrdrüsen aus dem Tierkörper heraus und legt sie etwa Muschelresten auf, so lassen sich die entsprechenden Ätzungen leicht hervorrufen (vgl. ANKEL, 1937).

Die feine Streifung an den Wandungen mancher Bohrlöcher deutete PANCERI (1869) und dann z. B. H. KLÄHN (1932) als Spuren der Radulazähne und lehnte die Mitwirkung eines Lösungsprozesses völlig ab. M. LIVAN (1937) konnte jedoch experimentell nachweisen, daß es sich um Bauteile der Schalen handelt. Die Kristalle sind submikroskopisch derart miteinander verwachsen, daß sie nur bei Verwitterung oder künstlicher Anätzung sichtbar werden. Da sie schichtweise, aber mit verschiedener Wachstumsrichtung übereinanderliegen, ergibt sich das eigenartige Ätzbild (vgl. Abb. 26).

Die Entstehung der Bohrlöcher und das Hervortreten der Kristallbündel kann experimentell leicht nachgeahmt werden, indem man einen Tropfen stark verdünnter Salzsäure auf eine Muschelschale gibt.

Je nach dem Fortschritt im Bohrakt lassen sich die in Tab. 4 zusammengestellten Stadien unterscheiden.

Mit dem Bohrloch erhält die Schale eine Schwächestelle, die durch Ausbrechen erweitert und den mechanisch gebildeten Schliffacetten und zufällig gebildeten Löchern ähnlich werden kann. Die ursprünglich kreisrunde Form geht dabei meist verloren.

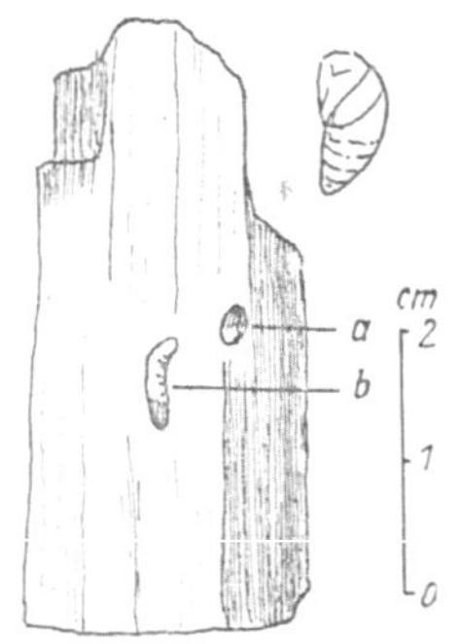

Abb. 31. Ein Stück Holz aus der miozänen Braunkohle von Zschipkau mit Fraßgängen (a) und der Puppenkammer (b) von *Anthribites rechenbergi* KOLBE. Daneben die in der Puppenkammer aufgefundene fossile Puppe. Nach H. J. KOLBE (1888).

c) Insekten und ihre Larven

Bohrgänge von Insekten und ihren Larven wurden vor allem aus Pflanzenresten bekannt. Dabei handelt es sich im wesentlichen um Grabgänge von Käferlarven in fossilen Hölzern.

So beschreibt H. J. KOLBE (1888) aus der miozänen Braunkohle von Zschipkau ein Stück Braunkohlenholz, das Bohrgänge und die Puppenkammer eines Rüsselkäfers aus der Familie der Anthribiden und darin die Puppe dieses Käfers selbst enthält (vgl. Abb. 31). Ein anderer Gang zeigt große Ähnlichkeit mit den Fraßgängen des rezenten Zimmerbockes (*Astynomus aedilis L.*). Am gleichen Stück fand sich ferner noch ein kleines Loch, wie es heute etwa von gewissen Borkenkäfern, etwa Tomiziden oder Anobiiden gebohrt wird.

Tabelle 4: Die verschiedenen Stadien im Bohrakt von Raubschnecken an Molluskenschalen.
Zusammengestellt vor allem nach M. LIVAN, 1937

1. Stadium:	2. Stadium:
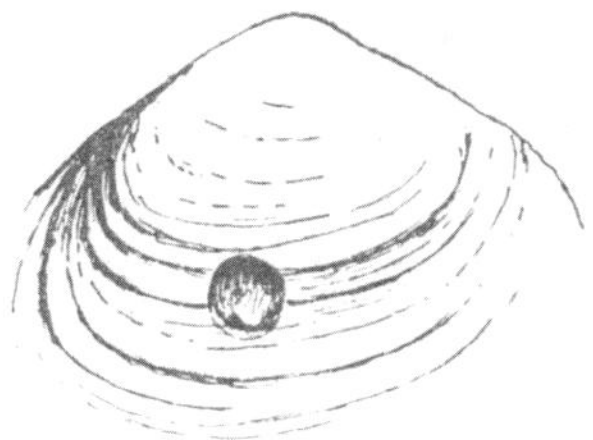 Abb. 27 Anlage kleiner Ätz-Stellen, die zu flachen Ätzgruben werden.	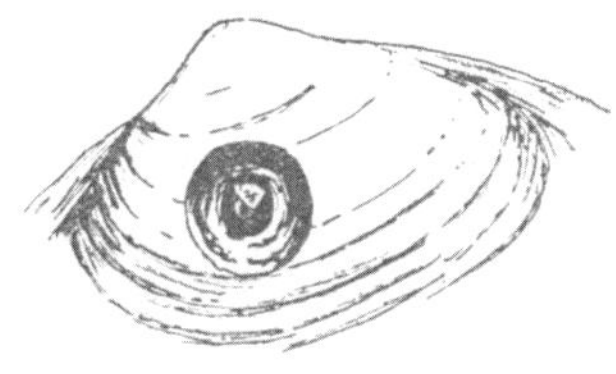 Abb. 28 Vertiefung der Ätzgruben, welche in der Mitte häufig einen kleinen Zentralhügel zeigen (vgl. SCHIEMENZ, 1891).
3. Stadium:	4. Stadium:
 Abb. 29 Die Ätzgruben brechen durch. Wo ein kleiner Zentralkegel vorhanden war, besitzt der Durchbruch zunächst nierenförmige Gestalt, bei den übrigen ist er von Anfang an rund.	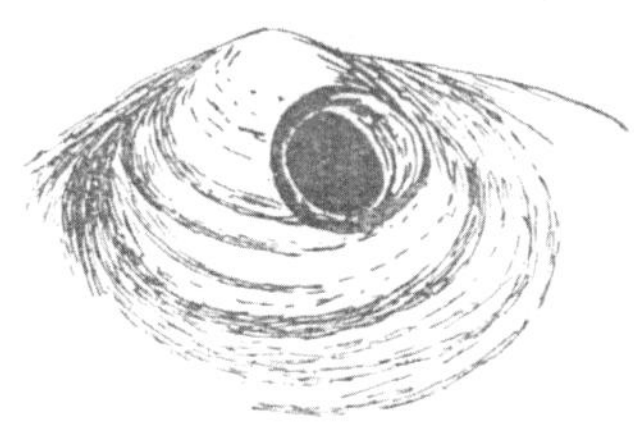 Abb. 30 Erweiterung des Durchbruchs führt zur völligen Beseitigung des Ätzgrubenbodens. Es entsteht ein scharf umgrenztes Bohrloch, das je nach der Art der erzeugenden Raubschnecke unterschiedliche Form besitzen kann. Bei *Purpura lapillus* z. B. verlaufen seine Wandungen zylindrisch (vgl. P. PELSENEER, 1925), bei *Natica* kegelförmig.

Die ältesten, von Insekten herrührenden Fraßspuren stammen aus dem Karbon und wurden erstmalig von C. BRONGNIART (1877) beschrieben. Weitere liegen u. a. aus dem Rotliegenden und aus der Kreide vor (vgl. C. BRONGNIART, 1876 und H. J. KOLBE, 1888).

3. Tierfraß

Auch Fraßspuren von Tieren, die an den Hartteilen selbst ihre Nahrung suchen oder durch deren Zertrümmerung zu ihr gelangen wollen, lassen sich fossil und rezent nachweisen.

Durophage Tiere, insbesondere Plattfische und Krebse zerquetschen Molluskenschalen und spielen als Bruchschillerzeuger eine große Rolle. Die Entscheidung allerdings, welche

Partikel einer rezenten oder fossilen Bruchschillablagerung auf die Tätigkeit dieser Tiere oder auf rein anorganisch-mechanische Vorgänge zurückzuführen sind, gelang bisher noch nicht. Etwas einfacher ist es bei der Deutung von Wirbeltierknochen, die durch Raubtiere zerbissen und zerbrochen wurden. Hier handelt es sich vor allem darum, ähnliche, durch Sedimentdruck, Frostwirkung oder die Tätigkeit des Menschen entstandene Bildungen auszuschalten.

a) Zertrümmerung von Wirbeltierknochen durch Raubtiere

Fütterungsversuche und Beobachtungen an rezenten Raubtieren ergaben übereinstimmend, daß beim Zerbeißen und Abkauen häufig das gleiche Verfahren angewandt wird. Diese Gesetzmäßigkeit in der Technik des Knochenzerbeißens läßt Fraßspuren von großer Regelmäßigkeit entstehen. Sie geht so weit, daß ihr Ursprung häufig auch dann zu erkennen ist, wenn sonstige Spuren und Reste des Urhebers selbst fehlen.

Die ältesten, bekannten Fütterungsversuche wurden vor über 100 Jahren durch BUCKLAND im Tiergarten mit der gefleckten Hyäne durchgeführt, die charakteristischen Merkmale beim Vergleich mit den Knochenresten englischer Hyänenhöhlen erkannt und die Untersuchungsergebnisse bei DAWKINS (1876) niedergelegt. Derartige Untersuchungen besitzen vor allem dann ein großes Interesse, wenn Verwechslung mit anderen Ursachen (etwa der Tätigkeit des Menschen) möglich ist.

Begehrt sind vor allem die fettreiche *Spongiosa* und das Mark. Fraßspuren wird man deshalb besonders häufig an solchen Knochenteilen erwarten können, die reich daran sind (z. B. *Humerus*, *Femur*).

Raubtiere sind bei der Zertrümmerung von Knochen ausschließlich auf das Gebiß angewiesen; der Mensch vermag daneben auch durch Schlagen sein Ziel zu erreichen. Knochenzertrümmerung durch Biß ergibt aber aus mechanischen Gründen andere Bruchformen als durch Schlag und somit ein wichtiges Unterscheidungsmittel dafür, ob als Urheber der Mensch in Frage kommt.

a) Der Mensch wird Knochen, die er mit dem Gebiß nicht mit Leichtigkeit zu meistern vermag, zerschlagen. Infolge der Festigkeitsverhältnisse in den verschiedenen Teilen eines bestimmten Knochens ergeben sich dabei Bruchformen, die sich in vielen Fällen deutlich von den durch Biß erzeugten unterscheiden.

   Wie man sich leicht überzeugen kann, gelingt es z. B. bei einem großen *Humerus* oder *Femur* nur selten, die Gelenkenden vom Mittelteil so abzuschlagen, daß schließlich eine unbeschädigte Röhre verbleibt. Die Diaphyse wird in den meisten Fällen in Stücke zerspringen. Sie enthält aber vor allem das begehrte Mark. Röhrenförmig erhaltene Diaphysen, denen die Gelenkköpfe fehlen, dürfen deshalb i. d. R. nicht als Mahlzeitreste des Menschen betrachtet werden. Er wird die großen Röhrenknochen durch Schlag auf die Diaphyse öffnen.

b) Das Raubtier kann nur sein Gebiß benutzen. Folglich beginnt es an den weicheren oder dünneren Enden. Bei den Röhrenknochen kaut es an den weicheren und zudem spongiosareichen Epiphysen und versucht von hier aus den Markraum zu öffnen, wenn es die Gelenkkappen nicht gleich insgesamt abbeißt. Fehlen beide, entstehen schließlich röhren- oder manschettenähnliche Reststücke.

Als wichtigstes knochenfressendes und -zerbeißendes Raubtier des Diluvium ist die Höhlenhyäne zu betrachten, außerdem kommt vor allem der Höhlenbär in Frage. Dabei verschmäht die Hyäne auch die Knochen der eigenen Artgenossen nicht; das gleiche gilt, wie Bißspuren an Bärenknochen aus den hochalpinen Bärenhöhlen zeigen mögen, wahrscheinlich auch für den Höhlenbären.

H. ZAPFE (1939) hat nun die Fraßspuren der rezenten Fleckenhyäne (*Hyaena crocuta*) im Verlauf systematisch durchgeführter Fütterungsversuche im Tiergarten Schönbrunn eingehend studiert. Die Ergebnisse, die sich bis zu einem gewissen Grade auf alle ähnlichen Tiere (z. B. Wolf, Hund, Bär) übertragen lassen, sind in Tab. 5 kurz zusammengefaßt.

Ganz allgemein kann man sagen, daß folgende Merkmale für die Fraß- und Bißformen charakteristisch sind:

a) Fehlen der Epiphysen. Dabei erfolgt der Zerbiß im allgemeinen vom proximalen Ende her. Eine Ausnahme machen i. d. R. nur der *Radius* und besonders große und zähe Knochen, wie wir sie vor allem bei den Perissodatylen antreffen. Diese werden auch von den distalen Enden her angebissen.

b) Ausschabung der *Spongiosa* mit dem Vordergebiß, wodurch charakteristische Hohlformen entstehen.

c) Regelloser und vollständiger Zerbiß relativ kleiner oder weicher Knochen (z. B. *Scapula*, *Ulna*).

Dieselben Kennzeichen lassen sich auch an den Knochenfunden diluvialer Hyänenhorste nachweisen, besonders charakteristisch z. B. am Material aus den Teufelslucken bei Eggenburg (H. ZAPFE, 1939) und aus den entsprechenden Vorkommen Englands (DAWKINS, 1876). Von den einzelnen Knochensorten liegen ganze Serien gleichartig geformter Reststücke vor. Ähnlich wie bei den rezenten Pferdeknochen im Fütterungsversuch mit der Fleckenhyäne wurden die großen Extremitätenknochen des Wollhaarnashorns häufig auch von den Distalenden her angefressen. Dabei dürfte in beiden Fällen zunächst der *Ectocondylus* zerstört und dann die *Compacta* entfernt worden sein. Durch Ausschaben der *Spongiosa* mit den Vorderzähnen und durch Lecken mit der Zunge entstanden schließlich manschettenähnliche Reststücke der Diaphyse (vgl. Abb. 35).

Nach PFEIFFER (1910) sollen entsprechende Formen dem Urmenschen zum Auskratzen und Enthaaren der Felle gedient haben (Glockenschaber). H. ZAPFE (1939) deutet derartige Diaphysenstücke aber als Fraßreste. Ähnliches gilt zumindest für einen Teil der aus Beckengelenkpfannen bestehenden „Glockenschaber". Hier ist besonders beweiskräftig die Tatsache, daß sich vom vollständigen, nur mit einigen Bißspuren versehenen Knochen bis zum fertigen „Glockenschaber" lückenlose Reihen zusammenstellen lassen. Daraus ergibt sich die Notwendigkeit größter Vorsicht bei der Beurteilung von Knochenresten als Werkzeuge der Menschen.

Als besonders charakteristisch für Bißspuren an Knochen aus den alpinen Bärenhöhlen haben runde Löcher an den Gelenkenden und anderen spongiosahaltigen Knochenteilen zu gelten. Häufig findet sich dabei ein Stück der *Compacta* tief in die *Spongiosa* hineingedrückt. Als Urheber kommen Wölfe oder der Höhlenbär selbst in Frage. Die Löcher sind wohl auf Eindrücke der Eckzähne zurückzuführen (vgl. HOCHSTETTTR, 1881). Ähnliches gilt wahrscheinlich auch für die Durchlochungen im *Acetabulum* von Beckenknochen (vgl. BRODAR & BAYER, 1928).

Im Gegensatz zu den Bärenhöhlen sind in den Hyänenhorsten kleine, z. T. auffallend geglättete Knochensplitter weit verbreitet. Sie entstammen meist der *Compacta* der Röhrenknochen.

Die rezente Fleckenhyäne scheidet unverdauliche Nahrungsreste (Knochensplitter, Haare, Sehnen) i. d. R. nicht mit den Exkrementen aus, sondern erbricht sie. Die darin enthaltenen Splitter sind durch die Einwirkung der Magensäure deutlich verändert und immer scharfkantig. Sie zeigen einen charakteristischen, seidigen Glanz und eine Unmenge feiner Ätzgrübchen auf der Oberfläche. Nie sind sie aber poliert. Ein Teil der aus den Hyänenhorsten stammenden Splitter läßt sich in jeder Hinsicht damit vergleichen; die Politur der übrigen muß aber eine andere Ursache gehabt haben.

Tabelle 5: Die häufigsten Bißformen der Hyäne an Knochen von Rind, Hirsch, Pferd und Schwein und ihre charakteristischen Merkmale. Zusammengestellt nach H. ZAPFE, 1939

a) Humerus:	b) Femur:	c) Tibia:
Fraßbeginn i. d. R. am *Tuberculum majus*, anschließend Isolierung des großen (proximalen) Gelenkkopfes. Reststücke: die distalen Enden mit Teilen der Diaphyse.	Fraßbeginn i. d. R. am proximalen Ende. Zunächst wird der *Trochanter major* losgebrochen, dann das *Collum* und *Caput femoris* und schließlich die Diaphyse zerbissen. Reststücke: die distalen Enden mit Teilen der Diaphyse.	Fraßbeginn: i. d. R. Zerbeißen des proximalen Gelenkendes. Reststücke: Distalenden mit Resten der Diaphyse von besonders charakteristischer Form. Die Diaphyse ist stets sehr schräg gebrochen und läuft deshalb in eine scharfe Spitze aus.
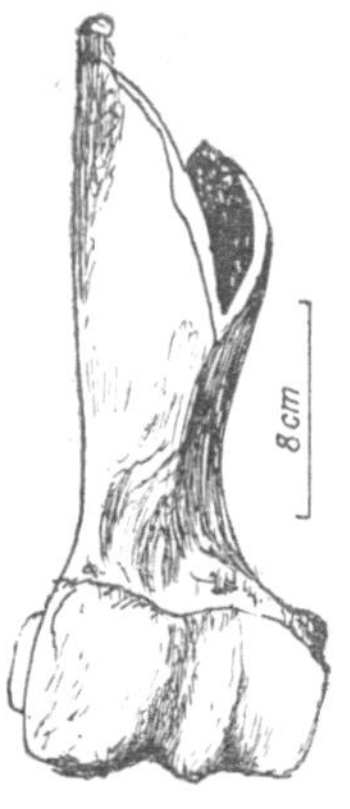 Abb. 32 Humerus vom Hausrind, v. d. rezenten Fleckenhyäne zerbissen.	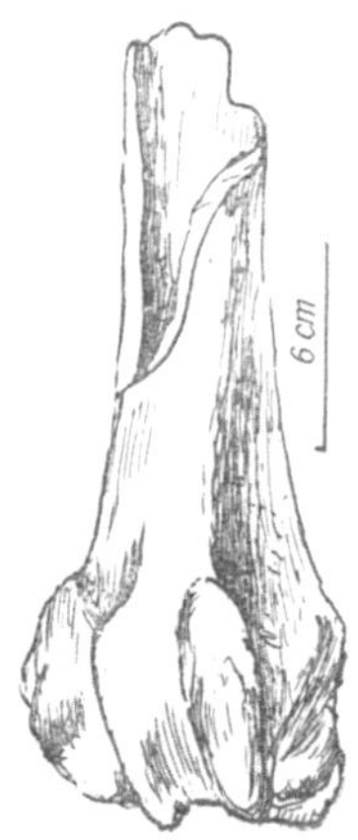 Abb. 33 Femur des Hausrindes, von der Fleckenhyäne zerbissen.	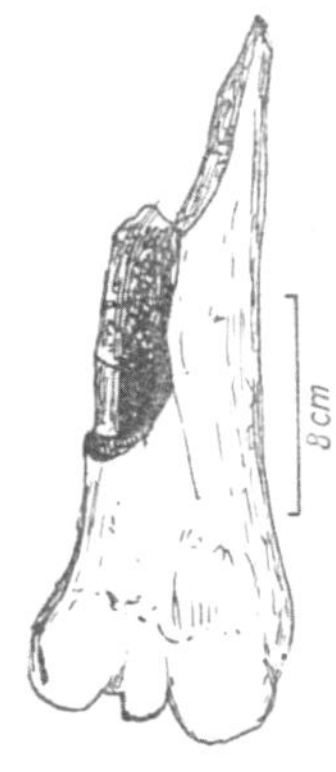 Abb. 34 Tibia des Pferdes, von der Höhlenhyäne zerbissen. Diluvialer Hyänenhorst Teufelslucken bei Eggenburg.
Große und zähe Extremitätenknochen, insbesondere die der *Perissodactylen* werden mitunter auch vom Distalende her angefressen. Durch Abbeißen beider Gelenkköpfe und durch Ausschaben der Spongiosa mit den Vorderzähnen von beiden Seiten her, entstehen manschettenähnliche Reststücke der Diaphyse („Glockenschaber").	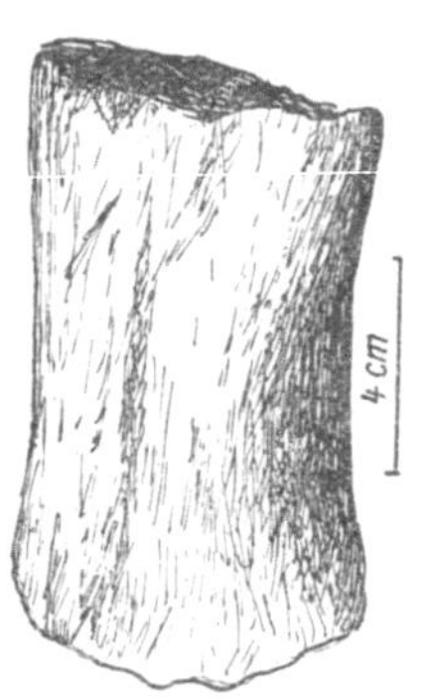 Abb. 35 „Glockenschaber". Tibia von *Tichorhinus antiquitatis*, von der Höhlenhyäne zerbissen. Dil. Hyänenhorst. Teufelslucken bei Eggenburg.	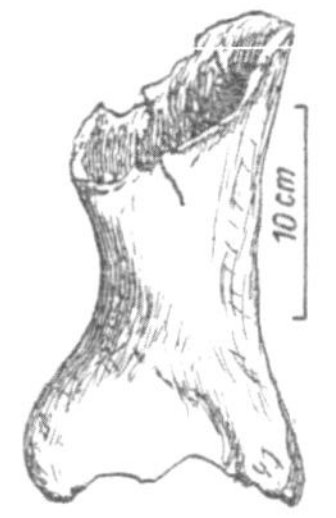 Abb. 36 Humerus v. *Tichorhinus antiquitatis*, vermutlich von der Höhlenhyäne zerbissen. Löß von Rosawitz (Böhmen).

Fortsetzung Tabelle 5

d) *Radius, Ulna*:	e) *Calcaneus*:	f) Becken:
(bei Hirsch, Rind und Pferd verwachsen) Fraßbeginn: Als erstes wird i. d. R. das *Olecron ulnae* abgebrochen, anschließend der *Radius* vom distalen Ende her angebissen. Reststücke: bei kleineren Knochen gewöhnlich nur regellose Bruchstücke.	Die Hand- und Fußwurzelknochen werden i. d. R. verschmäht, da sie besonders hart sind. Regelmäßig wird nur der proximale Fortsatz des *Calcaneus* (= *Tuber calcis*) abgebissen, da er aus dem Sehnenverbande hervorragt.	*Ischnium* und *Ilium* bis auf Reste um das *Acetabulum* werden i. d. R., das *Pubis* aber immer weggebissen.  Abb. 37 Becken des Pferdes, von der Höhlenhyäne zerbissen. Diluv. Hyänenhorst. Teufelslucken bei Eggenburg
g) *Scapula*: Gewöhnlich bis auf untypische Reststücke zerbissen.	h) Wirbel: Alle Fortsätze werden abgebissen. Reststücke: Bögen, welche den Rückenmarkskanal bilden.	

DAWKINS (1876) deutet die Glättung durch das ständige Darüberlaufen der Tiere. Eine Erklärung durch Abrollung scheidet aus, da die Splitter auch in Höhlen vorkommen, die noch nie fließendes Wasser führten.

A. BÖHM V. BÖHMERSHEIM (1917) denkt an die Wirkung fallenden Tropfwassers. Die dabei hervorgerufenen Scheuerbewegungen der feinen staubigen, sandigen und kiesigen Partikel auf den Höhlenböden sollen die Politur der dazwischenbefindlichen Knochensplitter bewirkt haben. Wahrscheinlich handelt es sich aber in der Mehrzahl der Fälle um Kallophanausscheidungen (= Ca-phosphat mit wechselndem Gehalt an $CaCO_3$), die sich in den durch P_2O_5-Fällung in Phosphaterde umgewandelten Lösungsrückständen (Höhlenlehm) der Höhlenräume auf den eingebetteten Knochenresten bildeten. Die Oberfläche dieser Kallophanausscheidungen ist immer lackartig und glänzt wie Glasur (vgl. H. CRAMER, 1940).

b) Fraßspuren von Insekten und Vögeln

Die im Bernstein eingebetteten Insektenreste zeigen sich nicht selten durch andere Tiere angefressen oder durch eigenen Biß im Verlaufe des Todeskampfes verstümmelt. Während bei den durch die Fließbewegungen des noch zähflüssigen Harzes hervorgerufenen Zerreißungen und Abtrennungen von Körperteilen die Trennungsstellen an den Gelenken als den Örtlichkeiten geringsten Widerstandes liegen, gehen sie im letzteren Falle mitten zwischen den Gelenken durch. Meist dürfte es sich um Milbenfraß handeln, durch den die aus dem Harz zeitweilig noch hervorragenden Teile zerstört wurden. Die scharfen Trennungsflächen in den Schlauben zeigen, daß der Harzausfluß mit Unterbrechungen erfolgt sein kann.

Besonders starke Fraßspuren weisen solche Tierreste auf, die zunächst nur mit einer Seite im Harz kleben geblieben sind. Als Beispiel führt A. BACHOFEN-ECHT (1929) eine Zikade an, deren Kopf abgefressen, das Innere ausgehöhlt und die Flügel auf der freiliegenden Seite benagt wurden. Nur Flügelreste und zerbissene Teile von Kopf und Halsschild blieben zurück.

Gelegentlich finden sich im Bernstein Insektenreste, die mit großer Kraft und in einer Art zerrissen wurden, daß man an Vögel denken muß, welche die auf dem Harz festgeklebten Insekten abgelesen haben. Dabei wurden die in der zähen Masse steckenden Teile ein Stück vorwärts gezerrt, so daß ein kleiner Hügel entstand, bis die Trennung vom übrigen Körper erfolgte.

Seevögel (Möven), Krähen u. a. hacken mitunter noch verschlossene, lebende Muscheln auf. Dabei entstehen scharfkantig und eckig umrissene Hacklöcher in den Klappen.

4. Paguridenschliffe

Der Hinterleib der Paguriden besitzt nur auf der Dorsalseite einzelne harte Platten. Im übrigen ist er weichhäutig, so daß die Tiere auf einen besonderen Schutz angewiesen sind. Sie kriechen deshalb mit dem Hinterteil in leere Schneckengehäuse.

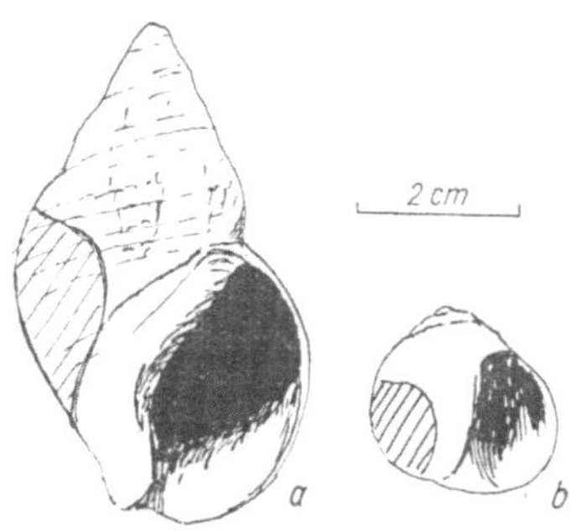

Abb. 38. Gewöhnliche Lage der Paguridenschliffe an den Gehäusen von *Buccinum* (a) und *Natica* (b). Nordsee.

Die Mehrzahl der Paguriden bewohnt die Strandregion und an vielen Stellen (z. B. an der französischen Kanalküste) derart häufig, daß nahezu alle leeren Schneckengehäuse, ob intakt oder zerbrochen, von ihnen mit Beschlag belegt sind. Beim Umherkriechen der oft sehr lebhaften Krebse werden die Wohngehäuse über den Boden gezogen und erleiden dabei mechanische Abscheuerungen und Durchscheuerungen, die mit den S. 80 ff. beschriebenen Facettierungen große Ähnlichkeit besitzen können. Sie lassen sich aber im allgemeinen leicht durch ihre besondere Lage unterscheiden. Sie finden sich immer im mündungsnahen Teil, bei rechtsgewundenen Gehäusen i. d. R. an der linken Außenseite des letzten Umganges, wenn man das Gehäuse mit der Spitze nach oben und mit der Mündung zum Betrachter aufstellt (vgl. Abb. 38). Diese charakteristische Lage gestattet es, auch dann fossile Vorkommen von Einsiedlerkrebsen nachzuweisen, wenn, wie es meist der Fall ist, die Hartteile völlig oder nahezu zerstört wurden. Dieser Nachweis gelang u. a. für die miozänen Sande von Enzesfeld (Wiener Becken) und den Badener Tegel von Vöslau (K. EHRENBERG, 1931). Durchscheuerungen sind relativ selten. Bei rezenten, mit Hydractinen überkrusteten Stücken zeigt sich i. d. R. nur eine bewuchsfreie, abgescheuerte Stelle.

IV. Die autochthone Einbettung

1. Die Merkmale der Autochthonie

Autochthon überlieferte Fossilreste gestatten wichtige Aussagen, die sich z. B. beziehen können auf Lebens- und Ernährungsweise, Dichte und Dauer der Besiedlung, Fortpflanzungsverhältnisse, Durchlüftungsgrad und Bewegungszustand des Wassers, Sedimentations- und Erhärtungsgeschwindigkeit des Nebengesteins, ferner auf tektonisch bedingte Bodenbewegungen usw. Im Einzelfall ist deshalb zur Vermeidung falscher Schlüsse und Fehlurteile eine genaue Untersuchung darüber notwendig, ob wirklich Autochthonie vorliegt. Hierbei handelt es sich im wesentlichen darum, die Art biologisch bedingter Lagen (sog. Lebendstellungen) zu erkennen. Leider ist dies aber nur bei solchen Formen möglich, die in oder auf dem Boden oder dem Körper anderer Organismen verwurzelt, angeheftet, vergraben oder sonstwie eingeschlossen sind, respektive ihnen in charakteristischer Stellung aufliegen. Beginnen wir mit den

a) Pflanzen

Bei diesen ergibt sich die Autochthonie dann, wenn Wurzeln oder andere unterirdische Teile noch in der Art, wie sie gewachsen sind, den Boden durchziehen oder wenn oberirdische, noch in Verbindung mit ihrem Wurzelwerk befindliche Teile in Vertikalstellung eingebettet wurden.

Am bekanntesten sind die entsprechenden Vorkommen im Liegenden der Steinkohlenflöze, wo z. B. die als Stigmarien bezeichneten Wurzeln der Lepidophyten horizontal im Gestein verlaufen. Von ihnen gehen radial die Nebenwurzeln (*Appendices*) aus. Da die Nebenwurzeln ursprünglich wie dünnwandige, hohle Schläuche gebaut waren, schließt ihre radialstrahlige Einbettung um die Stigmarien Verfrachtung aus. Stigmarien mit radialstrahlig verlaufenden und noch mit ihnen im Zusammenhang befindlichen *Appendices* sind deshalb immer autochthon. Ähnlich verhalten sich auch die Rhizome und die von ihnen ausgehenden Wurzeln der *Calamariaceen*.

Im unmittelbaren Hangenden karbonischer Steinkohlenflöze finden sich nicht selten noch vertikal im Gestein steckende, mehr oder weniger lange Baumstümpfe, die durch beschleunigte Sedimentation als letzte Zeugen des einstigen Waldmoores eingebettet wurden. Unter der meist erhaltenen kohligen Rinde bestehen sie häufig aus einem vom Nebengestein abweichenden Material. Diese Erscheinung läßt sich nur so deuten, daß die in den Bildungsraum andersartigen Sediments hineinragenden Stammreste ausfaulten, wodurch ein Hohlraum entstand, in den das jüngere Sediment nachsackte.

Mit Baumstümpfen besetzte fossile Waldböden kommen auch in anderen Formationen z. T. in großer Erstreckung vor.

Im Buntsandstein findet sich mitunter *Pleuromeia* (z. B. in den Bernburger Steinbrüchen) noch vertikal im Gestein stehend und im Zusammenhang mit ihren Wurzelböden. Ähnliches gilt für *Equisetites arenaceus* JAEG. aus dem Keupersandstein; für die Moos- und Characeeninkrustationen der Travertine und die in ihnen als Hohlräume enthaltenen parallelen Schilfstengel.

In allen diesen Fällen sprechen Wurzelböden und im Zusammenhang mit ihnen befindliche Wurzelstümpfe und aufrecht stehende, oberirdische Vegetationsteile zwar für Autochthonie der Pflanzenreste, aber nicht immer für die Autochthonie der fossilen Böden. Ein Kohlenflöz, in dem sie wurzeln, kann trotzdem allochthon (zusammengeschwemmt) sein. Eine Kohle ist nicht deshalb autochthon, weil gelegentlich Bäume darauf gewachsen sind. Das gleiche gilt aber auch für Sedimente anderer Art. Ein Sand kann z. B. durch Zerfall eines Gesteins an Ort und Stelle entstehen und verbleiben oder aus umgelagerten und verfrachteten Partikeln hervorgehen.

b) Lebensspuren

Die in den Sedimenten erhaltenen Lebensspuren der verschiedensten Organismen können allgemein als autochthon betrachtet werden, da bei ihnen i. d. R. eine Verfrachtung ausgeschlossen ist. Dies gilt auch für solche, deren Erzeuger bisher noch nicht oder noch nicht sicher bekannt sind.

Der Wert von Lebensspuren als Zeugnis bodenständigen Lebens ist aber in manchen Fällen nur bedingt. Einzeln auftretend, können sie z. B. durch Irrgäste verursacht sein, die verdriftet oder sonstwie verfrachtet wurden und die in ihrer neuen, möglicherweise lebensfeindlichen Umgebung vor dem Absterben die Spuren hinterließen.

Grabspuren in Steinkernen der verschiedensten Fossilien, insbesondere aber der Mollusken, werden von R. RICHTER (1930) als Nucleocavien bezeichnet. Die Erzeuger sind benthonisch lebende Tiere. Über ihre systematische Stellung läßt sich im einzelnen nichts Sicheres aussagen. Diese Nucleocavien beweisen zwar, daß Leben im Sedimentinneren möglich war; sie gestatten jedoch keine sicheren Rückschlüsse auf die Autochthonie des Steinkerns, da eine Verfrachtung der mit Sediment erfüllten Reste (etwa zweiklappig erhaltener Muscheln) denkbar ist.

Das gleiche gilt auch für die im Inneren von Organismenresten der verschiedensten Art angelegten Lebensspuren (Grab-, Kriech- und Bohrgänge, Wohnhöhlen usw.). Diese bisher nur wenig untersuchten Vorkommen gehen wohl in der Mehrzahl der Fälle auf „bohrende" Algen (z. B. *Foreliella*), Pilze, Schwämme (*Cliona*) und Muscheln zurück. Sehr verbreitet sind solche Bohrgänge z. B. in den Rostren der jüngeren Belemniten (Senon, Ob. Jura), während sie in denen der älteren (Lias) bei uns nahezu fehlen. In den verschiedensten Hartteilen, z. B. den Schalen der Mollusken und Brachiopoden, den Schuppen der Fische und in den Knochen der Wirbeltiere sind sie sehr häufig. Pilzzerstörung tritt vor allem bei pflanzlichen Resten auf. Auch diese Spuren sind in bezug auf ihre unmittelbare Umgebung autochthon, jedoch nicht immer hinsichtlich ihres Nebengesteins.

Mitunter läßt sich unmittelbar aus dem Vorhandensein von Fährten entscheiden, ob eine Ablagerung unter Wasserbedeckung erfolgte; dann nämlich, wenn die Extremitäten eines sicher als Urheber erkannten Organismus viel zu schwach sind, um ohne Auftrieb im Wasser den schweren Körper vorwärtszubringen. So berichtet F. TRUSHEIM (1931) von Versuchen, mit Hilfe des rezenten *Triops cancriformis* SCHAEFFER auf geeignetem Untergrund künstlich Fährten über Wasser zu erzeugen. Die Versuche mißlangen. Daraus kann bis zu einem gewissen Grade geschlossen werden, daß für *Triops* und alle ähnlich organisierten fossilen Crustaceen Kriechspuren außerhalb des Wassers unmöglich sind. Da die Tiere zudem im Trocknen schon nach wenigen Minuten infolge Verklebens der Kiemen eingingen, ist ein Leben für sie auf dem Lande überhaupt ausgeschlossen. Es muß jedoch beachtet werden, daß durch nachträgliches Austrocknen und Erhärten bei solchen unter Wasser entstandenen Fährten eine Erhaltung auch im Trocknen denkbar ist. Die dabei möglichen Trockenrisse oder andere auf Trockenliegen hinweisenden Kriterien können dann leicht zu falschen Schlüssen führen.

JOH. WALTHER (1927) meint, daß die Trilobiten nach Art unserer rezenten Krabben auch außerhalb des Wassers leben konnten, also imstande waren, ihre Kiemen feucht zu erhalten. Die TRUSHEIMschen Ergebnisse an *Triops* zwingen zu einer Ablehnung dieser Ansicht, da die Trilobiten ebenfalls sehr schwache Extremitäten besaßen und folglich ohne Mithilfe des Auftriebs im Wasser, den schweren Panzer nicht zu tragen vermochten. Für sämtliche Trilobitenfährten darf man deswegen wohl unbedenklich Unterwasserentstehung annehmen (F. TRUSHEIM, 1931).

Teredo bohrt niemals gegenseitig seine Gänge an, auch wenn sie noch so zahlreich und dicht nebeneinander leben. Entsprechende Erscheinungen lassen sich auch bei den Chondriten beobachten. Sie wurden früher meist als Pflanzenreste („Seegras") gedeutet. Da sich aber die einzelnen Zweige niemals überschneiden, kommt nur eine tierische Entstehung in Frage. Es handelt sich bei ihnen um Grabgangsysteme, die durch tierische Phobotaxis pflanzenähnlich gestaltet sind.

Bis zu einem gewissen Grade zu den Lebensspuren zu rechnen sind die

Häutungslagen.

Sie liegen dann vor, wenn mehrteilige und voneinander getrennte Häutungsprodukte sich häutender Organismen (Crustaceen, Insekten, Schlangen) in einer bestimmten, bei derselben Art immer wiederkehrenden Weise eingebettet und erhalten wurden. Sie weisen, da eine Verlagerung der meist sehr leichten Elemente durch strömendes Medium nicht erfolgt sein kann, auf ruhige Sedimentationsverhältnisse hin. Hierzu einige Beispiele:

In den Kalkmergeln der unteren Ceratitenschichten des Oberen Muschelkalkes von Ohrdruf (Thüringen) fanden sich die gut erhaltenen Reste eines *Pemphix sueuri*. Cephalothorax, Abdomen und Telson waren zwar getrennt, lagen aber nur wenig voneinander entfernt. Die Teile waren aber etwas schräg zur ursprünglichen Längsachse des Körpers, jedoch gleichsinnig gegeneinander verschoben. Durch Vergleich mit den Häutungsvorgängen rezenter Decapoden wurde dieser Fund als Häutungslage gedeutet und wie jede andere vergleichbare Häutungslage als Anzeichen ruhiger Wasserverhältnisse während der Einbettung bis zur endgültigen Bedeckung gewertet.

Entsprechendes gilt für die sogenannte „SALTERsche Einbettung" von Tribolitenresten. Sie wurde erstmalig von SALTER (1862, 1864) in ihren Besonderheiten erkannt und dann durch R. RICHTER (1937) eingehend untersucht und als Häutungslage beschrieben. Der Rumpf der Trilobiten liegt dabei unversehrt, Wölbung nach oben (vgl. Abb. 39). Der Kopf ist aber abgetrennt und mit der Wölbung nach unten so eingebettet, als ob er gegenüber dem Rumpf eine Kippung um 180° durchgeführt hat.

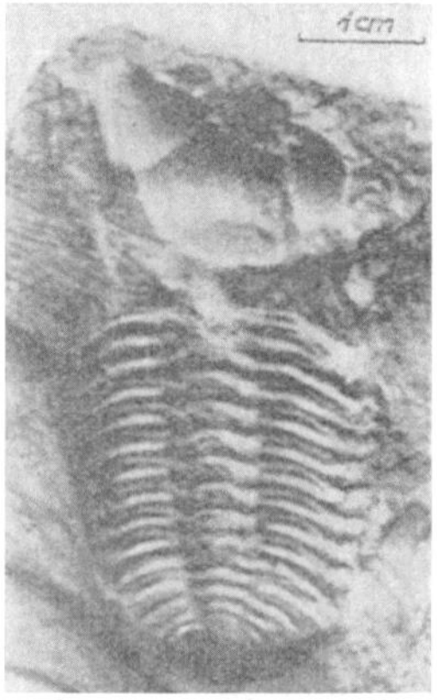

Abb. 39. Die SALTERsche Einbettung bei *Phacops* (*Trimerocephalus*). Oberdevon, Cheiloceras-Stufe. Knowle Hill bei Newton Bushell, Süd-Devonshire. Nach R. RICHTER (1937).

Regelmäßig finden wir diese Erscheinung jedoch nur bei Phacopiden, vor allem bei *Phacopidella*, *Cryphops*, *Nephranops*, *Trimerocephalus* und *Dianops*. Durch dieses Gebundensein an bestimmte Formen der Phacopiden treffen wir sie regelmäßig nur im Devon. Im Kambrium, Ordovizium und Gotlandium wurde sie bisher noch nicht beobachtet, obgleich hier die Trilobiten am häufigsten sind. Innerhalb des Devons tritt sie erstmalig im Mitteldevon hervor und wird entsprechend dem Maximum der Phacopidenentwicklung geradezu häufig im Oberdevon. Sie ist auf feinklastische Sedimente beschränkt und wurde bisher nur in Tonschiefern und Mergelschiefern gefunden. Sie fehlt sowohl in gröberklastischen Gesteinen, wie auch in reineren Kalken.

c) Verankerte und festgewachsene Tiere

Sessilität im engeren Sinne tritt i. d. R. nur bei Wirbellosen auf, während sie bei Wirbeltieren zu den seltenen Ausnahmen gehört. Dies ist nicht verwunderlich, da sie als bester Schutz gegen eine Verlagerung vor allem bei solchen Formen zu beobachten ist, denen die Möglichkeit zu einer intensiveren, aktiven Fortbewegung im ausgewachsenen Zustande fehlt. Die Befestigung erfolgt entweder am Boden selbst, an festliegenden, freibeweglichen oder treibenden Organismen und sonstigen Körpern.

Auf dem Lande fehlen festsitzende Tiere nahezu gänzlich. Sie sind kennzeichnend für das Wasser und seine Ablagerungen. Bei den Formen, die unmittelbar mit den Hartteilen festgewachsen sind, ist der Nachweis der biologisch bedingten Lage einfach, bei den nur lose und mit vergänglichen Organen verankerten schwieriger, da der meist aus horniger oder fleischiger Substanz bestehende Anker leicht zerstört und der freiwerdende Rest durch Wasserbewegung verlagert werden kann. Auf die derartig befestigten Formen soll aber zunächst eingegangen werden.

Viele Muscheln (Anisomyarier) haben einen Byssus, mit dem sie sich dauernd oder zeitweise auf einer festen Unterlage festzuheften vermögen. Die Austrittsstelle des Byssus und die durch das Angepreßtwerden bedingte Liegekante läßt sich meist leicht feststellen. Besitzen nun etwa benachbart eingebettete Formen eine gleichsinnige und nicht durch mechanische Einwirkungen hervorgerufene Orientierung dieser Elemente, so liegt Autochthonie vor. Fossile Beispiele sind indes selten nachzuweisen. Rezent finden wir gute Belege etwa bei *Mytilus edulis*, die in dichten Polstern mit dem Wirbel nach unten dicht gedrängt steht, als einzeln lebendes Individuum sich aber mit der geradgestreckten Ligamentseite an die Unterlage anschmiegt.

Viele Brachiopoden, wie z. B. die Terebrateln, besitzen zeitlebens einen dicken, fleischigen Stiel, der aus der Stielöffnung heraustritt und mit dem sie an einer festen Unterlage angeheftet sind. Bei autochthoner Einbettung zeigen sie alle mit dem Stielloch nach unten (Abb. 40).

Betrachten wir nun die mit ihren Hartteilen unmittelbar festgewachsenen Formen. Diese Art der Sessilität tritt z. B. auf bei den Korallen, Crinoiden, Thecoideen, Cystoideen, Cirripediern, Brachiopoden (Richthofenien, Cranien), Muscheln (Austern, Rudisten, Chamiden), Schnecken (Vermetiden), Spongien, Serpeln.

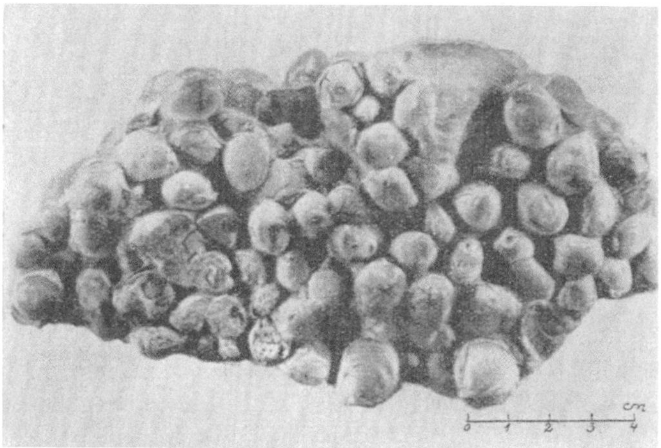

Abb. 40. Blick auf die Sohlfläche eines Terebratelbänkchens. Muschelkalk, Gorazde. Nahezu alle Exemplare zeigen mit dem Stielloch nach unten. Sie wurden also in Lebendstellung eingebettet (vgl. Abb. 8). — Orig. Geol. Institut Greifswald.

Zur verankerten Form gibt es Übergänge. So sind manche Muscheln etwa in der Jugend frei, heften sich dann mit dem Byssus an und wachsen anschließend durch dessen Verkalkung fest (z. B. *Velopecten*).

Die säulen- und trichterförmige Grundform der starr festgewachsenen Rudisten, Korallen, Schwämme läßt ohne weiteres die autochthone Einbettung erkennen. Sie ist im allgemeinen vertikal, doch gibt es auch Ausnahmen; so kommen z. B. mitunter Hippuriten ± horizontal übereinandergepackt und trotzdem autochthoner Lagerung vor. Viele Schwämme stecken mit ihren rhizomartigen Ausläufern nach unten im Sediment. Bei den Muscheln wächst immer nur eine Klappe an, während die andere nach Verwesung der Schließmuskulatur und der Zerstörung des Ligaments abfällt und verfrachtet werden kann. Die festgewachsene Klappe verbleibt aber i. d. R. an Ort und Stelle. Ihre Autochthonie ist meist leicht nachweisbar.

Häufig formen Reste, die unmittelbar festgewachsen sind, die Unterlage ab, wobei auf stärker skulpturierten Körpern Eigenskulptur vorgetäuscht werden kann. Die Gestaltung der Anwachsungsfläche formt sich bei manchen Arten durch und tritt auf der anderen Klappe deutlich hervor (Durchformung).

Ein besonderes Kennzeichen autochthoner Verhältnisse ist die gegenseitige Behinderung während des Wachstums. Sie gibt sich in typischen Verformungen zu erkennen, die durch die Nachbarn hervorgerufen werden. Sie findet sich vor allem bei horizontal und flächig wachsenden sessilen Tieren, vor allem solchen, die keine gelenkige Verbindung einzelner Körperteile zeigen (z. B. bei Kalkschwämmen, Korallen, festgewachsenen Muscheln u. a.). Man trifft sie z. B. bei *Placunopsis ostracina* im Oberen Muschelkalk, wo die Muschel auf Schichtflächen und Fossilresten oft dicht nebeneinander vorkommt. Die Wachstumsmerkmale gestatten hier wie auch in vielen anderen Fällen den sicheren Nachweis, daß es sich nicht etwa um losgerissene und verfrachtete Schalenreste handelt.

Werden eingerollte Gehäuse noch lebender Mollusken mit sessilen Formen besiedelt, so kann Überwachsung eintreten. Autochthonie zur Unterlage liegt dann mit Sicherheit vor, wenn der Bewuchs, etwa eine Placunopsidenschale über den Bereich der verdeckenden Umgänge etwas hinausragt. Sonst ist ja auch eine Besiedlung des Wohnkammerinneren nach dem Herausfaulen der Weichteile oder im Innern der Luftkammern durch offene Bruchstellen möglich. Algenbewuchs kann Schnecken zu einer völligen Aufwicklung ihrer Windungen zwingen, so daß sich die Umgänge nicht mehr berühren.

Die verkalkten Röhren von *Serpula* und *Spirorbis* passen sich mit ihrer Längserstreckung der Unterlage an.

Leicht mit Serpuliden zu verwechseln ist *Vermetus*, eine festgewachsene Schnecke, deren Gewinde sich knäuelartig mit Nachbarn zusammenballt.

Die in der Jugend bewegliche *Coepidula* wächst im Alter mit dem Fuß fest. Bei manchen Formen setzen sich eine Anzahl verschiedener Exemplare so aufeinander, daß eine Kette von Individuen entsteht. Infolge der Vergänglichkeit des Fußes sind solche Ketten nur bei rascher, autochthoner Einbettung zu erwarten.

Bei den Brachiopoden existiert neben der Befestigung mit organischer Substanz auch eine solche mittels Kalkzement. So sind die für Ob. Kreide als Leitfossilien wichtigen *Crania* immer mit der Unterschale festgewachsen. Andere Formen befestigen sich auf diese Weise nur im Bewegtwasser. Dies gilt z. B. für die karbonischen Meekellen in schillhaltigen Ablagerungen, aber nicht für die in tonigen Sedimenten (JAKOWLEW, 1907).

Als konvergentes Bild der Rudisten und zahlreicher Einzelkorallen treten uns die festgewachsenen permokarbonischen Richthofenien entgegen.

Viele Crinoiden sind mit einer wurzelartigen Verdickung des unteren Endes am Grund oder an Treibgut verankert. Der eigentliche Wohnraum wird also dort zu suchen sein, wo sich diese Wurzeln massenhaft in autochthoner Lage befinden.

Große Riffbildungen von Kalkalgen, Korallen, Schwämmen usw. sind immer autochthon, nur sehr kleine Vorkommen können auch verlagert worden sein.

d) Grabende und bohrende Tiere

Sofern vergraben und bohrend lebende Tiere in charakteristischer Lebendstellung in den von ihnen angelegten Gängen, Bauten oder Höhlungen angetroffen werden, gelingt der Nachweis autochthoner Einbettung leicht. Schwieriger wird es, wenn entweder besondere Lebendstellungen fehlen oder keine Lebensspuren erhalten geblieben sind. Betrachten wir nun einige Beispiele.

Corophium legt kleine, U-förmig gestaltete und durch Schleimauskleidung verfestigte, erhaltungsfähige Gänge an. Die Umbiegungen zeigen in das Liegende.

Unter den irregulären Euechiniden befinden sich zahlreiche Bodenwühler. Als rezente Beispiele zu nennen sind u. a. *Echinocardium cordatum*, *Spatangus purpureus*. Sie leben im Sand und vermögen Tiefen von 10—15 cm unter der Oberfläche ohne Gefahr zu erreichen. Dabei bildet sich in Verlängerung des Rückenschopfes durch Ausscheidung einer kleberigen Masse ein oft sehr fester Atemkamin. In ähnlicher Weise wird auch die ganze Höhle austapeziert und kann so fossil erhaltungsfähig sein. Während der seitlichen Wanderungen legen die Herzigel waagerechte Kanäle an, die ebenfalls mit Schleim ausgekleidet werden. Fossile Beispiele hat u. a. das Eozän Siebenbürgens geliefert (vgl. H. ZAPFE, 1934). Ähnliches gilt auch für die Spatangiden, die sich wie Regenwürmer hindurchfressen.

Plagionotus lebt nur teilweise vergraben. Die Grenze, bis zu der er versinkt, ist durch das scharf umgrenzte Auftreten großer Stachelwarzen auf der freiliegenden Seite gekennzeichnet. Zeigen diese im Gestein nach oben, ist Autochthonie möglich.

Ein sehr charakteristisches Verhalten finden wir bei den vergraben lebenden Muscheln. Je tiefer sie im Boden stecken, um so stärker ist gewöhnlich das Schloß reduziert und die Schale nach hinten derart verlängert, daß Schloß- und Hinterrand einander parallel verlaufen (z. B. *Solen*). Gleichzeitig bilden sich lange Siphonen aus, die an den Innenseiten der Klappen starke Buchten der Mantellinie verursachen. Muscheln, die diese Merkmale aufweisen und zweiklappig so im Sediment stecken, daß das Siphonalende nach oben zeigt, können als autochthon betrachtet werden.

Sackungserscheinungen sind häufig die Ursache, daß sich die Vertikalstellung in eine mehr oder weniger starke, vom Sackungsbetrag abhängige Schräglage verwandelt. Ähnliches gilt auch für die Bauten tubikoler Anneliden (Rhizocoralliden), deren U-förmige Umbiegungen bei autochthoner Einbettung nach unten gerichtet sind.

Zweiklappige Erhaltung ist bei freilebenden Lamellibranchiaten das Kennzeichen für rasche Einbettung. Vollzog sie sich im lebenden Zustand, so blieben die Klappen i. d. R. geschlossen. Tote Muscheln klaffen, da nach dem Aufhören des Schließmuskelzuges die Schale durch das Ligament geöffnet wird. Nur bei den vergraben lebenden Formen wird dies im allgemeinen durch das Nebengestein verhindert.

Muscheln, die sich nur teilweise eingraben, besitzen häufig einen vom Wirbel schräg nach rückwärts zum Unterrande verlaufenden Kamm, der bisweilen von einer Furche begleitet wird. Die über die Sedimentoberfläche herausragenden Teile zeigen vielfach Bewuchs mit sessilem Benthos.

Alle diese Merkmale erleichtern die Feststellung autochthoner Einbettung.

e) Vagile Tiere

Hier ergibt sich die Autochthonie im Hinblick auf den Todesort mit Sicherheit, wenn die Reste am Ende ihrer deutlich nachweisbaren Lebensspuren eingebettet wurden. Dies gilt z. B. für den in Abb. 6 dargestelllten *Limulus walchi* und die in Abb. 41 gezeigte Muschel aus dem lithographischen Plattenkalk. Die aus dem Bernstein bekannt gewordenen Zweiflügler in Kopulationsstellung, Ameisen mit Beute oder Larven zwischen den Zangen und die vielen Beispiele mit deutlichen Spuren des Todeskampfes sind hierher zu rechnen.

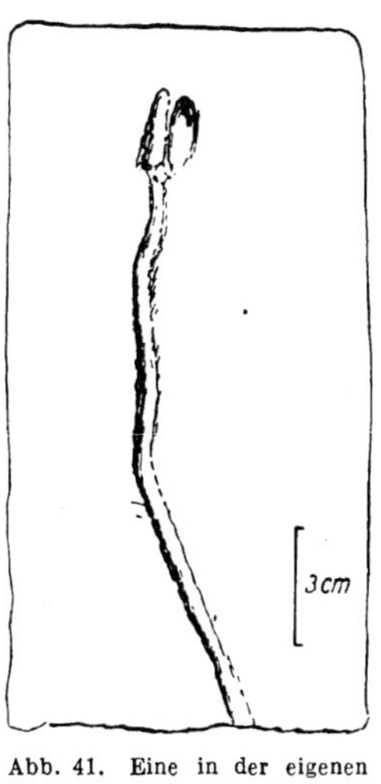

Abb. 41. Eine in der eigenen Fährte verendete und autochthon eingebettete Muschel. Lithographischer Plattenkalk (Franken). Nach E. DACQUÉ (1921).

Es gibt aber auch zahlreiche Fälle, in denen die Erkennung der Autochthonie erhebliche Schwierigkeiten bereitet. Dies betrifft vor allem die Wirbeltiere des Festlandes. Hier muß man andere Kriterien zur Hilfe nehmen, die im wesentlichen ökologischer Natur sind, so u. a. die Frage nach der Verträglichkeit der zusammen eingebetteten Formen. Sie ist z. B. nicht anzunehmen zwischen Raubtieren und ihrem Wild, Bär und Wolf, Hundearten und Katzen. Finden sich in einer diluvialen Höhle im Zusammenhang befindliche Skelette des Höhlenbären neben zerbissenen Knochen von *Bos primigenius*, so handelt es sich bei diesen mit größter Wahrscheinlichkeit um Überreste der Beute des ersteren.

Eine Tierform, die vereinzelt auftritt, kann bei autochthoner Einbettung i. d. R. nur als Einzelrest und isoliert aufgefunden werden. Kommt sie trotzdem massiert vor, dürfte es sich wohl meist um allochthone Vorkommen handeln; es sei denn, daß sich bei anhaltender Sedimentationsunterbrechung, negativem Sedimentationsgefälle oder Auslaugungsdiagenese im Sinne von E. WEPFER (1926) die Reste verschiedener Generationen in einer Ebene anreicherten. Oder es erfolgte durch gewisse Vorgänge (Austrocknung,

Dürre) eine Zusammendrängung der ursprünglich über größere Gebiete verteilten Formen auf engem Raum. Manche scheinen auch bestimmte Sterbeplätze bevorzugt zu haben.

2. Rückschlüsse, die sich aus autochthon eingebetteten Organismenresten, insbesondere sessilem Benthos ergeben

a) Allgemeines

Das Vorhandensein autochthoner Organismenreste ermöglicht Rückschlüsse auf die Sedimentations- und Lebensverhältnisse, die am Wohnort z. Z. der Einbettung geherrscht haben. Im besonderen Umfange gilt dies für das sessile Benthos. Es gestattet, da es nur unter ganz bestimmten Bedingungen existenzfähig ist, u. a. Aussagen über die Geschwindigkeit und das Ausmaß der Sedimentation und Umlagerung, die Dauer von Sedimentationsunterbrechungen, den Erhärtungszustand des Gesteins z. Z. der Besiedlung usw.

Sehr interessante Zusammenhänge ergaben Untersuchungen, die A. TAUBER (1942) in den verschiedenen Faziesräumen des sandigen Litorals gezeitenloser Meere (z. B. Ostsee, Ägäis, Adria, Schwarzes Meer) durchführte, um die Verteilung von Zerbrechungs- und Schlifferscheinungen an Molluskenschalen zu ermitteln. Dabei zeigte sich, daß lebender Bewuchs den submarinen Sandbänken und Sandriffen praktisch völlig fehlt, dagegen aber in den submarinen Rinnen sehr häufig auftritt. In den Sandbänken überwiegt geschliffenes Material (vgl. S. 84). Soweit Bewuchs vorhanden, ist er tot. Da zudem geschliffene und nachträglich wieder bewachsene Reste fehlen, kann geschlossen werden, daß die Sandbänke zwar Material aus den Rinnen empfangen, umgekehrt aber keins an letztere abgeben. Die Sandbänke befinden sich in stetiger Umlagerung und verhindern somit eine ungestörte Entwicklung. In den Rinnen ist sie jedoch gewährleistet. Hier erfolgt nur eine oberflächliche Verfrachtung des Sediments. Auflagerung fehlt oder tritt gänzlich zurück.

Größere Schalen sind im allgemeinen häufiger und stärker bewachsen als kleine. Dies hängt in nicht geringem Maße von der Tatsache ab, daß sie infolge ihres Gewichtes weniger bewegt werden als die kleineren. Besiedlung mit sessilem Benthos am Grunde ist ja an relative Ruhe der Unterlage gebunden. Deshalb spielt anscheinend neben der Größe auch die Gestalt des zur Ansiedlung benutzten Körpers eine gewisse Rolle. Kugelige Formen werden aus mechanischenGründen leichter bewegt als kegelförmige und diese wiederum leichter als flache.

Der Einfluß der Größe ergibt sich z. B. aus Tab. 6, in der die Untersuchungsergebnisse an unzerbrochenem Schalenmaterial aus der ersten Sandbank von Sala Katerini und aus der Kieler Förde zusammengestellt wurden. Der Bewuchs auf zerbrochenen Schalen konnte natürlich nicht berücksichtigt werden, da sich die zur Zeit der Besiedlung vorhandene Größe meist nicht mehr bestimmen läßt.

Tabelle 6: Die Stärke des Bewuchses mit sessilem Benthos auf nicht zerbrochenem Schalenmaterial aus der 1. submarinen Sandbank. Nach A. TAUBER, 1942

Ort	Länge der Reste (mm)	% besiedelt	Ort	*Litorina litorea* (Höhe in mm)	% besiedelt
Sala	5—10	5			
Katerini	10—20	20	Kieler	3—10	3
(Olymp)	20—35	42	Förde	10—15	33
	35—50	61		15—25	63

Ansiedlung von sessilem Benthos, die unmittelbar auf dem Grunde erfolgt, ist nur bei fehlender oder ganz schwacher Sedimentation und relativer Ruhe möglich. Der Bewegungszustand des Wassers darf dabei ein der Korngrößenzusammensetzung und dem Verfestigungsgrad des Nebengesteins entsprechendes Maß nicht überschreiten. Tiefgründige Umlagerung, wie in Sandbänken, verhindert ebenso die Ansiedlung von Bewuchs auf dem Grunde wie eine stärkere Sedimentation.

Hierzu tritt, daß die Unterlage eine gewisse Festigkeit besitzen muß. Auf weichem Schlickgrund sind deshalb Molluskenschalen und ähnliche Körper oft die einzigen Möglichkeiten (Ansatzstützen). Gewöhnlich ragen sie etwas über die Umgebung empor und gestatten somit auch die Ansiedlung von Bewuchs bei rascherer Sedimentation.

Häufig erfolgt die Ansiedlung auf Geröllen. Sind sie allseitig bewachsen, so beweist dies, daß sie zumindest einmal gewendet wurden und dann längere Zeit mit einer Fläche nach oben in Ruhe liegen blieben. Die Mindestdauer dieses Zeitraums ergibt sich jeweils aus der Wachstumszeit der größten, übereinander gewachsenen Individuen.

Bewuchs an Ort und Stelle läßt sich nur dann nachweisen, wenn einzelne Formen über die als Unterlage dienenden Körper (z. B. Gerölle) hinausgewachsen und dann auf die benachbarte Schichtoberfläche abgebogen sind.

Erfolgt die Ansiedlung unmittelbar auf der Schichtoberfläche, so muß das Sediment vorher bereits soweit erhärtet sein, daß es die Larven und später die größer und schwerer werdenden Tiere zu tragen vermag. Voraussetzung ist in jeder Hinsicht der völlige Ausfall der Sedimentation. Mit sessilem Benthos besiedelte Flächen zeigen folglich Sedimentationslücken an. Die Mindestdauer der Sedimentationsunterbrechung läßt sich größenordnungsmäßig aus dem mutmaßlichen Alter der an der Besiedlung beteiligten Individuen abschätzen (Beispiel vgl. A. H. MÜLLER, 1950).

Betrachten wir nun gesondert einige Fragenkomplexe, die sich aus dem Vorkommen autochthon eingebetteter Organismen, insbesondere des sessilen Benthos ergeben.

b) Der tierische und pflanzliche Einfluß auf das Sediment

Abgesehen von der Bildung organogener Sedimente durch Massenanhäufungen pflanzlicher und tierischer Reste, wird das junge Sediment bei und kurz nach seiner Bildung oft in einem weitgehenden Umfange aktiv und passiv durch die Lebewelt beeinflußt. So wird die Schichtung häufig vom Grundleben angegriffen und dabei mehr oder weniger gestört und verwischt. Pflanzenwurzeln und Bodenbewohner verursachen das gleiche in den Böden des Festlandes. Zudem vermag die Anreicherung von Exkrementen und organischen Zersetzungsprodukten den Chemismus und die Struktur eines Gesteins wesentlich zu beeinflussen. Die Betrachtung des tierischen und pflanzlichen Einflusses verdient darum als biostratonomisches Teilgebiet besondere Aufmerksamkeit. Vor allem gestattet die Art der Erhaltung von Lebensspuren grundbewohnender oder wühlender Organismen, Rückschlüsse zu ziehen auf die Bildungsweise des umgebenden Sediments.

Das Einwühlen, Eingraben, Einbohren und Verwurzeln im Grund und im Boden dient verschiedenen Zwecken. Es kann erfolgen zum Schutz gegen Feinde oder Austrocknung und zur Nahrungssuche. Da die Zahl derartig lebender Organismen sehr groß ist, erfolgt durch ihre Tätigkeit eine oft weitgehende Beeinflussung von Struktur und Textur der betroffenen Sedimentschichten. Nach R. BRINKMANN (1932) soll nun dieser Gegensatz zwischen Schichtung und Grundleben sogar derart groß sein, daß Schichtung ganz allgemein betrachtet weit seltener sei als Schichtungslosigkeit. Schichtung und Grundleben sollen sich gegenseitig in ihrem Auftreten ausschließen.

Selbstverständlich stehen Schichtung und Grundleben in einem gewissen Gegensatz. Ein Blick in die Natur zeigt aber, daß sich die Schichtung auch bei reichem Grundleben erhalten kann. Man vergleiche hierzu etwa die eingehenden Untersuchungen von R. RICHTER

(1936) im Hunsrückschiefer und die Beobachtungen von A. SCHWARZ (1932) in der rezenten Flachsee, ferner das nachstehende Beispiel aus dem Oberen Muschelkalk von Thüringen:

Im Steingraben von Reiser (Bl. Mühlhausen, Thür.) steht in der Zone des *Cer. robustus* ein 0,20 m mächtiges Bänkchen an. Es wird aus einem dichten, blaugrauen und splitterigen Kalk gebildet, der völlig frei von Schalenresten ist. Angewittert zeigt es auf senkrecht zu den Schichtfugen verlaufenden Kluftflächen in den unteren 12—18 cm eine deutliche Feinschichtung. Darüber folgt eine wechselnd starke, bis 2 cm messende, völlig ungeschichtete Auflage eines hellen, gelblichgrauen und sehr feinkörnigen Mergelkalkes und zwar ohne Ausbildung einer Schichtfuge.

Diese Bank ist durchsetzt von mehr oder weniger senkrecht zur Schichtfläche verlaufenden U-förmigen, spreitenlosen Grabgängen (*Arenicola franconicus* TRUSH.). Die Eintauchtiefe ist verschieden und schwankt zwischen 0,05 und 0,20 m, wobei die Formen mit dem größten Tiefgang auch den weitesten Abstand der U-Schenkel besitzen. Es handelt sich folglich um Gänge, die durch Bewohner verschiedener Altersstadien angelegt wurden. Sie besiedelten gleichzeitig nebeneinander das Sediment, da alle auf der Dachfläche enden. Ein Schenkel mündet jeweils in einen flachem Trichter. Die Besiedlungsdichte beträgt 400—700

Abb. 42. Angewitterte Kluftfläche eines feingeschichteten Kalkbänkchens mit vertikal zu den Schichtflächen verlaufenden Grabgängen von *Arenicola franconicus* TRUSH. Ob. Muschelkalk (*Robustus*-Zone). Reiser bei Mühlhausen (Thür.). — Orig. Geolog. Institut Greifswald.

Tiere je m². Trotzdem ist, wie Abb. 42 zeigt, die Feinschichtung kaum gestört. Nur an den Stellen, wo die Gänge das Sediment queren, ist in ihrer unmittelbaren Nachbarschaft eine leichte Beeinflussung festzustellen. Eine Entschichtung durch die Grabtätigkeit trat aber nicht ein.

Untersuchen wir allerdings die ungeschichtete, mergeligkalkige Auflage, in der die Trichter liegen, so drängt sich sofort die Frage auf, ob nicht wenigstens hier die Schichtungslosigkeit auf die Grabtätigkeit zurückzuführen ist; eine Möglichkeit, die besteht, da die Trichter nur in diesem Teil der Bank zu beobachten sind. Betrachten wir jedoch die Grenzfläche zwischen Kalk und Mergelkalkauflage genauer, so zeigt sich, daß das Fehlen der Feinschichtung primär sein muß. Die Grenze zwischen beiden ist scharf. Sie schneidet diskordant und relativ glatt die Feinschichtung des liegenden Teils an oft dicht nebeneinander befindlichen Stellen; alles Erscheinungen, die bei einer etwa durch das Verlagern der Trichter verursachten Entschichtung undenkbar sind. Sonst müßte die Grenze unregelmäßig sein und das Bänkchen in seinem obersten Teil zumindest noch Relikte der Feinschichtung enthalten. Die Besiedlung erfolgte somit, als die mit Trichtern bedeckte Mergelkalkauflage bereits gebildet war.

R. RICHTER bezeichnet die Entschichtung durch grabende Tiere als „Wühlentschichtung“ und das erzeugte Gefüge als „Wühlgefüge“ (= Fossiltextur). Je nach der Art, in der es entsteht, unterscheidet er:

a) koprogenes Wühlgefüge	b) kinetogenes Wühlgefüge
Freßtunnel werden mit dem durch den Darm gegangenen Sediment (Kot-Sediment) aktiv ausgefüllt.	Das Wühlen beschränkt sich lediglich auf das bloße Beiseiteschaffen des Sediments.

Zwischen den Sedimentationsbedingungen (Geschwindigkeit, Umlagerungstendenz usw.) und dem Ausmaß der Wühlentschichtung bestehen Zusammenhänge, wie sie an Hand der beiden extremen Fälle in den folgenden Überlegungen im wesentlichen nach R. RICHTER (1936) dargestellt werden sollen:

a) Im „Stillwasser“ herrscht die ungestörte Auflagerung und Zufuhr von Sediment. Es entsteht so eine addierende Kalenderschichtung, die, soweit keine zeitweilige Unterbrechung der Sedimentzufuhr erfolgt, eine absolute Vollzähligkeit besitzen kann.
Zur völligen Entschichtung brauchen die Wühler Zeit. Diese ist ihnen nur in solchen Stillwasserablagerungen gegeben, in denen die Sedimentation nicht zu rasch erfolgt. Ist die Sedimentationsgeschwindigkeit zu groß, muß der Wühler seinen Lebensraum (Wühlerspiegel) nach oben verlegen, ehe die Entschichtung in den vorher bewohnten Lagen abgeschlossen ist. Zwischen „Entschichtungsgeschwindigkeit“ und „Sedimentationsgeschwindigkeit“ muß also mindestens ein bestimmtes Verhältnis erreicht werden, damit es zur völligen Entschichtung kommt. Dieser Fall dürfte aber in der Natur nur selten eintreten, besonders, da in Stillwasserablagerungen gewöhnlich eine gewisse Lebensfeindlichkeit herrscht (vgl. aber S. 74). Auch im Falle weitgehender Entschichtung müssen neben dem Wühlgefüge aber Relikte der ursprünglichen Schichtung, besonders der (warwigen) Feinschichtung im Sediment nachzuweisen sein.

b) Im „Bewegtwasser“ wird die Sedimentation weniger durch die Zufuhr beherrscht als durch die Umlagerung. Dabei erleidet das Sediment einen sehr weitgehenden „intrasedimentären“ Verlust. Die erhaltene Sedimentsäule entspricht nur einem meist sehr kleinen Rest der an dieser Stelle tatsächlich einmal erfolgten Ablagerung.

Diese dauernde Schichtenerneuerung wirkt der Wühlentschichtung entgegen. Das grabende Benthos hat jetzt aus Gründen der Umlagerung nicht mehr die Zeit, zum Ziel zu kommen. Als Kennzeichen solcher Sedimente müssen angesehen werden:

a) deutliche und wenig gestörte Feinschichtung nach Art der Wetter- oder Barometerschichtung R. RICHTER's (1936). Sie wird bis zur endgültigen Einbettung ständig durch Umlagerung erneuert;

b) dazwischen das „letzte Bild“ der „letzten“ Wühler, wobei die betreffende Gesteinslage meist in ihrer Mächtigkeit gegen analoge Bildungen des Stillwassers mit ungestörter Auflagerung zurücktritt.
Fehlen also einem schichtungslosen Gestein zugleich die Wühlspuren, so liegt keine Wühlentschichtung vor.

Noch einmal kurz gegenübergestellt, ergibt sich das in Tab. 7 dargestellte Schema.

Die am weitesten gehende Entschichtung wird man im Bewegtwasser dort erwarten können, wo sich Auf- und Umlagerung etwa die Waage halten, resp., wo die Auflagerung die Umlagerung nur wenig übertrifft.

In der durchwurzelten und belebten, oberflächennahen Bodenzone des Festlandes kann ursprünglich vorhandene Schichtung dagegen bereits in relativ kurzer Zeit vernichtet werden. Umlagerung und Auflagerung treten ja weitgehend zurück. Bis zu einem gewissen Grade scheint hier also die von R. BRINKMANN (1932) aufgestellte These, daß sich Schichtung und Grundleben gegenseitig ausschalten, sinngemäß auf die Bodenbildung übertragen, zuzutreffen. In sandigen Gebieten überwiegt dabei i. d. R. die Tätigkeit der Pflanzenwurzeln, während die wühlender Tiere zurücktritt.

Da die Wühltextur im wesentlichen durch Sedimentfresser erzeugt wird, muß vor allem die Bewohnbarkeit konstant bleiben. Als Voraussetzung hierfür sind zu beachten:

a) ausreichender Gehalt an Nährstoffen,

b) genügende Durchgängigkeit, um das Graben und Bohren zu ermöglichen.

Man findet deshalb die Grabgänge von Sedimentfressern in einigen Schichten gehäuft, während sie in anderen gänzlich fehlen können. Ursache ist in vielen Fällen die Durchgängigkeit.

Kalkschlamme sind infolge der hier zu erwartenden raschen Erhärtung nur relativ kurze Zeit bewohnbar. Der gleiche Grund zwingt bei hoher Sedimentationsgeschwindigkeit und demgegenüber zurücktretender Umlagerung die Wühler, ihren Wohnraum (Wühlerspiegel) rascher nach oben zu verlegen, als es bei Sedimenten geringerer Erhärtungsgeschwindigkeit vielleicht an sich der Fall wäre.

Erfolgt die Besiedlung einer Schicht neu, so wird der Tiefgang häufig begrenzt durch den Durchgängigkeitsgrad im Liegenden. Die Durchgängigkeitsgrenze fällt dabei nicht selten mit einer Schichtfuge zusammen. Schichtfugen bedeuten meist zugleich Sedimentationslücken. Das unter ihr liegende Gestein ist deshalb gegenüber dem hangenden und frisch besiedelten, besonders bei Kalkgehalt relativ stärker erhärtet. Entsprechende Beispiele lassen sich zahlreich aus den Ceratitenschichten des Oberen Muschelkalkes anführen.

Der O_2-Gehalt des Atemwassers und der Gehalt der bewohnten Bodenschichten an gewissen, an sich lebensfeindlichen Stoffen dagegen ist, wie bereits S. 12 erörtert, soweit es sich um Würmer handelt, von geringerem Interesse. Als ausschlaggebend erweist sich, soweit Sedimentfresser vorliegen, der Gehalt des Sediments an verdaulicher Substanz. Dies wird dann augenscheinlich, wenn die Tiere sich an bestimmte Schichten in sonst einheitlich beschaffenem Sediment halten, deren höherer Gehalt an organischer Substanz gegenüber dem unmittelbaren Liegenden und Hangenden sich aber nachweisen läßt.

Tabelle 7: Merkmale der Wühlentschichtung in Still- und Bewegtwasserablagerungen. Zusammengestellt nach R. RICHTER (1936)

	Stillwasser	Bewegtwasser
Der die Sedimentation beherrschende Mechanismus:	ungestörte Auflagerung	Umlagerung
Ausbildungsart der Feinschichtung:	(warwige) Kalenderschichtung	Wetter-, Barometer- und Stoffwechselschichtung mit zahlreichen Lücken durch intrasedimentären Verlust
Die uns überlieferte, restliche Schichtung:	im Extremfall nur geringfügige Relikte der warwigen Schichtung	deutliche und wenig gestörte Feinschichtung
Art der überlieferten Wühlerspuren:	im Extremfall ausgesprochenes Wühlgefüge	kein Wühlgefüge; nur das Nebeneinander deutlich unterscheidbarer Wühlerspuren

c) Die Besiedlungsdichte

Das Vorkommen in Lebendstellung befindlicher Organismenreste gestattet Angaben über die Besiedlungsdichte und daraus über den Einfluß der Umweltbedingungen auf die Lebewelt.

Die Besiedlungsdichte kann wie folgt ermittelt werden:

a) durch Auszählen der auf einer Schichtfläche von bekannten Ausmaßen vorhandenen autochthonen Reste der gleichen Art;

b) durch Anwendung der sonst zur Gesteinsanalyse benutzten ROSIWALLschen Methode, vor allem dann, wenn nur vertikale Anschnitte, aber keine freiliegenden Schichtflächen vorliegen. Man bestimmt längs einer Schichtfuge auf eine Erstreckung von mehreren Metern (Meßlinie S) die Durchmesser und Sektoren der durch diese Linie geschnittenen autochthonen Reste und addiert sie (Mengenindikatrix s). Als Bestimmungsfläche (F) benutzt man zweckmäßig 1 m² (= 10000 cm²). Der Flächenanteil f der betreffenden Spezies ergibt sich sodann aus der Gleichung $f = \frac{F \cdot s}{S}$.

Beispiel: Meßlinie 800 cm; Anzahl der angetroffenen Reste 8, mittlerer Durchmesser 6 cm. Mengenindikatrix folglich $s = 8 \cdot 6 = 48$ cm; $F = 10000$ cm².

$$f = \frac{10000 \cdot 48}{800} = \frac{4800}{8} = 600 \text{ cm}^2.$$

Von 1 m² Schichtfläche sind also 600 cm², d. h. 6% besiedelt. Dividiert man diesen Flächenanteil (600 cm²) durch die mittlere Oberfläche der untersuchten Organismenreste (z. B. 50 cm²), so erhält man eine Besiedlungsdichte von 12 Exemplaren je m².

Mit Hilfe der ROSIWALLschen Methode bestimmte M. PFANNENSTIEL (1930) die Besiedlungsdichte von *Gryphaea dilatata* im Callovien von Houlgate (französische Kanalküste). Die Muschel findet sich hier im ausgewaschenen Zustand dem heutigen Strandsediment einverleibt und kommt zusammen mit rezenten Molluskenresten meist „gewölbt-oben" eingebettet vor, gleichgültig, ob mit oder ohne Deckel. Sie gehorcht also der Einkippungsregel, wie alle normal gewölbten, schüsselförmigen Körper. Im Anstehenden dagegen liegt sie umgekehrt und zeigt mit der Wölbung nach unten. Im ersten Fall haben wir es mit einer mechanisch bedingten Lage, im letzteren mit der Lebendlage zu tun, da keine Annahme berechtigt ist, hierfür einen anderen Einbettungsmechanismus anzunehmen.

Durch Auszählen der im Anstehenden längs Schichtfugen sichtbaren Exemplare, ergab sich bei einer mittleren Oberfläche der Muschel von 52 cm² und einem mittleren Durchmesser von 8 cm eine Gesamtzahl von 15—16 Exemplaren je m² und damit ein besiedelter Flächenanteil von 8%. Allerdings läßt sich hier, wie oft in fossilen Fällen, nicht sicher nachweisen, welche Exemplare zur Zeit der Einbettung wirklich noch am Leben waren. Der Wert solcher Bestimmungen der Besiedlungsdichte wird hierdurch etwas herabgemindert.

Ähnlich wie bei den Pflanzenvorkommen des Festlandes ergibt sich für das marine Benthos ein enger Zusammenhang zur Beschaffenheit des besiedelten Sediments (vgl. auch den Abschnitt über Bionomie, S. 74). So zeigt *Cardium edule* im rezenten Watt des Jadebusens (siehe F. HECHT, 1930) je nach dem Siedlungsgrund folgende Werte:

Sand	sandiger Schlick	reiner Schlick
608	1170	2080 Exemplare je m²

Die Besiedlungsdichte wächst hier also mit der Feinkörnigkeit und dem Wassergehalt des Sediments.

Daneben ist aber bei der Bestimmung der Besiedlungsdichte auf Unterwasserböden und den aus ihnen hervorgegangenen fossilen Sedimenten im besonderen Umfange die von HAGMEIER (1930) in der Nordsee zählend verfolgte Tatsache zu beachten, daß die Besiedlung gleichartiger Gründe nicht immer einheitlich und regelmäßig erfolgt, sondern fleckenhaft. Diese „Flecken" kommen und gehen und verändern ihre Lage ohne erkennbare äußere Ursachen. Auch in den fossilen Sedimenten ist zu beobachten, daß die Vorkommeu von Fossilresten mit mehr oder weniger autochthonem Charakter nicht über größere Erstreckung hin in gleicher Häufigkeit und Massierung aushalten.

Bei Pflanzenresten läßt sich die Besiedlungsdichte (hier auch Bestandsdichte) besonders gut durch Auszählen autochthoner Wurzelstümpfe (sog. Stubben) ermitteln, wie wir sie z. B. gehäuft in vielen Braunkohlenflözen finden. Berühmt sind die Vorkommen in der Niederlausitz, wo im Senftenberger Oberflöz 7, stellenweise sogar 8 Horizonte übereinander liegen (vgl. K. KEILHACK, 1912; TH. TEUMER, 1932).

Zur Bestimmung der Bestandsdichte zählt man bei vertikalen Anschnitten die Menge der Stubben in den einzelnen Horizonten und bezieht die Werte auf gleiche Profillängen. Sodann quadriert man die gefundenen Zahlen und gewinnt eine Vorstellung über die flächenhafte Verteilung. Bei horizontal aufgedeckten Vorkommen ermittelt man sie direkt durch Auszählen. Wie aus den nach TH. TEUMER (1932) zusammengestellten Werten in Tab. 8 hervorgeht, wechselte die Bestandsdichte in den verschiedenen Horizonten beträchtlich. Sie war im einzelnen abhängig vom Alter der Bäume, das sich im Durchmesser der Stubben zu erkennen gibt. Es ist erstaunlich, wie eng die Bäume (vor allem *Sequoia* und *Taxodium*) auch bei großen Stammdurchmessern (bis 3,30 m) gestanden haben.

Tabelle 8: Die Bestandsdichte im Senftenberger Oberflöz, bestimmt an Hand der in den einzelnen Stubbenhorizonten verschiedener Grubenaufschlüsse beobachteten Wurzelstümpfe. Nach TH. TEUMER, 1932

Grube	Im Horizont								Dabei schwanken die Durchmesser der Stubben in den Horizonten							
	I	II	III	IV	V	VI	VII	VIII	I	II	III	IV	V	VI	VII	VIII
	beträgt die Stammzahl je Hektar								von — bis in cm							
Eva	144	196	256	361	121	169	324	100	25 220	30 160	15 210	15 160	20 60	10 160	10 120	15 160
Eva	100	576	400	289	100	64	36	25	60 260	15 100	15 190	15 160	20 210	20 170	40 110	20 90
Renate	121	441	169	196	144	361	256	—	20 240	15 155	20 205	10 150	20 150	10 330	10 240	— —
Ilse	196	256	196	144	361	441	361	—	30 210	10 200	10 260	15 140	10 110	15 95	10 160	— —
Anna-Mathilde	121	225	169	225	81	225	324	—	15 305	10 225	10 240	15 190	20 105	10 160	15 120	— —

d) Erhärtungsgeschwindigkeit und Erhärtungszustand zur Zeit der Besiedlung

Autochthon eingebettete Reste vergraben oder festgewachsen lebender Organismen und die Lebensspuren gestatten in vielen Fällen Rückschlüsse auf die Erhärtungsgeschwindigkeit des bewohnten Sediments. Dabei darf aber das Vorhandensein oder Fehlen fossiler Kriechspuren in gewissen Gesteinen nicht als der unmittelbare Beweis dafür angesehen werden, ob ein entsprechendes Benthos aus lebensfeindlichen Gründen fehlte oder nicht. Bei jungen Sedimenten mit hohem Gehalt an feindisperser Tonsubstanz, kolloidalem Protobitumen und entsprechend hohem Bindungsvermögen für Wasser muß man z. B. damit rechnen, daß sie sehr lange Zeit latentflüssig geblieben sind. Sie besaßen infolgedessen nicht die notwendige Viskosität und Standfestigkeit und damit die Fähigkeit, Kriechspuren zu bewahren.

Etwas anderes ist es natürlich bei Tonschiefern und Schiefertonen, die einen entsprechenden Anteil von Feindetritus enthalten. Für sie ist im allgemeinen eine raschere Verfestigung und ausreichende Viskosität zu erwarten, wodurch die Erhaltung von Kriechspuren möglich wird. So kommen z. B. im Hunsrückschiefer, ebenso aber auch in vielen kulmischen Schiefern, Lebensspuren nicht selten vor.

Aus dem Unt. Zechstein von Obernitz b. Saalfeld beschreibt H. KORN (1932, S. 11 ff) einen ca. 0,30 m über dem Kupferschiefer folgenden, 0,50 m mächtigen, dolomitischen Mergel, der gänzlich mit den Wülsten von *Palaeophycus hoeianus* GEIN. erfüllt ist (Abb. 43). Darüber liegen ca. 5 m dolomitische Kalke. Die als Grabspuren und nicht als „Algen" zu deutenden Gänge von *Palaeophycus* sind mit gelbem, grusigen und sandigen Dolomit der hangenden Schicht erfüllt, die Wülste meist stark geknickt, gestaucht und außen mit Harnischen bedeckt. Diese Befunde beweisen, daß:

a) der Mergel sich stark gesetzt hat (Knickung, Stauchung der Wülste),
b) die zeitlich jüngere, dolomitische Füllung relativ rascher erhärtet sein muß als der Mergel.

Abb. 43. Freipräparierte Grabgänge von *Palaeophycus hoeianus* GEIN. aus dem Unteren Zechstein südlich von Könitz bei Saalfeld. Sie zeigen die starke Setzung des Sediments nach ihrer Entstehung. Nach H. KORN (1932).

Die rasche Erhärtung dieser Dolomite ergibt sich auch aus dem Vorkommen einer *Fenestella minuta*, die mit einem aus Stolonen bestehenden Organ versehen, auf dem Dolomit wurzelte und nicht im Riff lebte.

Sehr rasch erhärten im allgemeinen auch reine Kalkniederschläge, Ablagerungen also, die sich durch eine sehr kleine bis fehlende Sackung auszeichnen. So werden z. B. die anfangs weichen und feinen detritusarmen Kalkschlamme, wie wir sie in den Korallengebieten der Südsee finden, relativ rasch standfest. Nach Berichten der Challengerexpedition ist der Korallenschlamm so viskos, daß nur selten der Schiffsanker darin schleppt.

Sessiles Benthos auf Schichtflächen weist immer auf eine relativ hohe Erhärtungsgeschwindigkeit hin, denn es kann sich nur auf relativ festem Untergrund ansiedeln und gedeihen; sehr flachliegende Formen, wie z. B. *Placunopsis ostracina* aus dem Muschelkalk, darüber hinaus nur bei fehlender bis sehr schwacher Sedimentation. Diese Arten weisen infolgedessen zugleich auf das Vorliegen von Sedimentationsunterbrechungen hin.

Das Eingraben, insbesondere das Wiedereingraben von Muscheln, die im Sediment leben, ist nur möglich, wenn dieses eine bestimmte Härte und Grobkörnigkeit nicht überschreitet. Werden grabende Muscheln durch Strömung und Wellenschlag an ihrem Wohnort freigelegt und dann durch die Wasserbewegung in Gezeitenmeeren etwa bis an die mittlere Hochwassergrenze verfrachtet, so ist ihnen hier das Eingraben zumindest sehr erschwert, da, wie es meist der Fall sein wird, das Sediment hier grobkörniger und fester (da wasserärmer) ausgebildet ist. Muscheln bevorzugen aus diesem Grunde im allgemeinen die Ablagerungsbereiche feinkörniger und weicher Sedimente.

Ein sehr instruktives Beispiel bringen F. HECHT & H. MATERN (1930) aus dem Südwatt von Olde Ooge. Geringfügige Stromverlagerung führte hier zur Bildung eines sehr seichten Prieles. Bei Ebbestrom reichte die Stromstärke gerade aus, um die feine, tonige Trübe, aber nicht die dicht nebeneinander, im Untergrund lebenden Cardien abzutransportieren. Sie wurden freigespült, gruben sich aber nicht wieder ein, da der unterliegende Sand zu fest gepackt war und starben nach einiger Zeit ab.

Bei ausreichend weichem Material ist dagegen ein Wiedereingraben sogar langsiphoniger Desmodontier möglich, wie HECHT (1930) an dem Verhalten von *Mya arenaria* L. zeigen konnte. Leichter und bei relativ festerem Untergrund vermögen sich die mit kürzeren Schalen ausgestatteten Formen einzugraben.

Im Brandungsbereich tritt allerdings noch eine Behinderung durch die anhaltende und starke Wasserbewegung hinzu.

In seltenen Fällen kann es vorkommen, daß an sich eingegraben lebende Muscheln an solchen Stellen freiliegend leben können, wo die Beschaffenheit des Untergrundes ihre normale Lebensweise nicht erlaubt. Die Tiere liegen dann mit einer Klappe frei auf dem Untergrund. Während in der Normalstellung die Sagittalebene senkrecht zum Untergrund steht, verläuft sie jetzt mehr oder weniger parallel, und die Folge ist häufig eine Beeinflussung der Schalengestalt, was R. ANTHONY (1905) als Folge des Pleurothetismus dargestellt hat. Hierrunter versteht man die Reaktion auf das freie, seitliche Liegen der Tiere auf dem Untergrund. Dabei entwickeln sich besonders charakteristische Standortmodifikationen. Ein schönes Beispiel beschreibt C. R. BOETTGER (1933) aus dem Fließ bei der Wuggelmühle am Schwielochsee bei Friedland (Niederlausitz). Die hier lebenden *Unio crassus* RETZ. konnten sich infolge des festen und lehmigen Untergrundes nicht eingraben. Die ungewöhnliche Lebensweise bewirkte folgende morphologische Veränderungen der Schale gegenüber der Normalform:

a) erhebliche Verkürzung der Längsachse und damit verbundene Abrundung,
b) starke Aufbauchung,
c) größere Festigkeit und Dicke,
d) oft starke mechanische Beanspruchung durch das Hin- und Hergeworfenwerden in der Strömung.

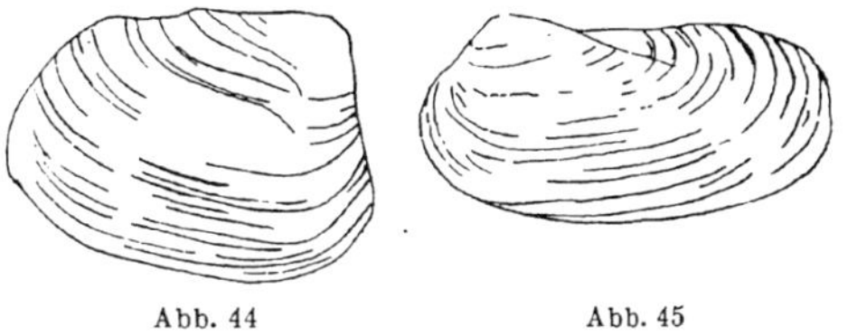

Abb. 44 Abb. 45

Pleuromyen aus dem Oberen Muschelkalk.

Abb. 44. *Pleuromya ventricosa* (v. SCHLOTH.). Extrem kurze und stark gewölbte Form, die vielleicht auf nicht zum Eingraben geeignetem Untergrunde gelebt hat und dabei die pleurothetitischen Merkmale erwarb.

Abb. 45. *Pleuromya elongata* (v. SCHLOTH.). Flachgewölbte, extrem langgestreckte und eingegraben lebende Form.

Zeichnungen nach M. SCHMIDT (1928).

Die Verkürzung in der Längsachse, die damit verbundene Abrundung der Schale und die bei obigem Beispiel nicht hervortretende Ungleichheit der unteren und oberen Schalenhälfte sind Erscheinungen, die einzeln oder insgesamt bei allen pleurothetischen Muscheln auftreten und die, wenn sie bei normalerweise eingegraben lebenden Formen vorkommen, Rückschlüsse auf den Erhärtungszustand des Untergrundes zulassen. Vielleicht kann man die beiden extremen Modifikationen von *Pleuromya* aus dem Muschelkalk auf diese Weise erklären (vgl. Abb. 44 und 45); die langgestreckte Form als die dauernd (im Mergel oder Kalkmergel) eingegraben lebende, die extrem kurze, als die frei auf zu festem und zum Eingraben ungeeignetem Untergrund (etwa bereits mehr oder weniger verfestigtem Kalk) liegende.

Die mechanisch arbeitenden Bohrmuscheln drücken ihre vorn mit dornigen Rippen besetzte Schale gegen den zu bewohnenden Untergrund (Sediment, Torf, Holz usw.) und bohren sich unter Drehbewegungen ein. Der Untergrund darf zu dieser Zeit also nicht härter sein als die Schale. Das Vorkommen der Bohrlöcher in Sedimenten gestattet infolgedessen Rückschlüsse auf deren Härte zur Zeit der Besiedlung und damit in vielen Fällen auf die relative Erhärtungsgeschwindigkeit.

Die chemisch arbeitenden Bohrmuscheln dagegen bevorzugen festere Gesteine, falls sie nicht ausschließlich in solchen leben. Voraussetzung ist nur, daß die Gesteine in ausreichendem Maße durch die vom Tier gebildeten Säuren angegriffen werden können (vornehmlich also Kalke). Fossil weisen sie auf bereits weitgehend erhärteten Untergrund hin. Von ihnen besiedelte Flächen charakterisieren Schichtunterbrechungen und relativ rasche Erhärtung.

Ähnliche Abhängigkeit von der Art des befallenen Mediums erkennen wir auch bei *Cliona*, die allerdings vornehmlich in Molluskenschalen auftritt. Sie findet sich aber ebenfalls in Kalkgeröllen und auf Schichtflächen. Sandsteingerölle aus dem Torton von Soos-Vöslau (Österreich) zeigen den Befall nach A. TAUBER (1942) vereinzelt dort, wo sie Kalzitadern enthalten. Bei Dolomiten und dolomitischen Gesteinen scheint er allgemein zu fehlen (vermutlich infolge der geringeren Löslichkeit durch Säuren).

e) Der Durchlüftungsgrad des Bodenwassers bei der Bildung von Unterwassersedimenten (Bionomie)

Autochthon eingebettete oder nur wenig verlagerte benthonische Organismenreste gestatten in vielen Fällen sichere Rückschlüsse auf die Umweltbedingungen. Vor allem geben sie über den Verbrauchszustand des Bodenwassers ein untrügliches Zeichen; denn der Sauerstoff spielt, wie H. SCHMIDT (1935) zusammenfassend nachweisen konnte, neben der Ernährung die wichtigste Rolle im Tierleben; und da der Zustand des Wassers unmittelbar über dem Grund zugleich die Beschaffenheit des Sediments wesentlich beeinflußt, auch für die Sedimentgenese. Dies wird durch folgende Überlegungen unterstrichen.

a) Die Diffusionsgeschwindigkeit des Sauerstoffes im Wasser ist derart gering, daß der Nachschub von Sauerstoff durch Diffusion nur wenig ins Gewicht fällt. Nach REGNARD (vgl. J. WALTHER, 1894) beträgt sie in völlig ruhendem Wasser nur ca. 1 cm/Tag. Im Salzwasser scheint sie allerdings etwas größer zu sein. Daraus ergibt sich, daß für eine ständige Sauerstoffzufuhr eine ausreichende Wasserbewegung notwendig ist und daß nur bei völliger Wasserruhe Sauerstoffmangel eintreten kann.
b) Bei reichlicher Lüftung (Wasserbewegung) wird die anfallende organische Substanz restlos zersetzt. Nur bei Sauerstoffmangel bleibt ein Teil als Protobitumen erhalten.
c) Vom Bewegungszustand des Wassers ist unter sonst gleichen Bedingungen die Tendenz zu Ablagerung oder Abtragung und ihr Ausmaß abhängig. Erfolgt Sedimentation, so reguliert er die Korngrößenzusammensetzung. Zugleich beeinflußt er u. a. den Gehalt an Protobitumen.

Zur Gliederung der Unterwasserböden und der aus ihnen hervorgehenden fossilen und subfossilen Gesteine kann man also den Verbrauchszustand des Bodenwassers benutzen. Dabei ist aber zu beachten, daß der Gehalt an freiem Sauerstoff außer von der ausschlaggebenden Sauerstoffzufuhr (Lüftung) durch Wasserbewegung auch noch abhängig ist vom Verbrauch, d. h. von der Art der Lebewelt und ihrer Besiedlungsdichte (= biologische Produktion) und damit wiederum von der Menge der zugeführten Nahrung.

Die von H. SCHMIDT (1935) entworfene bionomische Einteilung der fossilen Unterwasserböden gründet sich auf deren Eignung für benthonisches Tierleben. Böden mit stärkster Wassererneuerung (Lüftung) werden als „frisch“, solche mit größtem Sauerstoffmangel als „faul“ bezeichnet. Zwischen diesen beiden Extremen gibt es Übergänge, die ebenso wie die Merkmale des kennzeichnenden Benthos aus der in Tab. 8a dargestellten bionomischen Skala ersichtlich sind.

Tabelle 8a: Skala der bionomischen Einteilung der fossilen Unterwasserböden. Nach H. SCHMIDT, 1935

Lüftungs-zustand	1 (sehr gut)	2 (gut)	3 (genügend)	4 (mangelhaft)	5 (ungenügend)	6 (fehlend)
Benthos:	reich, vorwiegend festsitzend u. grabend	ziemlich reich, vorwiegend verankert	abnehmend, vorwiegend vagil	i. d. Minderheit gegenüber schwimmenden Tieren	spärlich, dünnschalig	fehlend
Sediment:	grobkörnig oder fehlend	Aufbereitung wechselnd, mit feinerem Korn	feinkörnig, ohne Aufbereitung	Schlamm, meist noch ohne Bitumen	Schlamm mit Bitumen u. Sulfid	Sapropel mit Sulfid
Beispiele:	Muschelsand	Muschelkalk	Pläner, Tegel	Schlier, hellfarbige Cephalopodengesteine	dunkle Cephalopodengesteine, bituminöse Schiefer	Ölschiefer
Sauerstoffprozente (geschätzt):	105—90		100—50	70—40	40—0	
Zustand des bodennahen Wassers:	frisch	frisch	halbfrisch	ruhig	faul	

V. Die allochthone Einbettung

1. Allgemeines

Das Wesentliche allochthoner Einbettung ist der vorherige Transport. Erfolgen die Bewegungen nur unter dem Einfluß der Schwerkraft und nicht in einem besonderen Transportmittel, so bezeichnet man sie als *Massenbewegungen*. Wir finden sie an abstürzenden, abrutschenden und abkriechenden Steilhängen und Felswänden. Ihre Intensität ist abhängig vom Gefälle der Sturz- oder Gleitbahn. Die dabei sich vollziehenden mechanischen Zerstörungen an den organischen Hartteilen der vernichteten und mitgerissenen Organismen ist im allgemeinen relativ gering und beschränkt sich fast nur auf Zertrümmerungen. Den Massenbewegungen (vgl. A. PENCK; W. C. CORRENS, 1939) steht der *Massentransport* gegenüber, der immer in einem besonderen, sich bewegenden Medium erfolgt. Als Transportmittel kommen vor allem in Frage: Wasser, Eis, Luft, Schlamm und Fließsand. Der Anteil der Schwerkraft kann hierbei außerordentlich klein sein.

Im Verlaufe des Transports vollzieht sich u. a.

a) eine mechanische Zerstörung,

b) eine mehr oder weniger weitgehende Sonderung und Sortierung.

Das Verdienst, auf die außerordentliche Bedeutung von Umlagerungsprozessen bei der Sedimentbildung im Flachmeer, wie überhaupt bei allen Sedimenten meerischen Bewegtwassers hingewiesen zu haben, gebührt R. RICHTER (1936, 1937). Auch bei Fossilien kann dabei eine Umlagerung erfolgen, die sich gegebenenfalls sehr, aber unüberprüfbar oft wiederholt, so daß für die in vielen paläontologischen Arbeiten vertretene Meinung, daß schlechte Erhaltung eines Fossils und Länge des Transportweges einander entsprechen, zutreffen mag. Indes kann auch eine gegebenenfalls noch stärkere Zerstörung an solchen Resten erfolgen, die an Ort und Stelle liegen bleiben (Abschliff durch die im Wasser bewegten feinen Sedimentteilchen usw.).

1. Sedimente dauernden Stillwassers	2. Sedimente dauernden Bewegtwassers
Keine Umlagerung, nur gleichmäßige, lückenlose Auflagerung. Bereits eine dünne Sedimenthaut bietet dem Fossil ausreichenden Schutz und gewährleistet — abgesehen von späteren Zerstörungen im Verlaufe der Diagenese — einen guten Erhaltungszustand. Die Sedimentationsgeschwindigkeit braucht darum keineswegs sehr groß zu sein.	Keine dauernde Auflagerung; alles wird schließlich wieder umgelagert. Hier kann in derselben Zeit ein Mehrfaches von dem unter der anhaltenden Sedimentation im Stillwasser gebildeten Sediment geschüttet werden, um dann aber bei extrem einsetzenden Umlagerungsbedingungen (z. B. einem heftigen Sturm) in kürzester Zeit wieder umgelagert zu werden. Schwankungen im Bewegungszustand des Wassers verändern laufend das Verhältnis zwischen Auflagerung und Umlagerung. Somit vermag auch eine dickere Sedimentdecke einem darin eingebetteten Fossil unter Umständen keinen dauernden Schutz zu gewähren. Mehrfache Umbettung der Fossilreste, oder wenn sie größer sind — Abgeschliffenwerden an Ort und Stelle durch das im Wasser bewegte, in Umlagerung begriffene Sedimentmaterial.
Im allgemeinen ist hier folglich ein recht guter Erhaltungszustand zu erwarten.	Im allgemeinen ist hier also ein sehr schlechter Erhaltungszustand mit kennzeichnenden Abnutzungsspuren zu erwarten, wenn nicht gänzliche Zerreibung und Zerstörung a) auf der Stelle, b) durch Verlagerung und Umbettung, c) Kombination beider Fälle erfolgt.

Nicht auf die Gesamtmenge der an einer bestimmten Stelle erfolgten Sedimentation kommt es allein an, sondern darauf, wieviel davon in einer bestimmten Zeiteinheit wieder verfrachtet, umgelagert und andernorts — vielleicht auch nur vorübergehend — sedimentiert wird (R. RICHTER, 1937). Ausschlaggebend ist allein das Verhältnis zwischen Aufschüttung und Umlagerung, das an einer bestimmten Stelle herrscht. Von ihm hängt im wesentlichen das Schicksal der Hartteile bei der allochthonen Einbettung ab. Betrachten wir hier nur die beiden extremsten Fälle.

2. Die Frachtsonderung

Während des Transportes erfolgt im mehr oder weniger großen Umfange eine Sonderung nach Größe, Schwere, Form, Gewicht und Widerstandsfähigkeit gegenüber chemischen und mechanischen Einwirkungen: Diese Art der Sonderung bezeichnet man als Frachtsonderung. Sie tritt neben:

a) die selektive Auslese durch den Tod infolge besonderer Vorgänge, wobei bestimmte Altersstadien und damit Größen einer oder mehrerer Arten absterben und eine mechanische Saigerung vortäuschen können;

b) die selektive Auslese durch diagenetische Prozesse nach der Einbettung.

Durch diagenetische Umwandlungen kann der Fossilinhalt eines Gesteins gänzlich oder teilweise (dann oft selektiv) zerstört und unkenntlich werden. Ein gutes Beispiel hierzu liefern die aus horniger oder chitiniger Substanz bestehenden Aptychen des Paläozoikums. Wie alle ähnlich zusammengesetzten Substanzen sind sie i. d. R. nur in den mehr oder weniger dunklen Kalken und Schiefern erhalten. Hier findet man sie meist auch mit den Ammonoideengehäusen vergesellschaftet. In den hellgefärbten Kalken gleichen Alters dagegen trifft man zwar die Gehäuse oft in großen Mengen, aber man findet nicht die zugehörigen Aptychen. Ursache dieser Sonderung ist hier nicht ein mechanischer, sondern ein diagenetischer Vorgang.

Daneben spielt die selektive Auslese durch nekrotische Vorgänge gelegentlich eine große Rolle. Hierzu folgende Beispiele:

a) E. WASMUND (1929) beobachtete an Sandstrandstellen des Bodensees im Vorfrühling, daß sich von einem Tage zum anderen eine lediglich aus zahlreichen, halberwachsenen *Limnaea stagnalis* und *Limnaea auricularia var. bodanica* bestehende allochthone Thanatocoenose gebildet hatte, obgleich die Schalendrift hier sonst sehr selten war und im allgemeinen nur zur Anschwemmung vereinzelter Schalen führte. Die Tiere wurden durch das tagsüber milde Klima des Vorfrühlings zu früh aus dem Schlamm gelockt und dann in den nachfolgenden Nächten durch Fröste abgetötet.

b) Ferner berichtet E. WASMUND (1929) von einem Spülsaum aus dichtgehäuften, toten Larven der Eintagsfliege, der sich im Frühjahr 1928 am Fuß eines kleinen Riffs auf einer Deltasandbank der neuen Rheinmündung am österreichischen Bodenseeufer gebildet hatte. Die nach Süden zu gelegene steile Kliffwand war während dieser Zeit mit lebenden Larven besetzt, die aus dem kühlen Wasser unter dem Einfluß des täglichen Föhnwindes und der Sonnenbestrahlung herausgekrochen waren. Sie wurden dann durch Nachtfröste abgetötet und reicherten sich in dem nach jeder Nacht weiterwachsenden Spülsaum an. — Die Ursache war also in beiden Fällen eine lokale meteorologische Katastrophe.

Auch durch autochthone Überdeckung von Ansiedlungen gleichalteriger und gleichgroßer Individuen derselben Art kann eine mechanische Sonderung vorgetäuscht werden.

Schon aus diesen Beispielen ist ersichtlich, wie vorsichtig man bei der Beurteilung von Fossilkonzentrationen sein muß, vor allem, wenn sie aus gleichgroßen Individuen oder gleichartigen Körperteilen derselben Art bestehen. In jedem Fall muß zum sicheren Nachweis mechanisch bedingter Sonderungen das Wirken der transportierenden Kräfte nachgewiesen werden.

Besonders eingehend wurde die Frachtsonderung bei den Muscheln untersucht, wo sie sich vor allem in einer Trennung der rechten und linken Klappe auswirkt. Betrachten wir zunächst die

a) Frachtsonderung bei ungleichklappigen Muscheln

Leicht erklärlich ist die Frachtsonderung dann, wenn die Wölbung und das Gewicht beider Klappen stark voneinander abweichen. Sehr deutlich wird dies etwa bei *Gervilleia (Hoernesia) socialis* aus dem Oberen Muschelkalk; eine Tatsache, die schon E. PHILIPPI (1912) aufgefallen ist.

b) Frachtsonderung bei gleichklappigen Muscheln

Der Unterschied hinsichtlich Form und Gewicht in der Ausbildung der rechten und linken Klappe kann bei verschiedenen Muschelarten außerordentlich groß sein. Bei gleichklappigen Heterodontiern und Schizodontiern ist im allgemeinen die rechte Klappe die schwerere, da sie meist kräftigere Schloßzähne trägt. Bei *Cardium edule* beläuft sich die Gewichtsdifferenz z. B. auf 0,72—4,38% (H. KLÄHN, 1932). Aber auch das spezifische Gewicht verschiedener Schalen gleicher Arten schwankt gelegentlich derart, daß ein Einfluß auf die frachtsondernden Vorgänge erwogen werden muß.

Die Bedeutung dieser Faktoren für die Frachtsonderung wird vielfach noch durch die Ankerwirkung der Schloßzähne oder Ligamentlöffel erhöht. So lassen sich die rechten, ankerlosen Klappen der Desmodontier leichter und weiter fortbewegen als die linken, die mit ihrem langen Ligamentlöffel den frachtenden Kräften einen größeren Widerstand entgegensetzen. Wird etwa eine Siedlung der Wattmuschel (*Mya arenaria*) durch Brandungswellen aufgearbeitet, so vollzieht sich nach R. RICHTER (1922) die Wanderung der Klappen in breiter Front zum Ufer. Bei flachgeneigtem Sandstrand liegen dann die löffeltragenden linken seewärts, die löffellosen rechten landwärts. Jeder Gürtel kann zwischen 10 und 50 m breit sein und besteht durchschnittlich zu 90% aus Klappen der einen Seite und nur zu etwa 10% aus solchen der anderen. Diese Beimischung anderer Klappen dürfte in den meisten Fällen durch eine näher gelegene Ausspülung von Desmodontierbeeten verursacht sein. Es können sich natürlich auch mehrere Wanderwellen übereinanderlegen, so daß ein, wenn auch nur vorübergehend falsches Bild entsteht. In Prielen geht die Verfrachtung mehr linienhaft vor sich, so daß sich, wie schon R. RICHTER (1922) erkannt hat, oft auf längere Strecken hin nur löffellose Klappen finden.

c) Der Einfluß der mechanischen Widerstandsfähigkeit auf die Frachtsonderung

Einen großen Einfluß besitzt die Widerstandsfähigkeit der in und auf dem Sediment verfrachteten Organismenreste gegenüber mechanischen Einwirkungen. Eine geringe Widerstandsfähigkeit kann bis zur gänzlichen Vernichtung führen. Aus diesem Grunde ist z. B. bei verschiedenen Muschelarten die eine der beiden Klappen lange Zeit gänzlich unbekannt geblieben. Zum Teil bildet sie auch heute noch eine Seltenheit, wie z. B. die rechte Klappe von *Velopecten albertii* aus dem Muschelkalk.

Das Vorkommen dünnschaliger, zarter oder leicht zerbrechlicher tierischer Hartteile, für die man eine Umbettung zusammen mit dem lockeren Nebengestein annehmen muß, gestattet somit gewisse Rückschlüsse auf die Größe des Transportweges. Nur widerstandsfähige Körper vermögen einen Transport in gröberem Sediment längere Zeit und auf relativ große Strecke zu überstehen. Mechanische Zertrümmerung und Abschliff wirken zerstörend ein und führen bei weniger widerstandsfähigen Resten bald zur Vernichtung. So weist das Vorkommen zarter und zerbrechlicher Neotomatenknochen in diluvialen Höhlen immer darauf hin, daß ein stärkerer und weiter gehender Transport nicht stattgefunden haben kann. Beobachtete Umbettungen sind dann i. d. R. nur lokaler Natur und gehen meist auf kurzfristige Überschwemmungen zurück. Entsprechendes gilt allgemein auch für zarte und zerbrechliche, allochthon eingebettete Molluskenreste.

3. Mechanisch bewirkte, vor der Einbettung entstandene Zerstörungen an den Hartteilen von Organismen

Die an den Hartteilen fossiler und rezenter Organismen zu beobachtenden Zerstörungen können biologischer oder rein anorganischer Natur sein. Die biologisch bedingten wurden S. 49, die durch anorganische chemische Auflösung bereits S. 46 behandelt. Es bleibt noch die Besprechung der durch anorganische Kräfte verursachten mechanischen Zerstörungen. Auch hier läßt das Zerstörungsbild mannigfache Rückschlüsse zu, insbesondere auf die Bedingungen unter denen die Sedimentation erfolgte. Eine genaue Analyse ist deshalb von Interesse. Dabei kommt es nicht nur auf die Art der Zerstörung an, sondern auch auf die Geschwindigkeit, mit der die einzelnen Phasen des Zerstörungsvorganges durchlaufen werden.

Infolge ihrer Häufigkeit sind auch hier die Hartteile von Mollusken am besten untersucht. Die an ihnen gewonnenen Resultate werden deshalb zunächst betrachtet. Sie besitzen bis zu einem gewissen Grade Allgemeingültigkeit.

Die auftretenden, rein mechanischen Zerstörungen lassen sich zurückführen auf:

Abschliff (Reibung)
Bruch (Zertrümmerung).

a) Allseitiger Abschliff

Betrachtet man das Zerstörungsbild der einzelnen, an der Zusammensetzung einer allochthonen Thanatocoenose, z. B. in einem Muschelspülsaum oder in einem Sandriff beteiligten Molluskenreste, so fällt einem sofort die Ungleichartigkeit der Erhaltung bei den verschiedenen Arten auf. Als Ursachen kommen in Frage:

a) die unterschiedliche Widerstandsfähigkeit der Schalen gegenüber chemischen, mechanischen und biologischen Angriffen,

b) die unterschiedliche Schwebfähigkeit.

Nach A. TAUBER (1942) erhält man die Schwebfähigkeit eines Körpers, indem man die in mm² ausgedrückte Oberfläche durch das vierfache, in g bestimmte Gewicht dividiert. Den Wert für die Oberfläche ermittelt man durch Abrollen auf Millimeterpapier und Abzählen der dabei bedeckten mm². In Tab. 9 wurden die so gewonnenen Kennzahlen für die Schwebfähigkeit der wichtigsten Nordseemuscheln zusammengestellt.

Tabelle 9: Ermittlung der Schwebfähigkeit bei den wichtigsten Nordseemuscheln. Nach A. TAUBER, 1942

Anzahl der untersuchten Exemplare	Art	durchschnittliche Oberfläche (O) in mm²	durchschnittliches Gewicht (G) in g	Kennzahl f. d. Schwebfähigkeit $\frac{O}{4G}$
12	*Cardium edule*	1930	2,85	169
8	*Mya arenaria*	7258	7,10	255
15	*Mytilus edulis*	1962	1,30	377
20	*Macoma baltica*	330	0,27	305

Entsprechend der größeren Schwebfähigkeit werden *Mytilus edulis* und *Macoma baltica* in einem bewegten Medium früher aufgewirbelt als *Cardium* und *Mya*. Diese beiden machen deshalb i. d. R. die Sandwanderung im Innern etwa eines Sandriffs mit, während *Mytilus* und *Macoma* über dem Sand in der turbulenten Zone schweben. Hieraus erklärt sich die bereits von H. KLÄHN (1932) erkannte Tatsache, daß *Cardium* und *Mya* meist starke Abschleifungsspuren zeigen, während sie bei *Mytilus* und *Macoma* nur selten zu beobachten sind.

Die unterschiedliche Schwebfähigkeit und Widerstandsfähigkeit der verschiedenen Körper ist die unmittelbare Ursache für das Ausmaß und die Art der an ihnen erfolgenden mechanischen, aber auch z. T. der biologischen Zerstörungen bei dem jeweiligen Bewegungszustand und der Art des Mediums.

Wenn man von biologischen Faktoren absieht, vollzieht sich die mechanische Zerstörung in groben Sedimenten (Kies, Geröll) hauptsächlich durch Zertrümmerung, in feineren, sandigen Ablagerungen (vor allem bei Korngrößen zwischen 0,5 bis 0,05 mm) im wesentlichen durch Abschliff. Neben dem Sand als solchen wirkt dabei auch der feine Muschelschill abschleifend. Die mechanische Wirkung von Partikeln der Schluff- und Tonfraktion ist dagegen sehr gering.

Allseitiger Abschliff erfolgt beim Transport im Innern mehr oder weniger intensiv durchbewegter Massen, vor allem in Sand und Schill, ferner beim Rollen über einen Untergrund, der durch seine Beschaffenheit abschleifend wirkt. Die erstere Art ist charakteristisch für die noch in Bewegung befindlichen submarinen Sandbänke und Großrippeln, die letztere vor allem für die Brandungszone. Sie vollzieht sich aber auch auf dem Festland, vor allem in Dünen- und Wüstengebieten.

Am Boden der seichten Sandgründe der Ostsee findet außerhalb der Sandriffzone nach

A. TAUBER (1942) i. d. R. nur ein geringfügiger Sandschliff statt, während mechanische Zertrümmerungen stark zurücktreten. Immerhin konnten sie aber bis in eine Tiefe von 20 m nachgewiesen werden.

Bei Molluskenresten wird durch den Abschliff das Periostrakum zerstört. Die Folge ist, daß die Auflösung der Schale sehr frühzeitig auch von außen her einsetzen kann (vgl. S. 125 ff.). Hierdurch werden alle Feinheiten der Oberfläche vernichtet. Bei Muscheln gehen die Skulptur und die hervorstehenden Schloßzähne verloren. Der Rand wird abgerundet. Ähnliches gilt auch für Schnecken- und Tetrabranchiatengehäuse.

Durch Abschliff werden die Teile stärkster Wölbung so dünn, daß sie einbrechen. Bei den turmförmigen Gastropoden bleibt schließlich meist nur noch die Spindel übrig, die durch weiteren Abschliff ebenfalls vergeht. Doppelklappige, dem allseitigen Schleifprozeß ausgesetzte Muschelreste zerfallen bald in ihre einzelnen Klappen. Abgesehen von der Zerstörung des Ligaments durch die Zersetzung der organischen Substanz, wird dasselbe allmählich gelockert, zerrissen, und soweit es äußerlich liegt, auch durchgeschliffen.

Genaue quantitative Untersuchungen über die Art, den Verlauf und die zeitliche Dauer der Aufarbeitung und mechanischen Zerstörung an Molluskenschalen wurden von H. KLÄHN (1932) durchgeführt. Danach vollzieht sich im allgemeinen bei kleineren Schalen eine prozentual geringere Aufarbeitung als bei den größeren. Die Verhältnisse liegen also gerade umgekehrt als bei der chemischen Anlösung, die mit kleiner werdender Korngröße ansteigt. Die Ursache besteht darin, daß bei den kleineren Formen die Schwebfähigkeit größer, die Sinkgeschwindigkeit aber geringer ist. Je größer die Schalen, um so stärker ist i. d. R. auch die Tendenz, am Boden und damit im Bereich des Abschliffs zu bleiben. Die Korrelation zwischen Aufarbeitung und Ausgangsgewicht kann aber auch negativ sein. Dies tritt dann ein, wenn bei bestimmten Arten die Schalendicke mit der Schalenlänge unverhältnismäßig stark anwächst.

b) Einseitiger Abschliff (Facettenbildung)

Neben oder an Stelle des allseitigen Abschliffs kann es zu einem einseitigen kommen. Die Folge sind Schliffflächen (Facetten), die je nach dem Mechanismus, durch den sie entstehen, eine ganz bestimmte Form, Lage und Beschaffenheit besitzen. Man kann Standfacetten, Rollfacetten und Gleitfacetten unterscheiden.

Standfacetten

(Sandschliffacetten im Sinne von A. PAPP, 1942)

Auf einer Sedimentoberfläche fest verankerte und mehr oder weniger weit über sie frei emporragende Hartteile von Organismen können durch ein darüber hinweg bewegtes, abschleifend wirkendes Mittel facettiert werden. Der Abschliff vollzieht sich hierbei in gleicher Weise, wie wir ihn bei den Gletscherschliffen und Windkantern kennen. Da die Facettierung am festliegenden, sich nicht bewegenden Körper erfolgt, kann man allgemein auch von Standfacetten sprechen, um sie von den anders entstehenden Roll- und Gleitfacetten zu unterscheiden.

Einseitige Strömung bewirkt eine einzige, in ihrer Richtung entsprechend orientierte Facette. Wechsel in der Bewegungsrichtung, respektive Veränderung in der Lage des Körpers verursachen mehrfache Facettierung.

Die durch einseitigen Abschliff entstehende Fläche kann zur Standfläche werden, wenn der Körper umgewendet wird. Auf der Gegenseite bildet sich dann eine zweite Facette, die zur ersten mehr oder weniger parallel läuft. Wird der Körper mehrfach verlagert und etwa zwischen Geröllen so eingeklemmt, daß jeweils andere Teile der Wölbung nach oben zeigen und dabei abgeschliffen werden, so kommt es zur Bildung mehrerer Facetten, die aber i. d. R. unter sich nicht parallel liegen.

Als tragendes Medium für das Schleifmittel kommen in der Natur an erster Stelle Wasser, Luft und Eis in Frage, als Schleifmittel ein mehr oder weniger grobkörniger Sand. Da unter Wasser die Verfrachtung ausreichend groben Materials nur in geringer Tiefe erfolgt, sind die Standfacetten besonders charakteristisch für Ablagerungen, die sich am Strand oder unter strandnahen Bedingungen bilden. Auf dem Lande sind sie vor allem in Dünengebieten zu erwarten. A. PAPP (1942) beschreibt sie von Wanderdünen an *Pisidium* und *Dreissensia*, die durch den Wind nach dort transportiert wurden.

Da sich der Abschliff nur in einem bewegten Medium vollziehen kann, erfolgt vorher i. d. R. eine Einkippung in die stabilste Lage (vgl. hierzu S. 85ff.). Die Bildung der Facette vollzieht sich dann auf der nach oben gekehrten Seite. Normale schüsselförmige Körper (Einzelklappen von Muscheln, Patellen u. a.) kippen auf die Schalenbasis, so daß die Wölbung nach oben zeigt; die turmförmigen Schnecken in der Mehrzahl der Fälle auf die Mündung und kegelförmige Körper (etwa *Trochus*-Arten), deren Basisdurchmesser größer ist als die Höhe, auf die Basis. Bei ihnen erfogt der Abschliff von der Kegelspitze her. Die Lage der Facetten ist also abhängig von der Form und Statik der zu facettierenden Körper.

Durch langandauernden und weit fortgeschrittenen Abschliff entstehen schließlich sehr zerbrechliche Restkörper, die bei schüsselförmigen Organismenresten (z. B. Einzelklappen von Muscheln, Patellen) ringförmige Gestalt besitzen (Facettenringe) und in diesem Zustand leicht unter Bruchschillbildung in einzelne Stücke zerbrechen. Fossile Beispiele verzeichnet O. PRATJE (1929) aus dem jungpliozänen Red Crag von Foxhall bei Ipswich und aus der Mediterranstufe des Wiener Beckens.

Sie lassen sich fossil nur dann sicher nachweisen, wenn die Schale erhalten geblieben ist, vornehmlich also in den tertiären und jüngeren Ablagerungen. In älteren Schichten besteht vor allem die Gefahr einer Verwechslung mit ähnlichen, durch die Ansammlung von Verwesungsgasen unter der Schalenwölbung entstandenen Vorkommen. An den Steinkernen von Muscheln zeigen sich dann Abplattungen. Im nicht oder nur wenig gesackten Gestein lassen sie sich indes auch bei völliger Vernichtung der Schale sicher erkennen, da dann der ehemals von den Gasen erfüllte Hohlraum noch erhalten ist. An Standfacetten, bei denen der Schliff zum Durchbruch geführt hat, reicht das Sediment gleichmäßig und ohne Unterbrechung durch die Öffnung.

Rollfacetten

Eine andere Art von Facetten entsteht, wie Versuche von H. KLÄHN (1932) zeigen, durch fortgesetztes und langanhaltendes Schütteln isolierter Muschelklappen mit Sand. Bei Anwendung von 10 cm³ Sand mit einer Korngröße zwischen 0,25—0,12 bzw. 0,12—0,02 mm, einer Tourenzahl von 106 Umdrehungen in der Minute und unter Zugabe von 100 cm³ dest. Wasser in den Behälter einer Schüttelmaschine, bildet sich nach einiger Zeit ein Loch in der Nähe des Wirbels. Das Ergebnis tritt aber nicht ein bei 90 Umdrehungen und bei Verwendung von Sandfraktionen, deren Korngrößen außerhalb der oben genannten Bereiche liegen. Dies ist darauf zurückzuführen, daß bei geringerer Tourenzahl die Schalen meist nur auf der Schalenbasis hin und her geschoben werden, während bei erhöhter Bewegung im zunehmenden Maße ein Überschlagen und Rollen hinzutritt. Da die Bewegung auf der Basis immer noch mitspielt, erfolgt neben der Facettenbildung ein Abschliff von der Basis her, der bei den bereits betrachteten Standfacetten i. d. R. fehlt. Der Schloßrand und die Schalenränder isolierter Einzelklappen von Muscheln werden also immer mehr oder weniger abgeschliffen und gerundet sein.

Da bei dieser Art der Facettenbildung das Rollen und Überschlagen der Körper ausschlaggebend ist, möchte ich die dabei entstehenden Facetten als Rollfacetten bezeichnen. Sie stehen den Stand- und Gleitfacetten gegenüber.

Ihr Auftreten in der Natur konnte häufig beobachtet werden. Hier finden sie sich entsprechend den bei den obigen Versuchen gewonnenen Befunden unter folgenden Bedingungen:

a) auf relativ grobsandigem Untergrund;

b) bei relativ starker Wasserbewegung, vor allem also in Strandnähe oder unter strandnahen Bedingungen;

c) besonders bei stark wechselnden Bewegungsverhältnissen, die ein Kippen und Rollen gewährleisten (Gezeitenwechsel, wechselnde Küstenströmungen).

Ähnliche, durch Rollen entstandene Facetten lassen sich nicht nur bei den Muscheln, sondern auch an anderen Molluskenschalen, insbesondere bei Schnecken nachweisen. Bei Muscheln treten sie indes am häufigsten und auffälligsten in Erscheinung. Und da hier die durch das Rollen bedingten Durchscheuerungen am Wirbel beginnen, hat sie O. PRATJE (1929) Wirbelfacetten genannt.

Gleichlaufend mit der eigentlichen Rollfacettenbildung vollzieht sich ein allseitiger Abschliff, durch den die Ränder und Kanten gerundet und die Skulpturierung verwischt werden. Bei Muscheln arbeitet der schleifende Sand allmählich von den zunächst runden Facetten seitlich gegen das Schloß vor und gibt ihnen eine mehr oder weniger hufeisenförmige Gestalt. So kann A. TAUBER (1942) gegenüberstellen:

a) Rundlochfacetten,

b) Hufeisenfacetten.

Die zur Bildung der Rollfacetten notwendigen Voraussetzungen finden wir vor allem verwirklicht am sandigen Gezeitenstrand. Hier treten die Facetten derart häufig auf, daß man auch den Namen „Gezeitenfacette" vorgeschlagen und aus ihrem massierten Vorkommen in fossilen Sedimenten auf Gezeitenwirkung geschlossen hat (vgl. KÜPER, 1933). Da sie aber auch an anderen Stellen vorkommen, wenn nur genügend starke Bewegung herrscht und eine entsprechende Unterlage zum Rollen vorhanden ist (vgl. A. PAPP, 1941; H. KLÄHN, 1932), dürfte der Name „Rollfacette" geeigneter sein.

Sie finden sich auch in gezeitenlosen Nebenmeeren (Ostsee, Adria, Schwarzes Meer u. a.). Hier werden sie vor allem durch wechselnde Küstenströmungen bewirkt, treten allerdings i. d. R. weniger häufig auf, als an den von starken Gezeitenströmungen betroffenen Küsten.

Nach A. PAPP (1941) dürfte ein Teil der an *Dreissensia* und *Pisidium* auf Wanderdünen beobachteten Wirbellöcher ebenfalls durch das Rollen der Schalen über den Sand entstanden sein. Somit wird die Entstehung von Rollfacetten auch auf dem Lande wahrscheinlich.

O. PRATJE (1929) führt sie fossil aus dem englischen Red Crag an, während sie im Mediterran des Wiener Beckens zu fehlen scheinen.

Die Stellung der Schliffebene zum Schalenrand ist abhängig von den Wölbungsverhältnissen des Körpers. Bei Muschelklappen ist der Winkel zwischen Schalenrand und Facette im allgemeinen groß und schwankt bei *Cardium edule* zwischen 30 und nahezu 90°. So konnte H. KLÄHN (1932) für nachstehende Versuchsbedingungen: 10 cm^3 Sand von 0,25—0,12 mm Korngröße, zugegebene Menge dest. Wassers 100 cm^3, Tourenzahl 106/Min., Länge der benutzten Cardienschalen 2,4—1,8 cm zeigen, daß sich nach 92-stündigem Schütteln in der Schüttelmaschine zunächst ein kleines Scheuerloch am Wirbel bildet. Dieses Loch vergrößert sich dann allmählich, ebenso wie der Winkel zwischen Facette und Schalenrand. Der Winkel erreicht nach ca. 160 Stunden einen Betrag von 50°. Bei kleineren Schalen dauert der ganze Vorgang länger.

Gleitfacetten

Eine weitere Art von Facetten, die sich durch den Mechanismus ihrer Entstehung von den bisher betrachteten unterscheidet, bildet sich dann, wenn Hartteile von Organismen gleitend über einen abschleifend wirkenden, vor allem grobsandigen Untergrund bewegt werden. Da der Abschliff durch ein Gleiten des Körpers bewirkt wird, möchte ich von Gleitfacetten sprechen.

Da sie nur in einem bewegten, strömenden Medium möglich sind, muß, wie bei den Standfacetten, zunächst eine Einkippung in die stabilste Lage, hier aber ohne vorherige Verankerung erfolgen. Im Gegensatz zu den Standfacetten vollzieht sich deshalb bei ihnen die Facettenbildung von der Einkippungsbasis her. Kegelförmige Körper, deren Höhe kleiner als der Basisdurchmesser ist, kippen auf die Basis ein und werden parallel zu ihr, oft bis zur Spitze abgeschliffen. Besonders charakteristisch finden wir solche Gleitfacetten an *Trochus* und ähnlichen Gehäusen. Bei diesen sind sie auch am frühesten bekannt geworden (B. v. FREYBERG, 1930). Faßt man das bisher über die Facettenbildung an gedrungen-kegelförmigen Gastropodengehäusen Gesagte zusammen, so kann man die in Tab. 10 ersichtlichen Arten verschiedener Facetten unterscheiden.

Tabelle 10: Die verschiedenen Arten der bei gedrungen-kegelförmigen Gastropodengehäusen möglichen Facetten

a) Gleitfacetten	b) Standfacetten	c) Paguridenfacetten
parallel zur Basis von der Mündungsseite her.	parallel zur Basis von der Spitze her.	etwas seitlich auf dem ältesten Umgang an der Mündungsseite, etwas höher als bei den Gleitfacetten im Anfangszustand.

c) Bruch (Zertrümmerung)

Die mechanische Zertrümmerung erfolgt, wenn man von biologischen Faktoren absieht, hauptsächlich durch grobe Bestandteile des Sediments, die schiebend, hüpfend oder rollend bewegt werden. Wir finden diese Art der Zertrümmerung deshalb vor allem in den Geröllbetten der Wasserläufe und am Geröll- und Kiesstrand des Meeres.

Soweit es nicht zur völligen Trennung der Bruchstücke, sondern nur zur Bildung von Sprüngen kommt, läßt sich leicht eine Übereinstimmung der natürlichen Vorkommen mit den künstlich durch Pressen erzeugten Druckfiguren an entsprechenden Körpern feststellen (vgl. hierzu auch S. 130ff.). Leider besteht meist keine Möglichkeit, die rein anorganisch entstandenen Zerbrechungen von den durch biologisch bedingte Faktoren (etwa durophage Tiere) erzeugten zu unterscheiden.

Während es bei den Zerstörungen durch Abschliff in erster Linie auf die Schleifhärte des Körpers ankommt, ist bei der Zertrümmerung die Festigkeit ausschlaggebend. Da bei den Mollusken, wie Versuche mit dem Druckfestigkeitsmesser zeigen, außerordentlich große Unterschiede in der Druckfestigkeit vorhanden sind, vollzieht sich in einem bestimmten Milieu im allgemeinen die Zertrümmerung auch in unterschiedlicher Weise. Sehr widerstandsfähige Muscheln zeigen dann etwa nur Absplitterungen an den Ecken und Kanten, während die übrigen bereits gänzlich zerbrochen sind.

Die von H. KLÄHN (1932) ausgeführten quantitativen Untersuchungen durch Schütteln von Muschelschalen mit Geröllen ergaben, daß hierbei die Aufarbeitung durch Scheuern nur eine relativ untergeordnete Rolle spielt. Infolge des großen Durchmessers der Gerölle ist keine einheitliche Reibfläche, wie etwa in den Sanden, vorhanden. Umgekehrt beginnt in sandigen oder ähnlichen Medien mit vorherrschendem Abschliff nach einer bestimmten Zeit ein Bruchprozeß. Er setzt dann ein, wenn die Schalen durch die fortschreitende Abscheuerung entsprechend dünn geworden sind und eine geringere Druckfestigkeit besitzen. Es bilden sich Längs- und Quersprünge, die schließlich zur Loslösung ganzer Stücke und somit auch hier zu Bruchschillbildung führen können.

Bei gewissen, meist dünnschaligen Muscheln mit ausgeprägten konzentrischen Anwachsstreifen kommt es zu einem Einbrechen der Wölbung entlang der Zuwachslinien. Es entstehen Ringe, die auf den ersten Blick große Ähnlichkeit mit den Standfacetten besitzen (Schein- oder Bruchfacetten).

4. Beispiel für die Auswertung des mechanischen Zerstörungsbildes zur Erkennung der Umweltbedingungen fossiler Faziesräume

Die mechanische Zerstörung vollzieht sich bei grobem Sediment (Kies, Geröll) hauptsächlich durch Zertrümmerung, bei feinerem, sandigen vor allem durch Schliff. Die mechanische Wirkung der schluffigen und tonigen Komponente ist dagegen praktisch Null.

Ein sehr instruktives Bild ergibt sich, wie die Untersuchungen A. TAUBERs (1942) zeigen, für die Gebiete des sandigen Litorals gezeitenloser Meere. Hier ist folgende Unterscheidung möglich.

a) Die eigentliche Strandzone: Sie kann als Sand-, Geröll- oder Blockstrand ausgebildet sein. Vor allem am Kies- und Blockstrand überwiegt die mechanische Zertrümmerung. Eine Saigerung der Reste nach Gewicht und Form findet nur am Sandstrand statt.

b) Die submarinen Sandbänke oder Sandriffe: Das Sediment befindet sich in anhaltender und tiefgreifender Umlagerung, die eine fortgesetzte Veränderung der Riffgestalt bedingt. Vor allem bei stärkerem Wellenschlag vergrößert sich die Turbulenz und wirbelt ständig Teile des Sediments regellos empor. Reicheres benthonisches Leben ist deshalb nicht möglich. Da der allseitige und flächenhafte Abschliff überall dort erfolgt, wo der anzuschleifende Körper die Bewegung im Inneren eines sandigen, sich rasch und tiefgründig umlagernden Mediums mitmacht, finden wir ihn vor allem hier. Ungeschliffen zeigt sich nur der Anteil der Fauna, der infolge seiner größeren Schwebfähigkeit die Sandwanderung im Inneren des Riffes nicht mitmacht, vor allem also die kleineren und jugendlichen Exemplare.

c) Die zwischengelagerten Rinnen: Das Sediment erfährt nur eine relativ geringe und oberflächliche Umlagerung mit den Strömungen.

Der verschiedenartige Schliffmechanismus in den submarinen Sandbänken und den ihnen vorgelagerten Rinnen führt zu einer unterschiedlichen Ausbildung der jeweils herrschenden Facettenform.

In den Rinnen vollzieht sich in erster Linie der einseitig gerichtete Abschliff unter Bildung rundlich angelegter Standfacetten. In den Sandriffen dagegen überwiegt der allseitige Abschliff und folglich die hufeisenförmige Facette (vgl. Tab. 11).

Tabelle 11: Der prozentuale Anteil rundlich und hufeisenförmig gestalteter Facetten bei *Cardium edule* in den Sandriffen und Rinnen des sandigen Litorals gezeitenloser Meere. Nach A. TAUBER, 1942

Ort	Anzahl der untersuchten *Cardium edule*	nicht facettiert	Rundlochfacetten	Hufeisenfacetten	Fazies-Raum
W-Darß	55	72%	7%	21%	I. Riff
	43	87%	13%	0%	I. Rinne
Saloniki	112	61%	9%	30%	I. Riff
	30	90%	8%	2%	I. Rinne

Das soeben Gesagte gilt zunächst nur für gezeitenlose Meere, jedoch dürften sich die Verhältnisse in den Gezeitenmeeren nicht wesentlich unterscheiden.

Die sich aus dem unterschiedlichen Zerstörungsbild in den Faziesräumen des sandigen Litorals ergebenden Gesetzmäßigkeiten lassen sich für die Erforschung vorzeitlicher Lebensräume auswerten. So handelt es sich nach A. TAUBER (1942) bei den Tortonsanden von Sos-Vöslau, von Nußdorf und Randau bei Wien und den Helvetsanden von Grund, wie der Erhaltungszustand der Molluskenschalen zeigt, um Rinnenablagerungen, bei den mittelpannonischen Sanden von Vösendorf-Siebenhirten aber um eine Sandriffbildung. Damit ergibt sich aber auch ein gewisser Anhalt für die Bildungstiefe. Sie dürfte etwa 10—15 m betragen haben.

5. Die geregelte Einbettung (Einkippung, Einsteuerung)

Die Bewegungsverhältnisse eines Mediums (z. B. Wasser, Eis, Luft, Schlamm oder Fließsand) vermögen sich Körpern mitzuteilen, die sich in ihm oder an der Grenzfläche zu einem anderen Medium befinden. Gerichtete Bewegung kann hierbei zu einer gleichsinnigen Orientierung führen. So werden langgestreckte Körper je nach ihrer Form und der Intensität der wirkenden Kräfte parallel oder vertikal zur herrschenden Strömungsrichtung gestellt. Das Verhalten hängt dabei nur von den jeweiligen mechanischen Gleichgewichts- und Rei-

Tabelle 12: Die verschiedenen Arten der Einregelung. Zusammengestellt vor allem nach R. RICHTER (1931)

<table>
<tr><td colspan="4">A. Die Einkippung:
Sie erfolgt dann, wenn ein Körper so um eine mehr oder weniger waagerechte Achse geschwenkt (gekippt) wird, daß er eine bestimmte (oben/unten) Lage einnimmt. Man kann dabei unterscheiden:</td></tr>
<tr><td colspan="2">1. Die „freie“ Einkippung:</td><td colspan="2">2. Die „gehemmte“ Einkippung:</td></tr>
<tr><td colspan="2">Sie vollzieht sich dann, wenn bewegliche Körper frei in einem Medium, unter der alleinigen Einwirkung von Formwiderstand, Schwerkraft und Auftrieb steigen oder fallen (sinken).
Beispiel: im Wasser zu Boden sinkende Muschelklappen.</td><td colspan="2">Sie erfolgt, wenn seitlich angreifende Kräfte von ausreichender Stärke auf Körper einwirken, die sich an der Grenzfläche zu einem Medium größerer Dichte befinden (z. B. auf dem Grunde von Gewässern).
Beispiel: die „gewölbt-oben“ eingebetteten schüsselförmigen Muschelklappen der Organismenpflaster.</td></tr>
<tr><td colspan="4">B. Die Einsteuerung:
Sie erfolgt, wenn Körper um eine vertikale Achse geschwenkt werden und dabei eine bestimmte (rechts/links) Lage innerhalb einer mehr oder weniger waagerechten Ebene einnehmen. Man kann unterscheiden:</td></tr>
<tr><td colspan="2">1. Die „eigengesetzliche“ Einsteuerung:</td><td colspan="2">2. Die „geankerte“ Einsteuerung (= Schwoien):</td></tr>
<tr><td colspan="2">Der unveranktere Körper wird durch den eigenen Formwiderstand eingesteuert. Der Formwiderstand ist entscheidend.</td><td colspan="2">Sie vollzieht sich an verankerten Körpern. Dabei kann der Ankerpunkt innerhalb oder außerhalb des Körpers liegen.</td></tr>
<tr><td>a) freitreibend</td><td>b) gehemmt</td><td>a) freiflutend</td><td>b) gehemmt</td></tr>
<tr><td>bei frei mit dem Medium bewegten Körpern.</td><td>bei grund- und bodenberührenden Körpern (am Orte oder rutschend).</td><td rowspan="2">bei angewachsenen oder hängengebliebenen Körpern.</td><td rowspan="2">bei grund- oder bodenberührenden Körpern (am Orte oder rutschend). Rutscht der Körper, so ist die sich an ihm vollziehende Einsteuerung solange hierher zu rechnen, als sie durch die Ankerung bestimmt wird.</td></tr>
<tr><td colspan="2">Schleppen:
Es erfolgt, wenn die Körper nicht vollständig etwa dem Grunde aufliegen. Dann entstehen Übergänge zwischen treibend und rutschend, also zwischen frei und gehemmt.</td></tr>
</table>

bungsverhältnissen ab und nicht von der ursprünglichen Lebendstellung, soweit es sich um Gebilde organischer Herkunft handelt.

Fossil fixiert und erhalten, gestatten sie Rückschlüsse auf Bewegungen, die sich in einem bestimmten Zeitpunkt der geologischen Vergangenheit abgespielt haben. Sie werden somit zum wichtigsten Mittel, rückläufig Aussagen über Wasserbewegung und Windrichtung zu gewinnen.

Andererseits vermögen sich Körper allein unter dem Einfluß von Schwerkraft und Formwiderstand beim Sinken oder Steigen in einem Medium in ganz bestimmter Weise anzuordnen.

Alle diese Vorgänge, die eine orientierte, gesetzmäßige Lage bewirken, bezeichnet man als Einregelungen.

Um den verschiedenen Möglichkeiten der Einregelung einen Rahmen zu geben, unterscheiden wir nachstehend mit R. RICHTER (1931) zwei Hauptgruppen: die Einkippung und die Einsteuerung. Innerhalb dieser beiden Gruppen lassen sich wiederum eine Anzahl von Untergruppen abtrennen. Die Definition derselben und die der Oberbegriffe ergibt sich ohne weitere Erläuterungen aus Tab. 12. Neu ist der Begriff „Schleppen".

Besonders eingehend wurden die Verhältnisse an Molluskenresten untersucht, die sich auf Grund ihrer Häufigkeit, guten Erhaltungsfähigkeit, sowie ihrer meist regelmäßigen und einfachen Gestalt hierfür in hervorragendem Maße eignen. Ganz allgemein lassen sich auf Grund der Form und des Verhaltens gegenüber der Einregelung verschiedene Kategorien von Körpern unterscheiden, von denen die nachstehenden auf ihre biostratonomische Aussagefähigkeit hin untersucht werden sollen:

a) schüsselförmige Körper,
b) kegelförmige Körper,
c) walzenförmige Körper,
d) Körper mit langgestreckten, leicht beweglichen und vorspringenden Körperteilen.

a) Die Einregelung schüsselförmiger Körper

Schüsselförmige Körper sind unter den erhaltungsfähigen Resten fossiler und rezenter Lebewesen nicht selten. Zu ihnen gehört vor allem das Heer der Muscheln und Brachiopoden, doch auch manche Schnecken, ferner die Panzer und Panzerteile vieler Arthropoden, so besonders der Trilobiten und Crustazeen. Bei den Brachiopoden und Muscheln sind i. d. R. nur die Einzelklappen schüsselförmig, bei gewissen konkav-konvexen oder plankonvexen Formen aber auch die Schale als Ganzes (z. B. bei vielen Strophomeniden).

Betrachten wir nun das Verhalten schüsselförmiger Körper bei den verschiedenen Möglichkeiten der Einkippung und der Einsteuerung.

Die Einkippung

Die Einkippung schüsselförmiger Körper und ihre Einbettung im Sediment wurden vor allem von R. RICHTER (1922, 1942) untersucht. Er beschränkte sich dabei auf die Verhältnisse in und unter Wasser. Einkippung kann aber auch in anderen Medien, z. B. unter Einwirkung bewegter Luft oder durch freien Fall in ihr entstehen. Sie ist auch denkbar in Medien mit größerer Konsistenz, z. B. im weichen Schlamm.

Während die „freie" Einkippung unter der bloßen Einwirkung des Formwiderstandes und der Schwerkraft erfolgt (sinkende Einzelklappen von Muscheln im Wasser, fallende Früchte im Wind, sinkende oder steigende Körper im Schlamm), vollzieht sich die „gehemmte Einkippung" nur bei Grund- oder Bodenberührung unter dem Einfluß seitlich wirkender Kräfte. Diese beiden Gruppen sollen nachstehend getrennt voneinander behandelt werden.

Betrachten wir zunächst die „freie“ Einkippung.

Frei im Wasser niedersinkende schüsselförmige Körper stellen sich, wie schon W. QUENSTEDT (1927) gezeigt hat, „gewölbt-unten“ ein. Entsprechendes gilt auch, wenn sie in der Luft zu Boden fallen. Geologisch sind jedoch die Verhältnisse im Wasser am wichtigsten. In ihm ist das freie Niedersinken und die damit verbundene „freie“ Einkippung in folgenden Fällen denkbar und nachgewiesen worden:

1. bei abgestorbenen und sich ablösenden schüsselförmigen Skelettelementen und Bestandteilen pseudoplanktonisch verfrachteter, im Tang angehefteter oder freilebender Organismen;
2. bei schüsselförmigen, vom Grunde aufgewirbelten und wieder niedersinkenden Körpern;
3. bei schüsselförmigen Körpern, die über die Kante eines im Strome stehenden, ihrer Größe entsprechenden Hindernisses hinweggetrieben werden und dann im Stillwasser auf der Leeseite niedersinken (Stillwasserfallen im Sinne von W. QUENSTEDT, 1927).

Stillwasserfallen entstehen dort, wo durch Hindernisse die Stromgeschwindigkeit örtlich fast ganz gedämpft wird. Sie finden sich z. B. hinter:

1. großen Geröllen und Organismenresten,
2. Unebenheiten des Grundes, etwa in den Wellentälern von Großrippeln. Vielleicht haben auch die Wellenkalkrücken B. v. FREYBERGs ähnlich gewirkt.

Experimentell wurden diese Verhältnisse durch K. LÜDERS (1929) an künstlichen Sandrücken im hydraulischen Gerinne nachgeprüft. Die dabei benutzten Einzelklappen von Muscheln wurden starken Strömungen ausgesetzt und durch sie über den Scheitel künstlich errichteter Sandrücken hinweggerissen (geworfen). Sie sanken dann im Stillwasser der Leeseite „gewölbt-unten“ nieder und blieben am Fuß und am leeseitigen Hang des Sandwalles z. T. in dieser Stellung liegen. Ähnliche Verhältnisse lassen sich auch in der Natur nachweisen, so z. B. an fossilen und rezenten Rippeln.

Während auf dem luvseitigen Hang die Muschelklappen fast ausnahmslos „gewölbt-oben“ liegen, finden sie sich auf der Leeseite bis in das Wellental hinunter auch in der umgekehrten Stellung. In dieser Lage überwiegen sie aber nur bei relativ hohen Hindernissen. In den übrigen Fällen wird der größte Teil der im Sinken „gewölbt-unten“ ankommenden Klappen durch leichte Wasserwalzen, die sich an der Luvseite bilden, umgekippt und in die stabilere Lage gebracht.

Weiter können wir die Stellung „gewölbt-unten“ beobachten im Stillwasserbereich der Tümpel, die sich hinter den Strandwällen bilden. Der Strandwall wirkt hier als Hindernis, über den die Einzelklappen durch die anrollenden Wogen hinweggeworfen werden. Die Muscheln sinken dann im Stillwasser frei nach unten.

Stillwasserfallen sind naturgemäß nur im Bewegtwasser möglich. Sie sind gekennzeichnet durch das Vorkommen „gewölbt-unten“ (in Sinklage) eingebetteter schüsselförmiger Körper in einem, durch das verursachende Hindernis bewirkten, eng begrenzten und durch seine Bindung an das Hindernis leicht erkennbaren Raum, ferner durch die meist dichtere Häufung der Schalenreste, die sich durch die Fallenwirkung erklären läßt. In der Umgebung liegen die Reste im allgemeinen lockerer und mit der Wölbung nach oben.

In dem Fall, bei dem die schüsselförmigen Körper durch Wasserbewegung vom Grunde aufgewirbelt werden und dann wieder niedersinken, werden sie jedoch durch das Bewegtwasser immer wieder in die stabilere Lage „gewölbt-oben“ gekippt. Zur Erhaltung schüsselförmiger Körper in dieser Stellung ist also gänzlich oder nahezu bewegungsloses Wasser Voraussetzung. Sie ist, außer in der Stillwasserfalle, nur noch denkbar, wenn schüsselförmige

Reste nektonischer, planktonischer, respektive pseudoplanktonisch verfrachteter Organismen oder solcher, die festgesponnen oder festgekittet im Tang leben, nach unten sinken und, wenn am Grunde Stillwasser herrscht. Vielleicht läßt sich so ein Teil der Massenvorkommen „gewölbt-unten" eingebetteter Einzelklappen von Muscheln und gewissen Brachiopoden erklären, wie z. B. die von *Inoceramus* aus dem norddeutschen Cenoman und Turon (vgl. BESCHOREN, 1926).

Während bei den normal schüsselförmigen Körpern die Einregelung „gewölbt-unten" die labilere Lage darstellt, gibt es andere, stärker gewölbte, bei denen das Gegenteil der Fall ist. Beide verhalten sich bei der freien Einkippung aber gleich. Die Labilität wirkt sich erst aus, wenn die Körper in der Sinklage „gewölbt-unten" am Grunde ankommen. Während die Stellung „gewölbt-unten" bei den normal schüsselförmigen Körpern nur im Stillwasser erhalten werden kann, wird sie i. d. R. bei den abweichenden Formen auch im Bewegtwasser überliefert. Auf diesen Fall soll aber erst bei der Besprechung der „gehemmten" Einkippung genauer eingegangen werden, der er zuzurechnen ist.

Nach der Behandlung der „freien" Einkippung im Wasser soll jetzt das entsprechende Verhalten schüsselförmiger Körper in einem weichen, nachgiebigen schlammigen oder sandigen Medium betrachtet werden. Während diese Art der Einkippung bei kegelförmigen Körpern (z. B. Schnecken) in der Natur sicher nachgewiesen und z. T. ausreichend geklärt ist, stehen entsprechende Beobachtungen bei schüsselförmigen Körpern noch aus. Vielleicht ist aber ein Teil der gelegentlich auftretenden Massenvorkommen „gewölbt-unten" eingebetteter Einzelklappen von Muscheln auf diese Weise zu deuten.

W. QUENSTEDT (1927) hat sich experimentell mit diesen Fragen beschäftigt und mit Hilfe von Einzelklappen verschiedener Muschelarten in Medien unterschiedlicher Konsistenz Versuche angestellt. Die hierbei benutzten Klappen nahmen dabei entweder nur beliebige Stellungen ein oder zeigten mit dem Wirbel nach unten. Letzteres Verhalten ist zweifellos eine Folge der Schwerpunktslage gegen das dickere Wirbelende zu.

In der freien Luft niedersinkende schüsselförmige Körper können sich ebenfalls mit der Wölbung nach unten einstellen. Diese Einregelung läßt sich z. B. bei vielen rezenten Pflanzensamen beobachten. Bei gewissen Pflanzen fallen auch die sich ablösenden Blätter mit einer bestimmten Seite voran zu Boden und können dort in dieser Lage eingebettet werden. Die Erscheinung dürfte besonders dann eintreten, wenn die Oberseite im Gegensatz zur Unterseite mit einer dicken, lederartigen Kutikula bedeckt ist und das ganze Blatt eine entsprechende schüsselförmige Wölbung zeigt. Die Schwerpunktverteilung ist dann so, daß die Blätter alle mit der Oberseite voran zu Boden gehen, gleichgültig, ob es sich um Luft oder ruhiges Wasser handelt. Entsprechendes konnte z. B. R. HUNGER (1939) bei einer *Myrica* aus der eozänen Blätterkohle des Zeitz-Weißenfelser Reviers nachweisen.

Betrachten wir nun die „gehemmte" Einkippung.

Schüsselförmige Körper, die sich gestaltlich der Kalotte nähern und „gewölbt-unten" dem Untergrunde aufliegen, werden unter dem Einfluß seitlich wirkender Kräfte dann gekippt, wenn diese eine hierfür ausreichende Stärke besitzen. Da diese Einkippung mit Berührung einer festen Unterlage erfolgt, bezeichnet man sie als „gehemmt". Sie kann durch die Einwirkung des Windes auf dem Lande erfolgen, in der Hauptsache tritt sie jedoch unter Wasser ein.

In Wasserablagerungen ist deshalb die Stellung „gewölbt-oben" eingekippter schüsselförmiger Körper eines der wichtigsten Kriterien zum Nachweis, daß ihre Bildung im Bewegtwasser erfolgte. Sie ist als der Hauptfall der Ablagerung schüsselförmiger Körper unter bewegtem Wasser zu betrachten (Einkippungsregel, R. RICHTER, 1942).

Während die soeben beschriebene Stellung „gewölbt-oben" sich bei den normal schüsselförmigen, d. h. sich der Kalotte nähernden Formen, als die stabilere zeigt, gibt es andere, die vom normalen Schüsselbau abweichen und bei denen das Gegenteil der Fall ist. Es handelt sich dabei immer um stark gewölbte Reste, bei denen die Form das statische Verhalten bedingt. Die Schwerpunktlage spielt eine geringere Rolle, da der Schwerpunkt im allgemeinen ziemlich hoch liegt. Bei ihnen zeigt die Richtung der größten Wölbung nach erfolgter Einkippung in die stabilere Stellung i. d. R. nach unten. Doch finden wir sie in extremer Ausbildung recht selten, häufiger als Übergangsform, wobei dann neben „gewölbt-oben" eingebetteten Schüsseln eine mehr oder weniger große Anzahl „gewölbt-unten" liegender auftritt, ohne daß letztere zu überwiegen brauchen. Diese Erscheinung trifft man vor allem bei ungleichklappigen Muscheln. Als verdächtig sind zunächst alle vom normalen Schüsselbau abweichenden Körper zu betrachten, bis man mit Hilfe anderer Kriterien das Verhalten sicher erkannt hat.

Einbettungslage und Lebendstellung können bei benthonisch-freilebenden Formen zusammenfallen. Lebensort, Todes- und Einbettungsort entsprechen sich dann, wenn sich Autochthonie der Reste nachweisen läßt. Handelt es sich dabei um vollständige, noch zweiklappige Muscheln und Brachiopoden, für die „gewölbt-unten" als Lebendstellung und als stabilere Lage anzunehmen ist, so lassen sich Rückschlüsse auf den Bewegungszustand des Wassers für die Zeit der Einbettung nur dann ziehen, wenn eine Einsteuerung erfolgt ist.

Isolierte Einzelklappen benthonisch-freilebender Formen weisen dagegen immer auf Bewegtwasser hin. Dies trifft besonders dann zu, wenn rechte und linke Klappen getrennt voneinander eingebettet wurden. Das gilt aber nicht nur für solche Formen, bei denen eine pseudoplanktonische oder nektonische Lebensweise erwiesen oder möglich ist. Nachstehend folgen nun einige Beispiele, für welche die Einbettungslage „gewölbt-oben" niemals oder nicht immer bei der gehemmten Einkippung auftritt.

1. *Gervilleia (Hoernesia) socialis* SCHL.: Bei ihr treten „gewölbt-unten" und „gewölbt-oben" eingebettete Exemplare nebeneinander auf. Zählungen im Oberen Muschelkalk von Thüringen ergaben durchschnittlich folgende Werte:

gewölbt-oben:	63,6 %
gewölbt-unten:	27,3 %
auf der Seite liegend:	9,1 %.

Als Ursache ist, wie schon B. v. FREYBERG (1921) festgestellt hat, der welliggebogene, auf- und absteigende Rand zu betrachten, dessen Unterstützungsfläche ungünstig zum Schwerpunkt liegt. Die Lebensweise ist noch strittig. Vermutlich handelt es sich um eine Tangform.

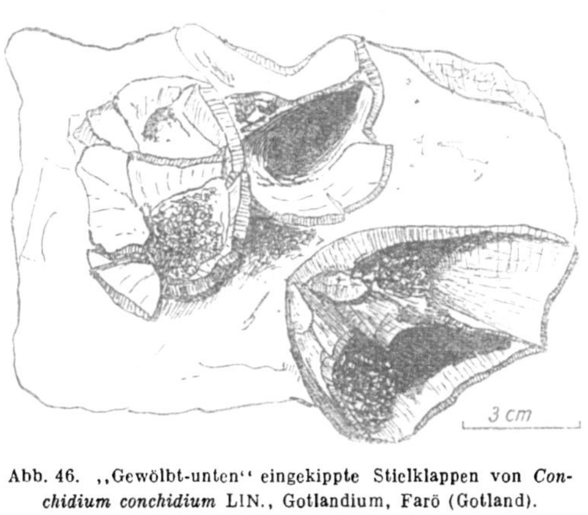

Abb. 46. „Gewölbt-unten" eingekippte Stielklappen von *Conchidium conchidium* LIN., Gotlandium, Farö (Gotland). Orig. Geol. Institut Greifswald.

2. *Pentameriden:* Bei vielen Pentameriden ist der Septalapparat in der Stielklappe außerordentlich verstärkt und als Ursache für eine ungewöhnlich tiefe Lage des Schwerpunktes zu betrachten. Isolierte Stielklappen solcher Formen finden sich deshalb überwiegend „gewölbt-unten" eingebettet, z. B. bei *Pentamerus borealis* aus dem Silur von Tamsal (Estland) und bei *Pentamerus knightii* aus dem Mittleren Ludlow von Shropshire (vgl. R. RICHTER, 1942). Ähnliches gilt auch für *Conchidium* (vgl. Abb. 46).

3. *Gryphaea arcuata*: Sie ist in ihrem Verhalten als nicht unbedingt sicher zu betrachten, da sie von R. RICHTER (1922) bei Schwäb. Gemünd auch überwiegend „gewölbt-oben" eingebettet gefunden wurde. Es dominiert jedoch bei weitem die mit der Lebendlage zusammenfallende Einbettungslage „gewölbt-unten". Die Muschel lebte frei am Boden liegend (F. ZEUNER, 1933).

   Nach M. PFANNENSTIEL (1930) kommt die aus dem Callovtonen des Steilufers von Houlgate (frz. Kanalküste) ausgewaschene *Gryphaea dilatata* im heutigen Strandsediment überwiegend „gewölbt-oben" vor, gleichgültig, ob mit oder ohne Deckel. Sie gehorcht also der Einbettungsregel. Im Anstehenden (Ton) liegen die Schalen alle „gewölbt-unten", d. h. in Lebendstellung.

4. *Exogyra columba*: Nach W. HÄNTZSCHEL (1924) findet sich diese Muschel im Cenoman-Quader bei Dresden vornehmlich „gewölbt-unten" (z. B. von 1275 Exemplaren 1147, d. h. 89,9%). Ganz vereinzelt liegen sie auch schief oder senkrecht im Gestein, was sich auf gegenseitige Behinderung bei der Schillbildung zurückführen läßt. Ähnliches berichtet R. RICHTER (1942) aus Schlesien. M. PFANNENSTIEL (1930) ist dagegen der Ansicht, daß es sich um unversehrte, autochthon eingebettete Siedlungen handelt.

Ist „gewölbt-oben" die Lebendlage, so kann eine Ablagerung und Einkippung im Bewegtwasser vorgetäuscht werden, obgleich durchaus Stillwasser, zumindest Wasser in einem Bewegungszustand vorgelegen hat, in dem eine Einkippung normalschüsselförmiger Körper nicht erfolgen konnte. Die andere Möglichkeit, mit der Stellung „gewölbt-oben" das wahre Hangende bestimmen zu können, wird hierdurch aber nicht berührt.

Die „gehemmte" Einkippung normalschüsselförmiger Körper in die Stellung „gewölbt-oben" wurde in der Praxis häufig mit Erfolg zur Klärung schwieriger stratigraphischer und tektonischer Probleme, insbesondere bei inverser Lagerung benutzt. So berichtet KREJCI-GRAF (1926, 1928) über ausgezeichnete Erfolge in den gestörten Erdölgebieten Rumäniens. SIMPSON (1940) konnte mit ihrer Hilfe Überkippungen in der SW-Eifel erkennen.

Die Einsteuerung

Die Einsteuerung schüsselförmiger Körper wurde vor allem von F. TRUSHEIM (1931) untersucht und experimentell ausgewertet. Seine Beobachtungen beziehen sich jedoch nur auf die Verhältnisse in und unter Wasser. Einsteuerung kann aber auch in anderen Medien, z. B. in der Luft erfolgen. Sie ist auch denkbar in Mitteln größerer Konsistenz, z. B. im weichen Schlamm. Voraussetzung dabei ist nur, daß sich die jeweiligen Medien in einer gerichteten Bewegung befinden, die sich einsteuernd (Schwenkung um eine senkrechte Achse) auf den schüsselförmigen Fremdkörper auszuwirken vermag.

Je nachdem, ob der Körper frei beweglich und die Einsteuerung nur unter dem Einfluß seines Formwiderstandes erfolgt, oder ob er an einem in oder außerhalb von ihm liegenden Punkt fest verankert ist, unterscheidet man „eigengesetzliche" oder „geankerte" Einsteuerung. Letztere wird nach einem Ausdruck von W. QUENSTEDT (1927) auch als „Schwoien" bezeichnet. Innerhalb dieser beiden Gruppen läßt sich nochmals trennen zwischen „freier" und „gehemmter" Einsteuerung, je nachdem, ob sich der Körper mitten im bewegten Medium befindet oder einem festen Untergrunde aufliegt.

Als Sonderfall der eigengesetzlichen Einsteuerung kann das „Schleppen" bezeichnet werden. Es erfolgt dann, wenn ein bewegter, unverankerter Körper nicht mit seiner ganzen Fläche dem Grunde aufliegt. Dann entstehen Übergänge zwischen „freier (= treibender)' und „gehemmter (= rutschender)", eigengesetzlicher Einsteuerung. Die „freie (= treibende)", eigengesetzliche und die „freie (= flutende)", geankerte Einsteuerung spielen naturgemäß in der geologischen Überlieferung keine Rolle. Bei der Luft und dem Wasser als Medium ist eine Erhaltung praktisch unmöglich, im bewegten, fließenden, schlammigen oder sandigen Medium durchaus denkbar, obgleich mir bisher keine Beispiele aus der Natur vorliegen.

Da bei der Einsteuerung lediglich die Stromlinienform, d. h. der Formwiderstand gegen das bewegte Medium maßgebend ist, erfolgt sie nur dann, wenn die Grundfläche des einzusteuernden Körpers mehr oder weniger stark von der Kreisform und der Längsschnitt von dem der Kalotte abweicht. Die Einsteuerung vollzieht sich um so leichter, je mehr der Längsschnitt des schüsselförmigen Körpers dem eines halbierten Tropfens (= Idealform des Stromlinienkörpers) nahe kommt.

Eigengesetzliche, freie Einsteuerung ist bisher geologisch noch nicht nachgewiesen worden. Möglicherweise tritt sie in terrestren Schlamm- und Fließsandströmen oder in submarin rutschenden Massen auf.

Die eigengesetzliche, gehemmte Einsteuerung findet sich dann, wenn der einzusteuernde Körper einem festen Untergrund aufliegt. Die an diesem auftretende Reibung wirkt verzögernd. Wie nun die genaueren Untersuchungen natürlicher schüsselförmiger Körper, besonders der Einzelklappen von Muscheln ergeben haben, wechselt die Art der Einsteuerung mitunter stark. So konnte F. TRUSHEIM (1931) auf Grund seiner Experimente im hydraulischen Gerinne nachweisen, daß schon die allerfeinsten, der Beobachtung schwer zugänglichen und bei der Fossilisation leicht verwischbaren Gestaltsunterschiede, sich außerordentlich stark auszuwirken vermögen. Zum Beispiel verhalten sich *Cardium echinatum* und *Cardium edule* einerseits und *Mactra corallina* und *Mactra solida* andererseits, wie ein Blick in Tab. 13 zeigt, völlig entgegengesetzt, obgleich sie jeweils Arten gleicher Gattungen darstellen. Glattfeilen des Randes, Vernichtung der Skulptur, Veränderung der Schwerpunktlage durch eingebettetes Plastelin führten nicht zur Klärung. Offenbar spielen hier ganz geringe, ohne weiteres nicht faßbare Gestaltungsunterschiede eine Rolle, die aber bei allen Altersstadien derartig ausgebildet sind, daß man die angeführten Spezies der gleichen Gattung mit Hilfe ihres Verhaltens bei der Einsteuerung im Strom voneinander zu trennen vermag (F. TRUSHEIM, 1931). Aus diesen Gründen ist eine Übertragung der am rezenten Material gewonnenen Ergebnisse auf die fossilen Verhältnisse gestaltlich ähnlicher Formen nur mit größter Vorsicht und nach Überprüfung an Hand anderer Kriterien möglich.

Bei der eigengesetzlichen, gehemmten Einsteuerung müssen wir zwei Fälle unterscheiden. Der erste bezieht sich auf schüsselförmige Körper in der Stellung „gewölbt-unten", der zweite auf solche mit der Lage „gewölbt-oben".

Bezüglich der „gewölbt-unten" gelagerten Körper läßt sich auf Grund von Beobachtungen im Experiment und in der Natur feststellen, daß immer das dickere Ende gegen den Strom gerichtet ist. Auf Einzelklappen von Muscheln übertragen, bedeutet dies, daß der Wirbel in den Strom zeigt. Derartig eingesteuerte Körper sind darum als eindeutige Stromrichtungsweiser zu betrachten. Anders verhält es sich bei den „gewölbt-oben" aufsitzenden. Bei ihnen zeigt zwar das dickere Ende meist in den Strom, doch findet sich, jedenfalls soweit es sich um natürliche Körper handelt, auch das oft völlig überraschende und unerklärliche entgegengesetzte Verhalten, wie wir es oben bereits erwähnt haben. Im einzelnen lassen sich die in Tab. 13 vereinigten Möglichkeiten der eigengesetzlichen, gehemmten Einsteuerung unterscheiden.

Zur eigengesetzlichen, gehemmten Einsteuerung ist eine bestimmte Stromgeschwindigkeit des einregelnden Mediums notwendig. Sie ist abhängig von der Form und dem Gewicht des einzusteuernden Körpers und dem Reibungswiderstand, den die Unterlage bietet.

Die Größenordnung läßt sich experimentell mit Hilfe natürlicher und künstlicher Probekörper im hydraulischen Gerinne bestimmen. Einige Werte, die F. TRUSHEIM (1931)

Tabelle 13: Die verschiedenen Arten eigengesetzlicher, gehemmter Einsteuerung bei Muscheleinzelklappen in der Lage „gewölbt-oben“

a) Verhalten im Hinblick auf den Wirbel indifferent	b) Wirbel als steilerer Schalenrand gegen den Strom gerichtet
Beispiele: 1. *Mytilus;* Längsachsen parallel zur Stromrichtung	Beispiele: 1. *Mya arenaria,* 2. *Mya truncata,* 3. *Tapes pallustra,* 4. *Tapes aureus,* 5. *Scrobicularia piperata,* 6. *Macoma baltica,* 7. *Donax vittatus,* 8. *Arctica islandica,* 9. *Petricola pholadiformis,* 10. *Cardium echinatum,* 11. *Mactra corallina atlantica* (Nach F. TRUSHEIM, 1931) 
c) Wirbel senkrecht zum Strom gerichtet	d) Wirbel als steilerer Schalenrand mit dem Strom gerichtet
Beispiele: 1. *Pecten* (Nach F. TRUSHEIM, 1931)	Beispiele: 1. *Cardium edule* 2. *Mactra solida* (Nach F. TRUSHEIM, 1931) 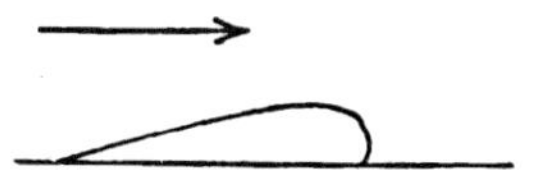

an Hand von Einzelklappen der wichtigsten rezenten Nordseemuscheln auf rauhem Zement im Fließgerinne der ehemaligen Wasserbauversuchsanstalt Wilhelmshaven ermittelt hat, wurden in Tab. 14 zusammengestellt. Diese Angaben beziehen sich allerdings nicht direkt auf die Geschwindigkeit im Augenblick der Einsteuerung, sondern auf den Zeitpunkt, in dem die Schalen gerade zu rutschen begannen. Beide Werte dürften aber, soweit es sich nicht um geankerte Einsteuerung handelt, bei der eine Fortbewegung erheblich höhere Strömungsgeschwindigkeit verlangt, nicht weit voneinander entfernt liegen und zumindest eine Abschätzung der Größenordnung ermöglichen.

Genaue Untersuchungen an verschieden gestalteten schüsselförmigen Körpern auf Untergrund unterschiedlicher Konsistenz und Beschaffenheit wären von großem Interesse. Eine entsprechende Einrichtung zur Erzielung genauer Werte steht derzeit leider nicht zur Verfügung.

Betrachten wir nun die geankert, gehemmte Einsteuerung schüsselförmiger Körper.

Schüsselförmige Körper mit Vorsprüngen, die über die Schüsselbasis mehr oder weniger weit nach unten ragen, legen sich i. d. R. auf geeignetem Sediment vor Anker. Unter der

Wirkung einseitiger Strömung schwoien sie um den als Anker wirkenden Vorsprung und zeigen so, wenn sie eingebettet werden, die Strömungsrichtung an, die vor Nachlassen der einsteuernden Bewegung des Mediums geherrscht hat. Der Anker ist immer gegen den Strom gerichtet.

Geankert, gehemmt eingesteuerte schüsselförmige Reste sind deshalb immer als eindeutige Stromrichtungsweiser zu betrachten.

Eingehend untersucht wurde diese Einsteuerung vor allem bei *Mya arenaria* (R. RICHTER, 1929). Ihre linke Klappe besitzt einen langen Ligamentlöffel, der senkrecht zur Schüsselbasis nach unten zeigt. An diesem Vorsprung legen sich die Klappen vor Anker und schwoien um ihn. Sie richten deshalb immer die steil abfallende Wirbelseite und nicht das breitgerundete Vorderende, wie an sich ohne Anker zu erwarten wäre, gegen den Strom.

Tabelle 14: Experimentell auf rauhem Zement im hydraulischen Gerinne ermittelte Stromgeschwindigkeiten, bei denen Einzelklappen der wichtigsten Nordseemuscheln auf dem Boden gerade zu rutschen beginnen. (Nach F. TRUSHEIM, 1931)

1. „gewölbt-oben" dem Boden aufsitzende Einzelklappen:	Stromgeschwindigkeit cm/sec
a) die leichtesten Klappen	30
b) stark abgeplattete, dem Strom wenig Widerstand bietende Klappen	35
c) schwerste und größte Klappen und merkwürdigerweise solche von *Cardium edule* und *Mactra solida*	40—45
d) löffeltragende, linke Klappen von *Mya arenaria*	40
e) ankerlose, rechte Klappen von *Mya arenaria*	30
2. „gewölbt-unten" dem Boden aufsitzende Einzelklappen:	**Stromgeschwindigkeit cm/sec**
a) leichte Klappen	25
b) schwerste und größte Klappen	40

Als Folge der Ankerwirkung vollzieht sich ferner häufig eine weitgehende Frachtsonderung (vgl. S. 77 f.). Schon auf dem harten Zementboden im Fließgerinne zeigt sich das unterschiedliche Verhalten (vgl. Tab. 14). Während die ankerlosen, rechten Klappen von *Mya arenaria* bereits bei 30 cm/sec zu rutschen beginnen, tritt dies bei den löffeltragenden linken erst bei 40 cm/sec ein. Im weichen Sediment, wo sich der Löffel eingraben kann, dürfte sich der Unterschied in der Beweglichkeit der beiden Klappen noch stärker auswirken. Bei der Untersuchung eingesteuerter schüsselförmiger Körper muß deshalb immer ermittelt werden, ob eine geankerte, gehemmte oder eine eigengesetzlich gehemmte Einsteuerung vorliegt. Eine genaue Untersuchung des Objekts wird aber wohl immer eine sichere Entscheidung ermöglichen.

b) Die Einregelung kegelförmiger Körper

Kegelförmige Körper sind unter den erhaltungsfähigen Resten fossiler und rezenter Lebewesen nicht selten. Zu ihnen gehören vor allem die Orthoceren, Tentaculiten, Volborthellen, Belemniten, Styliolinen, Conularien und das Heer der kegelförmigen Schnecken. Auch bei den Wirbeltieren lassen sich mühelos Beispiele finden.

Die Einsteuerung

Die Einsteuerung kegelförmiger Lebensreste in und unter Wasser wurde vor allem von F. TRUSHEIM (1931) untersucht. Sie kommt aber auch in anderen Medien vor, so in der Luft, im Schlamm und im Fließsand.

Auch hier kann man, wie schon bei den schüsselförmigen Körpern, eine „eigengesetzliche“ von einer „geankerten“ Einsteuerung unterscheiden. Wie dort, wirkt sich bei der eigengesetzlichen, freien Einsteuerung nur der Formwiderstand des Körpers aus. Dabei ist es gleichgültig, ob er hohl oder massiv ist. Er stellt sich, den Gesetzen der Stromlinienform gehorchend, mit der Kegelbasis gegen die Strömung.

Bei Luft und strömendem Wasser ist die Erhaltung dieser Einsteuerungsart praktisch unmöglich. Sie ist im Wasser nur dann zu erwarten, wenn die Strömung in dem Augenblick aussetzt, in dem der eigengesetzlich, frei eingesteuerte kegelförmige Körper den Boden berührt. Wirkt die Strömung danach noch weiter, so verändert sich die Lage. Die Einsteuerung erfolgt nicht mehr frei, sondern durch die Grundberührung gehemmt. Es gelten dann andere Gesetze.

Denkbar ist die Fixierung der freien und eigengesetzlichen Einsteuerung in schlammigen oder sandigen Medien, etwa von der Art der in Bewegung befindlichen Quicktone und Fließsande. Doch liegen hierüber bisher noch keine einschlägigen Beobachtungen vor. Möglich ist sie ferner noch im Gletschereis.

Wie K. RICHTER (1933) nachweisen konnte, bleiben die im Gletschereis erfolgenden Einregelungen auch nach dem Zusammenschmelzen der Schmutzbänder erhalten, ohne daß ein stärkeres Verstürzen eintritt. Wir finden aus diesem Grunde alle länglichen Körper, die sich frei und ohne Behinderung im Eise einsteuern konnten, in der gleichen Anordnung in der Grundmoräne wieder. Sie ist jedoch regelmäßig nur bei Stücken von Fingernagel- bis Handgröße zu erwarten, da größere Blöcke durch mehrere Scherpakete hindurchragen und dabei gewälzt werden können. Durch Einmessung der Längsachsen bekommt man eine völlige Übereinstimmung mit dem aus Glazialschrammen erhaltenen Richtungsmaximum und so eine wichtige Methode zur Bestimmung der lokalen Fließrichtung der zu den Grundmoränen gehörenden, verschiedenaltrigen Gletschervorstöße.

Und nun die eigengesetzliche, gehemmte Einsteuerung.

Im Gegensatz zur freien, eigengesetzlichen Einsteuerung, stellt sich ein eigengesetzlich, gehemmt eingesteuerter Kegel mit der Spitze gegen den Strom. Dies bedeutet, daß sich jetzt der Körper nicht mehr ausschließlich nach den bei der freien, eigengesetzlichen Einsteuerung herrschenden Gesetzmäßigkeiten richtet. Er wird vielmehr auf dem Untergrund im bewegten Medium gerollt. Dabei legt ein Punkt der Kegelbasis einen viel größeren Weg zurück als ein solcher in der Nähe der Spitze. Folglich stellt sich der Körper mit der Spitze gegen die Strömung.

Bei sehr starkem Strom werden die Kegel in dieser Stellung auf der Unterlage weggeschoben und bei noch stärkerem, infolge der Turbulenz regellos und wirr durcheinandergewirbelt. Während des Wegrutschens pendelt die Kegelbasis hin und her, eine Erscheinung, die mit dem Bestreben des Kegels zusammenhängen mag, sich entsprechend der Stromlinienform mit der Basis gegen den Strom (wie bei der freien, eigengesetzlichen Einsteuerung) einzustellen. Das Pendeln läßt sich eventuell noch in Form von Bewegungsmarken auf den Schichtflächen, vor allem feinkörniger Sedimente feststellen.

Die Einsteuerung erfordert eine bestimmte Stromgeschwindigkeit, die außer von der Form und Beschaffenheit des einzusteuernden Körpers, von der Konsistenz und Beschaffenheit des Untergrundes abhängt. Kennt man die in Frage kommenden Minimal- und Maximalwerte, die sich experimentell durch Versuche im hydraulischen Gerinne bestimmen lassen, so besitzt man zum mindesten einen Anhalt für die Größenordnung der Strömungsgeschwindigkeiten, unter denen in einem bestimmten Fall die gehemmte, eigengesetzliche Einsteuerung fossiler und rezenter kegelförmiger Körper erfolgt ist.

Nachstehend folgen einige Werte, die F. TRUSHEIM (1931) im Fließgerinne der ehemaligen Wasserbauversuchsanstalt Wilhelmshaven ermittelt hat. Sie beziehen sich auf die Stromgeschwindigkeiten, bei denen natürliche kegelförmige Körper aus neutraler Lage (= Längsachse senkrecht zur Strömungsrichtung) auf rauhem Zement eingeregelt wurden (Tab. 15).

Tabelle 15: Stromgeschwindigkeiten, bei denen natürliche kegelförmige Körper aus neutraler Lage (= Längsachse senkrecht zur Stromrichtung) eigengesetzlich, gehemmt auf rauhem Zement durch strömendes Wasser eingesteuert werden (cm/sec)

a) kleine und leichteste Formen	15—20
b) mittlere Formen	20—30
c) große Formen	30—40

Diese zur Einsteuerung notwendigen Stromgeschwindigkeiten steigen, wenn:

a) die Körper stärkere Skulptur aufweisen (= größere Reibungswiderstände am Untergrund),

b) die Kegel stark verlängert (= geringere Angriffsfläche) oder sehr groß sind (= höheres Gewicht).

Auf Grund der Experimente mit künstlichem Versuchsmaterial kann man die in der Tab. 16 zusammengestellten Gruppen natürlicher kegelförmiger Körper unterscheiden. In dieser Tabelle ist nur der Fall a) der gehemmten, eigengesetzlichen Einsteuerung zuzurechnen, die kugeligen Formen von c) erwiesen sich als indifferent, während b) und d) das Verhalten schüsselförmiger Körper zeigen. Sie werden eingekippt. Eine gleichzeitige Einsteuerung ließ sich bisher nicht beobachten.

Gehemmte, eigengesetzliche Einsteuerung erfolgt demnach nur bei solchen kegelförmigen Körpern, bei denen die Kegelhöhe den Durchmesser der Basis übertrifft und nirgends eine ins Gewicht fallende Abflachung oder Ebenenbildung am Kegelmantel festzustellen ist. Kegel, deren Höhe gleich oder kleiner als die Basis ist, werden auf die Basis eingekippt. Ist die Kegelhöhe aber extrem groß im Verhältnis zur Basis, handelt es sich also

Tabelle 16: Die bei der eigengesetzlichen Einregelung natürlicher kegelförmiger Körper zu unterscheidenden Gruppen mit unterschiedlichem Verhalten

a) reine Kegelform, Höhe $>$ als Basisdurchmesser	b) stumpfe Kegelform, Höhe $\leqslant$ Basisdurchmesser	c) stark der Ei- oder Kugelform genäherte Kegel	d) Kegel mit sehr breiter oder gefingerter Abplattung. Annäherung an die Mützen- und Ohrenform bei Schnecken
Kegelspitze zeigt gegen den Strom, gleichgültig, ob der Körper mit Luft, Wasser oder Sediment erfüllt ist, ob intakt oder z. T. durchlöchert	Einkippung auf die Basis als stabilste Lage	werden ohne Gesetzmäßigkeit gerollt; keine bevorzugte Einsteuerung	Einkippung auf die Mündung; gleichsinnige Orientierung der Spitzen bisher nirgends beobachtet
Beispiele: Turmschnecken, Tentaculiten, Volborthellen, Orthoceren, Belemniten, Conularien	Beispiele: *Trochus*, *Discina*	Beispiele: *Natica*, *Litorina*	Beispiele: *Murex*, *Buccinum*, *Purpura*, *Aporrhais*

um sehr langgestreckte, der Walze genäherte Formen, so erfolgt die gehemmte Einsteuerung mit Gleichrichtung der Kegelspitzen erst bei relativ hohen Stromgeschwindigkeiten. Vorher kommt es nur zu einer einfachen Parallelstellung, ohne diese Gleichrichtung.

Beispiele für gehemmt und eigengesetzlich eingesteuerte kegelförmige Körper organischer Herkunft sind, soweit die Einregelung unter Wasser erfolgte, in Gegenwart und Ver-

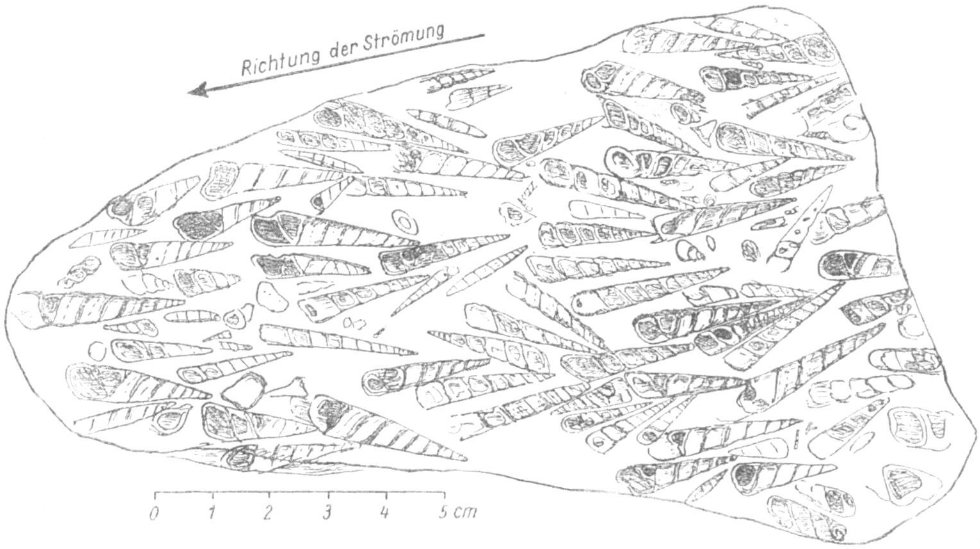

Abb. 47. Gehemmte, eigengesetzliche Einsteuerung kegelförmiger Körper. Turritellen auf einer Sandsteinplatte. Alttertiäres Diluvialgeschiebe von Rügen. — Orig. Geol. Institut Greifswald (vgl. S. v. BUBNOFF, 1941).

Abb. 48. Schnitt durch die in Abb. 47 dargestellte Sandsteinplatte parallel zur Einsteuerungsrichtung der auf der Schichtfläche liegenden Turritellen. Im unteren Teil wurden die Schnecken vertikal zur Bildfläche eingeregelt. Alttertiäres Diluvialgeschiebe von Rügen. — Orig. Geol. Institut Greifswald.

gangenheit nicht selten (vgl. Abb. 47 und 48). Sie wurde außer bei Turmschnecken (*Turritella*, *Scalaria*, *Nassa*, *Melania*, *Fusus*, *Cerithium*, *Potamides*, *Nerinea*, *Loxonema*, *Melanopsis* u. a.) beobachtet bei:

1. Tentaculiten (W. QUENSTEDT, 1927; F. TRUSHEIM, 1931; E. KINDLE, 1938)
2. Conularien (F. TRUSHEIM, 1931)
3. Volborthellen (ÖPIK, 1929; SCHINDEWOLF, 1928; KARPINSKY, 1903)
4. Orthoceren (W. QUENSTEDT, 1927; ÖPIK, 1929)
5. Belemniten (F. TRUSHEIM, 1931) u. a.

Weder in der Natur noch beim Experiment konnte jemals eine Lageveränderung der unter Wasserbedeckung einmal eingeregelten Reste während des Trockenfallens beobachtet werden (F. TRUSHEIM, 1931). Auf den fossilen Fall übertragen, liegt deshalb die Bedeutung eigengesetzlich, gehemmt eingesteuerter kegelförmiger Körper zur nachträglichen Ermittlung der Strömungsverhältnisse auf der Hand.

Zusammengefaßt läßt sich sagen:

Die eigengesetzliche, gehemmte Einsteuerung kegelförmiger Körper vollzieht sich unter dem Einfluß eines einseitig, mehr oder weniger in der Horizontalen bewegten Mediums. Sie erfolgt nur bei solchen Kegeln, deren Höhe den Durchmesser der Basis übertrifft und deren Mantel keine Abplattungen oder Verflachungen größeren Ausmaßes zeigt. Der Untergrund muß so beschaffen sein, daß die Körper ohne gegenseitige Behinderung im Strom ein und desselben Mediums rollen können. Dann zeigt die Kegelspitze gegen die Strömung. Sind diese Voraussetzungen erfüllt, lassen sich Angaben über die Strömungsrichtung und in gewissen Grenzen auch über die Strömungsgeschwindigkeit machen.

Besitzen kegelförmige Körper, die auf einer festen Unterlage ruhen, Vorsprünge, die als Anker gegenüber dem Untergrund wirken, so können sie durch ein strömendes Medium um den Ankerpunkt geschwenkt (geschwoit) werden. Geht dabei die Grundberührung nicht verloren, so spricht man von geankert, gehemmter Einsteuerung. Nur bei der „freien (= flutenden)“ Einsteuerung ist keine Grund- oder Bodenberührung vorhanden.

Maßgebend zur Bestimmung der Strömungsrichtung ist die Lage des Ankerpunktes. Er zeigt immer gegen den Strom. Beispiele sind vor allem bei den Schnecken mit vorspringenden Schalenteilen zu erwarten, die mehr oder weniger über den Kegelmantel hinausragen.

Die Einkippung

Unter der Einkippung eines Körpers verstanden wir das Kippen (Schwenken) um eine mehr oder weniger waagerechte Achse. Vollzieht sich dieser Vorgang frei und ohne Grund- oder Bodenberührung in einem Medium (Luft, Wasser; weichem, schlammigem oder sandigem Sediment) unter der bloßen Einwirkung des Formwiderstandes, der Schwerkraft und des Auftriebs, so spricht man von „freier“ Einkippung.

Der Natur der Sache nach, kann es sich bei kegelförmigen, mit der Längsachse ursprünglich horizontal liegenden Körpern nur um senkrechte Regelungen handeln, wie sie besonders beim Steigen oder Sinken in einem einheitlichen Medium auftreten. KREJCI-GRAF (1932) unterscheidet entsprechend Steig- und Sinkmarken. Auf unsere Fragestellung angewandt, ergibt sich daraus die in Tab. 17 aufgestellte Gruppierung.

Tabelle 17: Die Arten der freien Einkippung kegelförmiger Körper in einem einheitlichen Medium

a) Steigmarken:	b) Sinkmarken:
Die Auftriebskraft überwiegt. Steht eine der Konsistenz des Mediums entsprechende Steighöhe zur Verfügung, stellt sich der Kegel mit seiner Basis nach oben ein.	Die Schwerkraft überwiegt. Steht eine der Konsistenz des Mediums entsprechende Fallhöhe zur Verfügung, zeigt beim Sinken die Kegelbasis als die schwerere Seite nach unten.

Ganz allgemein betrachtet, handelt es sich bei der freien Einkippung um eine Einregelung nach dem kleinsten Querschnitt. Bei den Sinkmarken erfolgt sie im ausgeprägten Falle so, daß der schwere Basisteil des Kegels nach unten zeigt. Nur, wenn die Konsistenz des umgebenden Mediums zäh und die Fallhöhe zu gering ist, kommt es nicht dazu. Die Einkippung mit der Basis nach oben ist lediglich in der Schwimmlage und bei den Steigmarken zu beobachten. Hierzu müssen auch die Fälle gestellt werden, in denen nur eine Aufrichtung, aber kein Steigen erfolgt.

Fossile Beispiele frei eingekippter kegelförmiger Körper sind nur in solchen Sedimenten zu erwarten, deren ursprüngliche Konsistenz und Mächtigkeit die Einregelung zuließ. In manchen Fällen kann die Lebendlage mit der Einkippungslage übereinstimmen.

F. KLINGNER (1931) beschreibt das Vorkommen von Cerithien, die in einem schichtungslosen, feinkörnigen Sandstein des Sarmats von Wiesen (Burgenland) mit der Gehäusespitze nach unten eingebettet wurden. Er versucht, diese Erscheinung durch die Wirkung vertikaler Wasserwirbel (-kegel) zu erklären. Wahrscheinlich ist aber (vgl. KREJCI-GRAF, 1932), daß es sich um Einkippung in Schwimmsand handelt. Die Schneckengehäuse richteten sich auf und stiegen, als der Sand zum Schwimmsand wurde (vielleicht durch Zerfließen einer Sandbank oder durch subaquatische Rutschungen), im Sediment nach oben. In dieser Stellung wurden sie sodann durch den sich wieder setzenden Sand umschlossen und festgehalten.

Nach KREJCI-GRAF (1932) sind aber nur solche *Cerithium*-Arten schwimmfähig, die folgende Bedingungen erfüllen:

1. Die Gehäuse müssen leer sein;
2. eine kleine Mündung besitzen, deren Außenrand nicht verbreitert ist und
3. einen Gehäusewinkel von etwa 25° aufweisen.
4. Die Mündung muß verstopft sein; denn nur so ist eine Einkippung mit der Kegelbasis nach oben möglich.

Ein derartiger Verschluß erfolgt aber in der Regel nur, wenn das Tier erstickt. Dann tritt es weit aus dem Gehäuse hervor. Daraus kann man schließen, daß im obigen Beispiel die Tiere wahrscheinlich am Ufer übersandeten, dabei erstickten und austrockneten. Bei einer späteren Befeuchtung, etwa durch Wellen oder Windstau, wurde der Sand zu Schwimmsand, kam ins Fließen und verursachte so die Einkippung der Schneckengehäuse.

Die freie Einkippung als Sinkmarke läßt sich in der Natur vor allem in Tonschlamm beobachten. Dabei zeigt sich besonders deutlich, daß beim Versinken die Stellung, die den geringsten Widerstand bietet, eingenommen wird, wie dies ja auch häufig bei den Topfscherben zu beobachten ist, die an prähistorischen Fundstellen ausgegraben werden. Ein ähnliches Beispiel beschreibt KREJCI-GRAF (1932) aus dem Schlickwatt. Auf ihm wurde eine Menge Schutt abgeworfen (Gesteinsstücke, Ziegel, große Schneckengehäuse aus Küchenabfällen usw.). Hiervon kippten plattige Granitstücke und Ziegel auf die hohe Kante, die Schnecken mit der Spindelachse nach unten. Leider waren die Schneckengehäuse so zerbrochen, daß sich der mechanische Gegensatz zwischen Spitzen- und Mündungsteil nicht mehr auswirken konnte.

Von besonderer Bedeutung ist die durch Sinkvorgänge verursachte Einwanderung fremder Bestandteile in tiefere Lagen. Sie macht sich z. B. bereits bei prähistorischen Ausgrabungen störend bemerkbar, wenn rezente oder jüngere Topfscherben auf diese Weise in ältere Schichten gesunken sind. Sie muß auf jeden Fall berücksichtigt werden bei der Untersuchung geringmächtiger Lagen, die ein Gemenge verschiedener Zonenfossilien enthalten. Vielleicht kamen sie bei äußerst geringer Sedimentation in der richtigen Abfolge übereinander zur Ablagerung, wurden dann aber durch Sinkvorgänge vermischt.

Beispiele für die freie Einkippung kegelförmiger Körper durch Sinken im Wasser lassen sich nur dort erwarten, wo Stillwasser herrscht und sich eine ungestörte Einbettung des in der Kippstellung zu Boden gesunkenen Körpers vollzieht.

Die gehemmte Einkippung erfolgt bei Grund- und Bodenberührung unter der Einwirkung seitlich angreifender Kräfte an solchen kegelförmigen Körpern (vgl. Tab. 16), bei denen:

a) die Kegelhöhe kleiner ist als der Basisdurchmesser,
b) der Kegelmantel relativ breite Abplattungen zeigt.

Beispiele zu Fall a) liefern vor allem die Napfschnecken (Patellen), Disciniden und Trochiden. Eingekippte *Trochus*gehäuse können dabei auf ihrer Unterlage im Wasser solange hin und her bewegt und dabei abgeschliffen werden, daß nur noch die Spitze übrig bleibt (vgl. S. 83).

Beispiele zu Fall b) finden sich hauptsächlich unter den Schnecken mit breiter Mündung und mützen- bis ohrenförmiger Gestalt (*Murex*, *Buccinum*, *Purpura*, *Aporrhais* u. a.). Eine gleichzeitige Einsteuerung konnte bei ihnen bisher nicht beobachtet werden.

Bei den einkippbaren, vagil benthonischen Schnecken entsprechen sich in der Regel Einkippungslage und Lebendlage. Rückschlüsse auf Bewegtwasser, ohne Zuhilfenahme anderer Kriterien sind folglich bei ihnen nicht möglich, da unter Stillwasser in Lebendstellung eingebettete Reste Einkippungslagen vortäuschen können.

c) Die Einregelung walzenförmiger Körper

Längliche, walzenförmige Körper werden bei Grund- oder Bodenberührung unter dem Einfluß einseitiger Strömung mit der Längsachse quer zur Strömungsrichtung gerollt. Wir haben es dann mit der gehemmten, eigengesetzlichen Einsteuerung zu tun. Voraussetzung ist eine gleichmäßige Beschaffenheit der Unterlage und der Oberfläche des rollenden Körpers. Beides ist aber unter natürlichen Verhältnissen nur selten gewährleistet. Hier wirken die kleinen Unebenheiten des Untergrundes hemmend und ankernd auf den Körper, der sich schließlich durch die ungleichmäßige Reibung und die ankernde Wirkung dreht und mit seiner Längsachse mehr oder weniger parallel zur Strömung einstellt. Es handelt sich dann letzten Endes um einen Fall der geankerten, gehemmten Einsteuerung.

Im allgemeinen wird man unter den Bedingungen in der Natur beide Einregelungsarten nebeneinander auf Schichtflächen beobachten können. Dabei überwiegt aber in der Regel die geankerte, gehemmte Einsteuerung und somit die Einregelung parallel zur Strömungsrichtung. Der mengenmäßig zurücktretende Rest liegt mehr oder weniger vertikal hierzu.

Am Ufer von Gewässern erfolgt die Einregelung immer parallel zum Wasserrande, d. h. senkrecht zur Stoßrichtung des Wassers. Die strandenden Körper legen sich parallel zur Uferlinie, weil sie mit einem ihrer Enden anstoßen und sich dann einsteuern. Fossile und rezente Beispiele werden vor allem von Pflanzenresten geliefert (Ast- und Stammstücke, Häcksel).

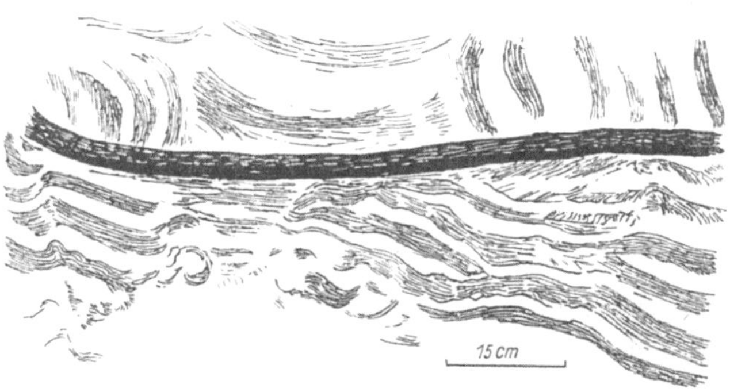

Abb. 49. Einregelung eines gestrandeten *Pleuromeia*-Stammes aus dem Mittleren Buntsandstein von Bernburg tangential zum Rippelverlauf und parallel zum Uferrand. Nach J. WEIGELT (1928).

Im Geologischen Institut Halle befindet sich z. B. eine bereits von J. WEIGELT (1928) beschriebene Platte aus dem Mittleren Buntsandstein von Bernburg. Die Oberfläche ist mit einem Rippelsystem bedeckt. In diesem liegt ein 96 cm langer *Pleuromeia*-Stamm, der tangential zum Rippelverlauf angedriftet und parallel zum naheliegenden Ufer eingeregelt wurde. Die Rippelmarken auf der Luvseite verlaufen nahezu parallel zum Pflanzenrest, nur auf der Leeseite stehen einige senkrecht. Sie wurden durch die um die Stammenden herumschlagenden Wasserwellen erzeugt (vgl. Abb. 49).

Bei Seesternen, die mehrfach nacheinander gekippt und dann unter dem Einfluß der Wasserströmung gerollt werden, erfolgt nach Untersuchungen von R. v. KOENIGSWALD (1930) nicht, wie man an sich erwarten müßte, eine Verknäulung der Arme um die Zentralscheibe. Vielmehr werden zwei Arme — der eine rechts, der andere links — um 90° gegen die Strömungsrichtung gestellt und die übrigen um diese und die Körperscheibe als Achse, zu einer Walze zusammengedreht. Sie wird in der Strömung wohl i. d. R. so gerollt, daß ihre Längsachse senkrecht zur Strömungsrichtung steht. Diese Wälzstellung ist als eine Steigerung der Kippstellung (vgl. unten) zu betrachten. Zwischen beiden kommen Übergänge vor. Die Wälzstellung kann leicht mit der Lage solcher Seesternkörper verwechselt werden, die unter der stoßenden Wirkung von Wellen gegen andere Seesterne oder sonstige Hindernisse gedrückt und dabei gestaut werden. Bei ihnen fehlt aber die durch das Rollen über dem Untergrund bewirkte Aufwicklung eines Teils der Arme um eine Längsachse, so daß sich die Stauformen von den Wälzformen bei genauerer Betrachtung wohl immer unterscheiden lassen.

d) Die Einregelung an Organismenkörpern mit langgestreckten, leicht beweglichen und vorspringenden Körperteilen

Dieser Gruppe sind zahlreiche Körper zuzurechnen, so besonders viele Wirbeltiere, Echinodermen (Asterozoen, Crinoiden) und pflanzliche Reste, soweit sie sich noch im Zusammenhang befinden.

Die Einkippung

Die Einkippung ist, wie aus Tab. 12 ersichtlich, eine Bewegung vertikaler Art, bei der sich Schwenkungen um mehr oder weniger horizontale Achsen vollziehen. Schöne Beispiele finden sich unter den eingeregelten fossilen Asterozoen. Bei ihnen hat man es dann mit gehemmter Einkippung zu tun, wenn sich einzelne Arme über die Körperscheibe legen. Je nach dem Ausmaß dieser Verlagerungen hat v. KOENIGSWALD (1930) im Bundenbacher Schiefer zwei Grade unterschieden, die man aber auch auf die anderen Vorkommen übertragen kann:

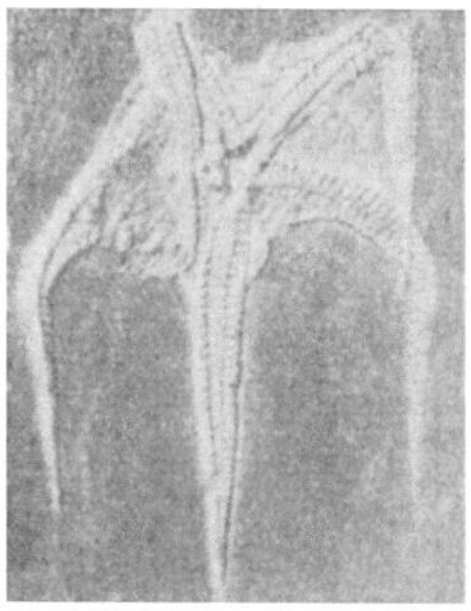

Abb. 50. *Aspidosoma* aus dem Bundenbacher Schiefer in beginnender Kippstellung. Nach R. v. KOENIGSWALD (1930).

a) „Beginnende Kippstellung“: Körperscheibe bleibt unbewegt. Einzelne Arme legen sich darüber (Abb. 50).

b) „Eigentliche Kippstellung“: außer den Armen wird auch die Körperscheibe in gleicher Richtung mitbewegt, ohne daß jedoch größere Ortsveränderungen erfolgen.

Am raschesten und unter relativ geringen Stromgeschwindigkeiten dürfte sich die Einkippung bei Asterozoen mit großer Körperscheibe (z. B. *Bundenbachia*) oder mit Schwimmhäuten zwischen den Armen (z. B. *Loriolaster*) vollzogen haben. Wurde bei stärker werdender Strömung der Körper mehrfach nacheinander gekippt und in der Strömung gerollt, so konnte daraus die bereits oben erwähnte Wälzstellung resultieren.

Die Einsteuerung

Die Lagerung und Verankerung von Körpern ist abhängig von der Standfläche, die sie bieten. Die der langgestreckten, leicht beweglichen und hervorspringenden Teile (wie Extremitäten, Fangarme, Schwanz- und Halsbildungen) ist im allgemeinen gering. Sie verlagern sich deshalb leicht unter dem Einfluß von Strömungen und biegen unter Parallelstellung in die Strömungsrichtung ein. Nicht selten schmiegen sie sich an besser verankerte

Teile an. Selbst wenn die mechanischen Umgruppierungen nur geringfügiger Art sind, bilden die gut verankerten Körperteile dabei eine Art Facette („Anspülen einer Facette"; vgl. J. WEIGELT, 1928). Wir haben es sodann mit der häufig auftretenden geankerten, gehemmten Einsteuerung zu tun.

Besonders stark werden auf diese Weise im Wasser liegende Vogelleichen beeinflußt. Hals, Oberarme und Beine biegen hierbei mit der Strömung ab. Rumpf, Schnabel und die Flügelenden liegen meist in gleicher Richtung. Ähnlich verhalten sich auch die Flugsaurier. Abb. 51 zeigt z. B. das Skelett eines *Dorygnathus banthensis* aus dem Solnhofener Plattenkalk. Die Verankerung erfolgte, wie i. d. R. auch bei den Vögeln, mit dem Schultergürtel. Schwanz, Flügel wurden seitlich geführt, der linke Femur aus dem bereits stark mazerierten Skelett gelöst. Er blieb zwischen den Zähnen hängen. Verschiedene Wirbel fehlen und dürften noch weiter verfrachtet worden sein. In Steigerung dieser Erscheinung werden mitunter die Einzelteile des völlig zerfallenen Körpers nebeneinander achsparallel eingesteuert. Man spricht dann von mechanischer Umgruppierung der Einzelteile einer Leiche unter Verwesungszerfall durch latente Wasserbewegung.

Abb. 51. *Dorygnathus banthensis* aus dem Solnhofener Plattenkalk mit gehemmt, geankert eingesteuerten, vorspringenden Körperteilen. Hals, Oberarme und Beine biegen in die Strömung ab. Nach C. WIMAN (1923).

Sehr deutlich wird die Facettenbildung auch an rochenartigen Fischen. Bei diesen stark abgeplatteten Formen ist die Standfläche des Körpers besonders groß, seine Lage dementsprechend stabil. Dies gilt aber nicht für den rutenförmigen Schwanz, der in die Strömungsrichtung einbiegen und sich dabei dem übrigen Körper fest anschmiegen kann (Abb.52).

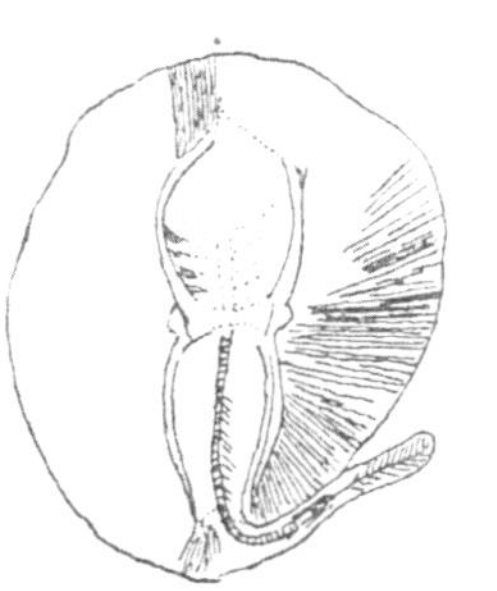

Abb. 52. *Urolophus crassicauda* BLAINV. mit geankert, gehemmt eingesteuertem Schwanz. Eozän von Monte Bolca. Nach O. JAEKEL (1894).

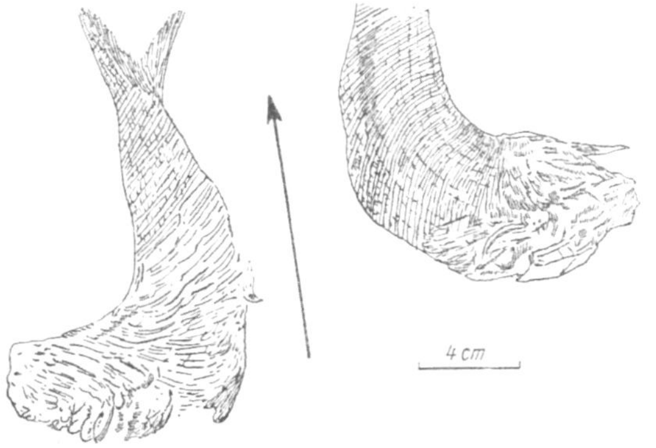

Abb. 53. Zwei *Palaeoniscus* aus dem Kupferschiefer von Mansfeld, deren Hinterkörper durch Wasserströmung geankert, gehemmt eingesteuert wurden. Die schwereren Vorderkörper wirkten als Anker. Nach J. WEIGELT (1928).

Bei den Fischen kann durch einseitige, quer zu ihrer Längserstreckung wirkende Strömung eine oft schon vorher vorhandene natürliche Krümmung des Körpers (vgl. S. 25) so verstärkt werden, daß Vorder- und Hinterkörper parallel zueinander verlaufen und der Kopf nach hinten zeigt. Das schwere Vorderstück muß dann fest verankert sein und bildet die „Facette" (Abb. 53). Man spricht auch vom Hakenbiegen der Fische. Es tritt bei den Ganoidfischen, wie WEIGELT (1928) nachweisen konnte, erst dann ein, wenn große Teile der Muskulatur zersetzt und der häutige Verband der Schuppenreihen, die ja den Faserkreuzungen des Coriums entsprechend angeordnet sind, gelockert ist. Die starke Dehnung kann dann auf der konvexen Seite zum Reißen der Hautverbindungen führen, so daß die dabei quer durchbrochenen Schuppenreihen allseitig längs der Trennungslinie divergieren. Bei der starken Biegung des Panzerschlauches vermag die Wirbelsäule häufig nicht zu folgen und springt aus der seitlich aufgeplatzten Haut hervor. Die Verbindung zum Kopf geht dann verloren. Er verbleibt am Panzerschlauch.

Eine Steigerung des Hakenbiegens kann schließlich zur Knickung der Wirbelsäule führen Nach B. v. FREYBERG vermag sie aber auch bei solchen Fischleichen einzutreten, die im Stillwasser in steiler Stellung und mit dem Kopf voran nach unten sinken, den Boden berühren und dabei mit dem Hinterende herumknicken. Geknickte Fische darf man also nicht als eindeutige Strömungsmarken betrachten. Beispiele aus dem Solnhofener Schiefer zeigt Abb. 54. Abb. 55 stellt einen *Palaeoniscus* aus dem Kupferschiefer dar, bei dem der Schwanz

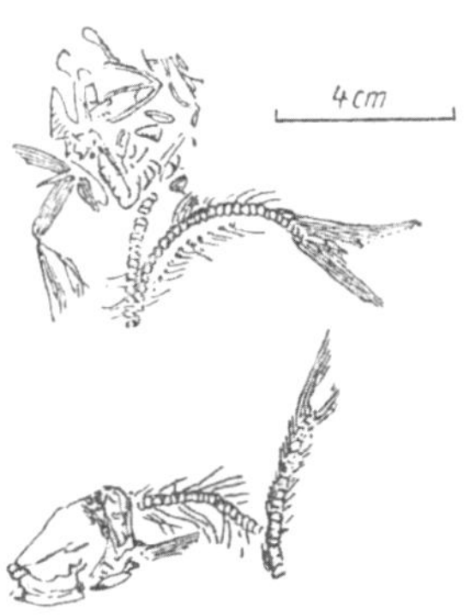

Abb. 54. *Leptolepis sprattiformis* AG. aus dem Solnhofener Plattenkalk, durch Wasserbewegung geknickt. Nach J. WEIGELT (1928).

Abb. 55. *Palaeoniscus* aus dem Kupferschiefer von Mansfeld. Der Schwanz wurde vollständig auf das vordere Körperende übergeschlagen. Nach W. LAATSCH (1931).

unter Knickung der Wirbelsäule vollständig auf das vordere Körperende übergeschlagen wurde. Dabei bildete sich an der Knickungsstelle eine Deformationswulst.

Bei den Asterozoen kann man dann von einer geankerten, gehemmten Einsteuerung sprechen, wenn bei festliegender Körperscheibe nur die Arme auf die Strömungen reagieren, ohne Bewegungen (Kippungen) um eine mehr oder weniger horizontale Achse auszuführen. Aber bereits, wenn sich Arme über den Körper legen, treten Bewegungskomponenten auf, die zu den Einkippungen gehören.

Im allgemeinen dürfte bei den Asterozoen die Einsteuerung bei geringeren Strömungsgeschwindigkeiten erfolgen als die Einkippung. Für die geankerte, gehemmte Einsteuerung konnte R. v. KOENIGSWALD (1930) auf Grund seiner Untersuchungen im Bundenbacher Schiefer eine Anzahl von Einregelungslagen unterscheiden. Sie lassen sich verallgemeinern und wurden in Tab. 18 zusammengestellt.

Von diesen Einbettungslagen sind b) bis d) ausschließlich auf die geankerte, gehemmte Einsteuerung zurückzuführen. Nur der Fall a), die dreizinkige Gabellage, kommt auch als Lebendlage vor. Wir finden sie als solche regelmäßig bei rezenten Ophiuroideen. So vollzieht sich z. B. die Fortbewegung von *Ophioderma longicauda* MÜLLER & TROSCHELT nach KLINGHARDT (1930) wie folgt:

Tabelle 18: Die verschiedenen Einregelungslagen der geankerten, gehemmten Einsteuerung bei Asterozoen mit langen, beweglichen Armen

a) dreizinkige Gabellage	b) vierzinkige Gabellage	c) Schirmlage (nach H. KLÄHN)	d) Quirllage
3 Arme in der Stromrichtung, 2 gegen den Strom. Diese Lage kann bei den Schlangensternen auch als Lebendstellung auftreten.	4 Arme in der Stromrichtung, nur einer genau gegen den Strom.	alle 5 Arme in die Stromrichtung umgelegt. Die Stellung ist am leichtesten bei Formen mit verhältnismäßig langen u. beweglichen Armen möglich, z. B. *Furcaster, Bundenbachia, Eoluidia, Geocomia* u. a. Sie ist kaum denkbar bei Formen mit kurzen, starken Armen (z. B. *Aspidosoma*) oder solchen mit Schwimmhäuten (z. B. *Loriolaster*).	Alle Arme quirlartig im gleichen Sinne zur Körperplatte abgebogen. Sie findet sich vor allem bei Formen mit langen, leicht beweglichen Armen (z. B. *Furcaster, Eoluidia*), mitunter jedoch auch bei solchen mit stärkeren Armen.

a) zwei Arme gehen paarig voran und suchen sich anzuklammern,
b) zwei Arme stützen seitlich nach hinten ab,
c) der restliche Arm liegt inaktiv zwischen den beiden abstützenden Armen.

Bei den in der dreizinkigen Gabellage eingebetteten fossilen Formen dürfte es sich aber in der Mehrzahl der Fälle um mechanisch überarbeitete Einbettungslagen handeln, wie dies z. B. aus Abb. 56 hervorgeht.

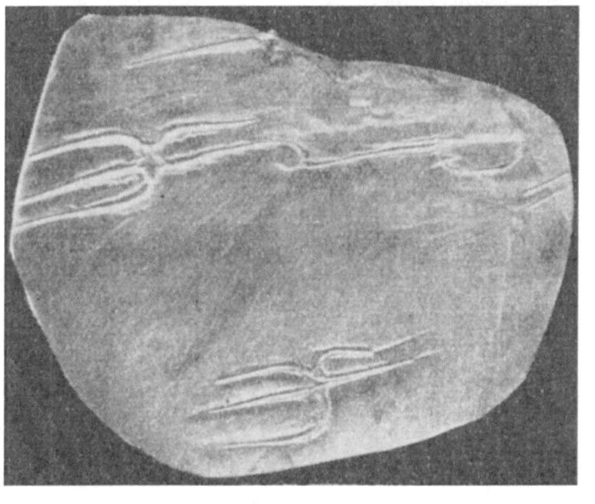

Abb. 56. Mehrere eingeregelte *Furcaster* in der dreizinkigen Gabellage. Bundenbacher Schiefer. Nach R. v. KOENIGSWALD (1930).

Im großen und ganzen wird man mit steigender Intensität der Strömung bei derselben Art eine direkte Reihe von der dreizinkigen Lebendlage mit schwachen Einsteuerungsmerkmalen über die vierzinkige Gabellage zur Schirmlage annehmen können, die dann schließlich bei noch weiterer Verstärkung der Strömung in die verschiedenen Kipplagen übergeht (vgl. S. 100). Darauf mag besonders die Beobachtung hinweisen, daß nebeneinander auf derselben Platte liegende Individuen gleicher Art im allgemeinen auch die gleiche Einregelungslage zeigen. Da aber das Ausmaß der Einregelung bei gleichen Strömungsgeschwindigkeiten abhängig ist von der Standfläche des als Anker dienenden Körperteils (hier also vornehmlich der Körperscheibe) und der Länge und Beweglichkeit der Arme, so dürften die Einregelungsarten bei den verschiedenen Formen nicht gleichen Strömungsintensitäten entsprechen.

Als eine besondere Art der Einsteuerung hat die Quirllage zu gelten, eine Einbettungsform, bei der die Arme alle gleichsinnig von der Körperscheibe abgebogen sind (Abb. 57). v. KOENIGSWALD (1930) beobachtete sie im Bundenbacher Schiefer vor allem bei *Furcaster* und *Eoluidia*, also Asterozoen mit langen, beweglichen Armen. Sie fehlen indes auch bei solchen mit weniger entwickelten Armen nicht ganz. Ebenso wie die wirbelförmige Anordnung der Skelettelemente zerfallender *Palaeoniscus*-Leichen aus Stillwasserbereichen des

Kupferschiefermeeres, dürfte diese Einbettungslage auf die Einwirkung schwacher Wasser strudel zurückzuführen sein und damit Rückschlüsse auf die Bildung des Nebengesteins unter relativ geringer Wasserbedeckung gestatten.

Bleibt der Zusammenhang zwischen Wurzel, Stiel und Krone bei langstieligen, sessilen Crinoiden erhalten, so erfolgt unter strömendem Wasser eine geankerte, gehemmte Einsteuerung in die Richtung der Wasserbewegung. Dabei eintretende Zerreißungen und gleichsinnige Verlagerungen weisen eventuell auf einen graduell höheren Bewegungszustand hin. Relativ schwache, einseitige Strömung bewirkt bei zunächst vorwiegend wirrer und ungeregelter Lage eine beginnende Orientierung, die bei Zunahme der Strömungsintensität allmählich deutlicher wird und schließlich zu einer ausgesprochenen Parallellagerung benachbarter Exemplare derart führt, daß die Stiele straff und gerade ausgestreckt nebeneinander liegen. Das Vorkommen regellos verknäulter Formen im Posidonienschiefer weist ebenso wie andere Kriterien auf ruhige Wasserverhältnisse, die gleichsinnige Parallellagerung auf das gelegentliche Auftreten einseitig gerichteter Strömung hin. Entsprechendes gilt auch für den Bundenbacher Schiefer.

Abb. 57. *Furcaster* aus dem Bundenbacher Schiefer in Quirllage. — Nach R. v. KOENIGSWALD (1930).

Abb. 58. Diptere aus dem Bernstein. Ablösung und freie, eigengesetzliche Einsteuerung der Beine im Harzstrom? Vergr. 1:4. Nach A. BACHOFEN-ECHT (1929).

Fossile Beispiele, die vielleicht zu der freien, eigengesetzlichen Einsteuerung gestellt werden können, liegen bisher nur aus dem Bernstein vor. Die in ihm eingeschlossenen Insektenreste wurden wohl mitunter durch das fließende Harz zerrissen. Möglicherweise erfolgte dabei eine Verlagerung, insbesondere der Beine vom Körper hinweg unter gleichzeitiger Einregelung (vgl. Abb. 58). Die Zerreißungen vollzogen sich i. d. R. an den Gelenken als den Stellen geringsten Widerstandes.

6. Der Nachweis kurzfristig aufeinanderfolgender Strömungen unterschiedlicher Richtung

Die Analyse der Einbettungslagen gestattet mitunter die Feststellung, ob langandauernde und gleichmäßige oder kurzfristig schwankende Strömungen zugrunde liegen. Langandauernde Strömungen kennzeichnen vor allem marine Ablagerungen größerer Tiefe, in denen sich i. d. R. Wellenschlag und Witterungseinflüsse nicht mehr auszuwirken vermögen. Kurzfristig in ihrer Richtung sich ändernde Strömungen sind dagegen für flachere Meeresteile charakteristisch und verdanken ihre Entstehung letzten Endes Temperaturschwankungen und soweit vorhanden, Gezeitenbewegungen. Eine große Rolle spielt das Wetter. Kurzfristiger Wechsel von Windrichtung und Einstrahlung wirken sich auf die Strömungsverhältnisse oft stark aus.

Die kurzfristige Aufeinanderfolge von Wasserströmungen verschiedener Richtung am gleichen Ort läßt sich nachweisen, wenn

a) Schichtflächen, die nur durch rasch sedimentierte, geringmächtige Zwischenlagen getrennt sind, unterschiedliche Einsteuerungsrichtungen zeigen;

b) sich an Körperteilen ein und desselben Individuums der Einfluß verschiedener Strömungsrichtungen nachweisen läßt;

c) auf der gleichen Schichtfläche übereinanderliegende Reste eine unterschiedliche Einsteuerung zeigen, wobei die der unteren gewöhnlich durch die späteren Strömungsverhältnisse verwischt und verändert, aber nicht unkenntlich geworden ist.

Einbettungslagen, die durch das Wirken verschiedener und kurzfristig aufeinanderfolgender Strömungsrichtungen entstehen, beweisen i. d. R. die Bildung unter flachen Wasserverhältnissen. Solche, die auf langanhaltende und gleichmäßige Strömungen zurückzuführen sind, weisen auf die Möglichkeit hin, daß Ablagerungen größerer Tiefe vorliegen. Eindeutige Feststellung ist natürlich nicht möglich, solange man nur die Einbettungslagen berücksichtigt, da solche Strömungen auch unter flachen Wasserverhältnissen denkbar sind.

Abb. 59 zeigt ein Handstück des Gaspé-Sandsteins. Zwei aufeinanderfolgende Schichtflächen sind mit zahlreichen *Tentaculites carteri* CLARKE bedeckt, die durch strömendes Wasser in je einer bestimmten, untereinander aber verschiedenen Richtung eigengesetzlich, gehemmt eingesteuert wurden. Die Ablagerung dürfte in relativ kurzer Zeit erfolgt sein, da es sich um Sandstein handelt und Anzeichen, die für längere Sedimentationsunterbrechung sprechen, fehlen (Fall a).

Abb. 59. Eigengesetzlich, gehemmt eingesteuerte Tentakuliten (*Tentaculites carteri* CLARKE).
Die Einregelung erfolgte in zwei aufeinanderfolgenden Schichtflächen durch strömendes Wasser in je einer bestimmten, untereinander aber verschiedenen Richtung. Gaspé-Sandstein. Gaspé-County, Quebec. — Nach E. M. KINDLE (1938).

Sehr schöne Beispiele für Einregelungslagen, die durch den Einfluß verschiedener Strömungen unterschiedlicher Richtung am gleichen Körper entstanden sind (Fall b), beschreibt R. v. KOENIGSWALD (1930) aus dem Bundenbacher Schiefer. Sie lassen sich hier besonders deutlich an Seelilien (etwa *Triacrinus*) beobachten. *Triacrinus* besitzt lange, starre Arme, die bei einseitig gehemmter Einsteuerung eng aneinandergelegt werden, so daß der Kelch wie gestreckt erscheint. Kentert dann der Strom, und wirkt er, um 180° geschwenkt, von vorn auf die Krone ein, so werden die Arme weit auseinandergedrückt (Abb. 60). Durch dieses Auseinanderweichen der Arme verstärkt sich der Strömungsdruck nicht selten derart, daß der Stiel dicht unter dem Kelch geknickt wird. Auch einzelne Arme erleiden bei ihrer Starrheit dasselbe Schicksal.

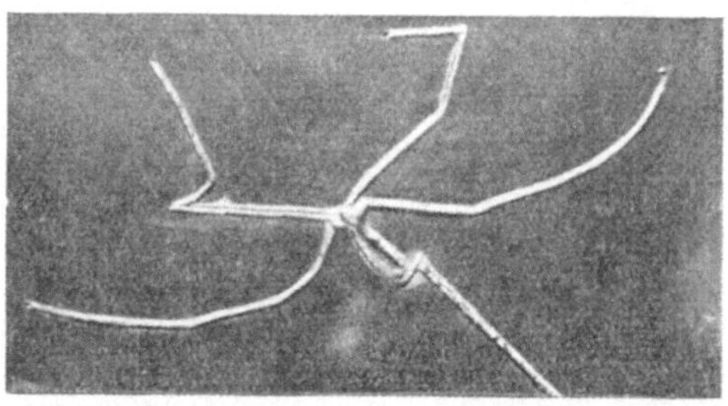

Abb. 60. *Triacrinus* aus dem Bundenbacher Schiefer. Die Krone wurde durch strömendes Wasser auseinandergedrückt, der Stiel und die Arme geknickt. — Nach R. v. KOENIGSWALD (1930).

Das Nacheinander verschiedener Strömungsrichtungen läßt sich mitunter sehr schön auch an den gegensinnig umgeschlagenen Armenden fossiler Asterozoen erkennen (Abb. 62).

Besonders deutlich wird der Wechsel in der Strömungsrichtung dort, wo verschiedene Fossillagen auf der gleichen Schichtfläche übereinander zu einer geregelten Ablagerung gekommen sind (Fall c). Die Einregelungsrichtungen können bis zu 180° voneinander abweichen. Es tritt dann gewöhnlich der Fall ein, daß die Reste der unteren Fossillage, die von der zunächst herrschenden Strömung eingeregelt wurden, durch die spätere eine Beeinflussung erfahren, ohne indes die ursprüngliche Einsteuerung gänzlich zu verlieren (Abb. 63).

In den Graptolithenschiefern überschneiden sich mitunter mehrere Systeme (meist aber nur zwei) achsenparallel eingeregelter Graptolithen unter Einhaltung konstanter Winkel.

Kurzfristig aufeinanderfolgende Strömungsänderungen von 180°, also das Vorhandensein von Strom und Gegenstrom, lassen an Gezeitenbewegungen denken. Sie können zum Nachweis von Gezeiten in den einzelnen Formationen der erdgeschichtlichen Vergangenheit noch eine große Bedeutung erlangen.

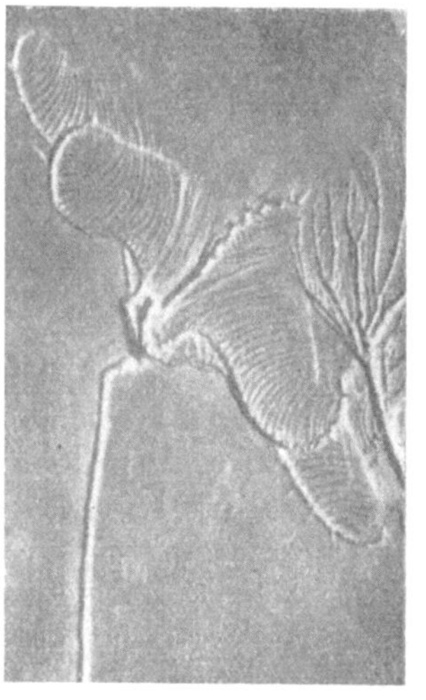

Abb. 61. *Agraocrinus* aus dem Bundenbacher Schiefer. Die Krone wurde durch Strömung auseinandergebreitet, der Stiel dicht unter dem Kelch geknickt. Nach R. v. KOENIGSWALD (1930).

Einen interessanten Fall, der die Erkennung wechselnder Wasserströmung in noch anderer Weise ermöglicht, beschreibt J. WEIGELT (1930). Ein von Köthen stammendes Diluvialgeschiebe ist mit Rippeln bedeckt. Die Wellentäler zeigen sich mit Monograpten erfüllt, die Wellenberge dagegen sind völlig frei. Mit ganz wenigen Ausnahmen liegen die Graptolithen aber nicht in der Längsachse der Furchensysteme, sondern quer oder diagonal zu ihnen. Man kann daraus schließen, daß die Rippeln bei Flut oder jedenfalls höherem

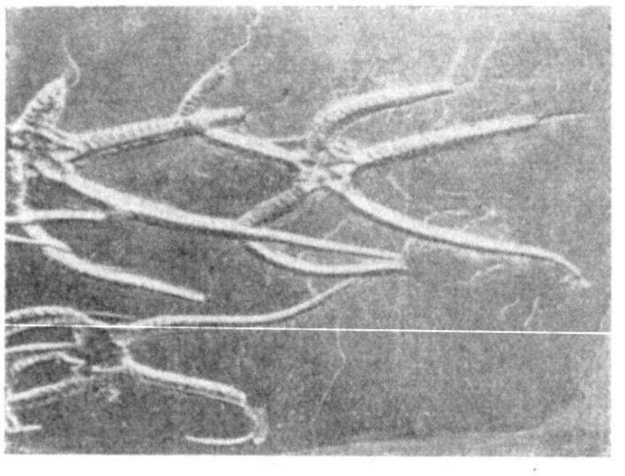

Abb. 62. Mehrere *Furcaster* aus dem Bundenbacher Schiefer, die durch die Verbiegung ihrer Armenden die Einwirkung eines plötzlichen Strömungswechsels um 180° erkennen lassen (besonders deutlich am Exemplar links unten). — Nach R. v. KOENIGSWALD (1930).

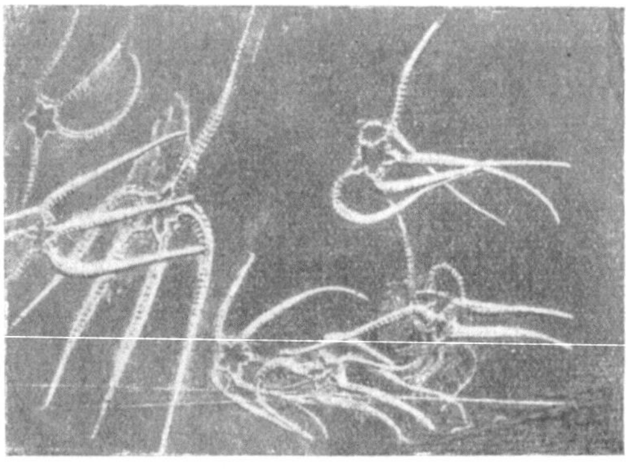

Abb. 63. Platte aus dem Bundenbacher Schiefer mit zwei verschiedenen Lagen von *Furcaster*, von denen jede durch eine anders gerichtete Strömung eingeregelt wurde. Nach R. v. KOENIGSWALD (1930).

Wasserstande tangential angelegt wurden. In dieser Zeit fluteten die Graptolithen. Bei sinkendem Wasser kam es zum Abfließen im radialen Sinne, also senkrecht zum Ufer und quer zu den Rippeln. Dabei wurde die Richtung der sich setzenden Graptolithen beeinflußt.

Ein rezentes Beispiel beschreibt J. WEIGELT (1930) aus dem östlichen Verbindungskanal der Monta Gorda-Bay zum Golf von Mexiko. Das Wasser benagt hier die in Zerstörung begriffene Vegetationsdecke der angrenzenden Prärie. Bei Ebbe strömt es aus einem Mitchels Cut genannten Durchbruch. Es enthält reichlich flottierenden, fein zerriebenen Pflanzendetritus, der schließlich je nach dem Einfallen des Ufers in Strandsäumen von verschiedener Breite liegen bleibt. Beim weiteren Fallen des Wassers reichert er sich in den Tälern der Wellenrippeln an und wird schließlich durch das ablaufende Wasser radial und diagonal zum Rippelverlauf eingeregelt. Dabei greifen die Pflanzenreste hier z. T. auch etwas über die Wellenberge hinweg.

Sehr schön lassen sich ferner die wechselnden Strömungsverhältnisse bei der geankert gehemmten Einsteuerung erkennen, wie sie sich z. B. an schwoienden Pflanzenresten (Tangen, Aststückchen usw.) unter Wasser oder durch den Wind auf dem Lande vollzieht. Der Schwenkbereich der Strömungen zeichnet sich dann als Scharrspur auf dem Sediment ab und kann unter Umständen erhalten bleiben. Als subaquatische Bildung sind sie indes nur selten zu beobachten (vgl. E. WASMUND, 1930), sehr häufig dagegen finden wir sie rezent auf dem Lande, wo sie unter dem Einfluß wechselnder Windrichtung entstehen. Und da diese sich in kurzer Zeit um 360° drehen kann, werden die Scharrspuren nicht selten zu S c h a r r k r e i s e n. Doch macht sich die Hauptwindrichtung durch eine besonders verstärkte Scharrwirkung in der dem Winde entgegengesetzten Richtung bemerkbar. Fossil überliefert, können sie zu einem Mittel werden, die herrschende Windrichtung vergangener Zeiten nachträglich zu bestimmen.

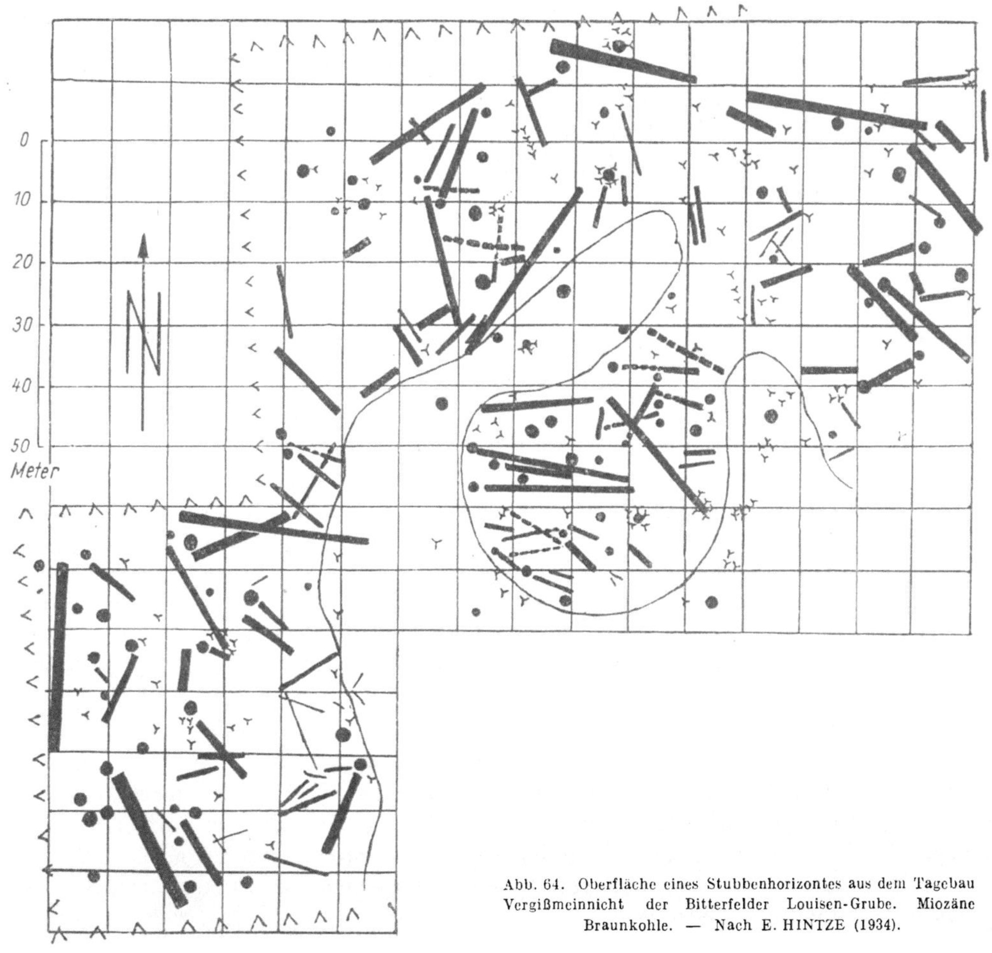

Abb. 64. Oberfläche eines Stubbenhorizontes aus dem Tagebau Vergißmeinnicht der Bitterfelder Louisen-Grube. Miozäne Braunkohle. — Nach E. HINTZE (1934).

Eine weitere Möglichkeit, Windrichtungen in Ablagerungen rückläufig zu ermitteln, ist die Einmessung fossiler Baumstämme, die durch Windbruch umgelegt und parallel zueinander angeordnet wurden. Sie finden sich u. a. in oder über den Braunkohlenflözen. Ein Beispiel hat E. HINTZE (1934) aus dem Miozän der Bitterfelder Louisen-Grube untersucht und in einem Lageplan dargestellt (Abb. 64).

Das Umbrechen der Bäume kann durch Entwurzelung, durch Zerbrechen des Stammes in verschiedener Höhe oder durch Abfaulen erfolgen. Dort, wo z. B. das Hochmoor den Waldbestand eines Baummoores überwältigt oder wo langdauernde Überschwemmungen ganze Baumbestände zum Absterben bringen, erfolgt ein besonders intensives Faulen des Holzes an der Grenzlinie zwischen Wasser (resp. Moor) und der Luft. Derartig angefaulte Bäume dürften im allgemeinen unter der Mithilfe des Windes umstürzen. Da aber die Schwächung durch das Faulen bei verschiedenen Holzarten und Baumdicken sich in gleichen Zeiträumen unterschiedlich auswirkt, bricht zu gleicher Zeit im allgemeinen nur eine entsprechende Auslese. Ganz allgemein gilt, daß die dünnsten Stämme einer bestimmten Art bei gleicher Windstärke früher umbrechen, als die dickeren Exemplare. Diese stürzen dann meist später und können in eine ganz andere Richtung fallen (vgl. Tab. 19).

Tabelle 19: Die bei der Kartierung eines Stubbenhorizontes in der miozänen Braunkohle des Tagebaues Vergißmeinnicht der Bitterfelder Louisen-Grube gewonnenen Unterlagen über die Anzahl, Richtung, Länge und Dicke der angetroffenen Baumstämme (vgl. hierzu Abb. 64). Nach E. HINTZE, 1934

<table>
<tr><th rowspan="2">Richtung, in welcher die Stämme liegen:</th><th rowspan="2" colspan="2">Gesamtzahl:</th><th colspan="4">Länge der Stämme:</th><th colspan="4">Größter Durchmesser der Stämme:</th><th colspan="4">Lage der Stämme zueinander (soweit bestimmbar)</th></tr>
<tr><th colspan="2">> 10 m</th><th colspan="2">< 10 m</th><th colspan="2">< 1 m</th><th colspan="2">> 1 m</th><th colspan="2">zuoberst</th><th colspan="2">zuunterst</th></tr>
<tr><td>N—S</td><td>13</td><td rowspan="2">43</td><td>6</td><td rowspan="2">16</td><td>7</td><td rowspan="2">27</td><td>10</td><td rowspan="2">35</td><td>4</td><td rowspan="2">9</td><td>0</td><td rowspan="2"></td><td>0</td><td rowspan="2">6</td></tr>
<tr><td>NO—SW</td><td>30</td><td>10</td><td>20</td><td>25</td><td>5</td><td>0</td><td>6</td></tr>
<tr><td>W—O</td><td>29</td><td rowspan="2">74</td><td>13</td><td rowspan="2">30</td><td>16</td><td rowspan="2">34</td><td>20</td><td rowspan="2">54</td><td>9</td><td rowspan="2">20</td><td>0</td><td rowspan="2">8</td><td>3</td><td rowspan="2">3</td></tr>
<tr><td>NW—SO</td><td>45</td><td>17</td><td>18</td><td>34</td><td>11</td><td>8</td><td>0</td></tr>
<tr><td>Gesamtzahl:</td><td colspan="2">117</td><td colspan="2">46</td><td colspan="2">61</td><td colspan="2">89</td><td colspan="2">29</td><td colspan="2">8</td><td colspan="2">9</td></tr>
</table>

Ein Umbrechen zu verschiedenen Zeiten liegt dann vor, wenn:

a) früher gefallene, im allgemeinen also dünnere Bäume gleicher Art oder gleicher Widerstandskraft, von den später gefallenen überlagert und überkreuzt werden,
b) in den einzelnen Lagen eine eigene und bestimmte Richtung überwiegt, entsprechend der Richtung des den Sturz verursachenden Windes,
c) in den einzelnen Lagen Stämme gleicher Art oder gleicher Widerstandsfähigkeit vorherrschen.

Die Parallelstellung von Baumstämmen kann aber auch durch Einregelung in bewegtem Wasser erfolgen; dann nämlich, wenn entweder die stürzenden Bäume sofort in entsprechend tiefes Wasser geraten sind oder durch nachfolgende Überschwemmungen verdriftet wurden. In diesem Falle stimmt i. d. R. die Einbettungsrichtung nicht mit der Fallrichtung überein. Wenn der Charakter des Nebengesteins oder sonstige Kriterien nicht von vorn herein eine derartige Einregelung durch bewegtes Wasser ausschließen, muß festgestellt werden, ob sich die einzelnen Stämme ihrem zugehörigen, noch in situ befindlichen Wurzelstock zuweisen lassen. Deshalb muß man die Verjüngungsrichtung des Stammes und seine Querschnittsverhältnisse bestimmen.

7. Ineinanderschachtelungen und Schubphänomene

Zweiklappige, durch Ligamentzug geöffnete Muscheln gleicher oder verschiedener Art können in einem bewegten Medium ineinander geschachtelt werden. Während aber Ineinanderschachtelungen von Schalen gleicher Art relativ häufig vorkommen, finden sie sich bei solchen verschiedener Art seltener. Die Zahl der verschachtelten Exemplare kann 2 und mehr betragen. Es wurden bis 9 beobachtet.

J. WEIGELT (1919), dem die Erscheinung rezent nur aus Gezeitenmeeren bekannt war, betrachtete sie als typisches Gezeitenkriterium und diagnostizierte entsprechend alle fossilen Vorkommen. Danach werden zweiklappige, klaffende und weichteilfreie Schalen bei Ebbe etwas eingeschlickt und oberflächlich im Sediment festgehalten. Die Flut führt dann nacheinander ein oder mehrere, immer etwas kleinere Exemplare in die vorhergehende Schale hinein. Die Ebbe sorgt also für Festlegung, die Flut für Ineinanderschachtelung. Wie neuere Beobachtungen zeigen, ist sie jedoch nicht auf Gezeitenmeere beschränkt, sondern tritt unter geeigneten Bedingungen auch in gezeitenlosen Nebenmeeren auf. Wahrscheinlich in Verbindung mit Windstau zu bringen ist so ein von E. WASMUND (1926) zitiertes Vorkommen von einer mit *Mytilus*-Pflaster bedeckten Sandbank ½ km südlich Laboe in der Kieler Förde. Es wurde an einem Tage beobachtet, an dem gerade ein starker Westwind nachgelassen hatte und das Wasser wieder niedriger stand. Auch aus dem Süßwasser liegen Beobachtungen vor (*Unio*).

Und nun einige fossile Beispiele:

a) *Pinna* aus dem oberoligozänen Meeressand von Düsseldorf (J. WEIGELT, 1919),
b) *Modiola* in erratischen Kellowayblöcken,
c) *Gervilleia anceps* aus dem unteren Grausand der Insel Wight,
d) *Cardium edule* in *Tapes aurens var. eemiensis* aus den Eemablagerungen von Steensigmoos bei Broacker auf Sundewitt (E. WASMUND, 1926),
e) Ostracoden (*Cypris*) aus dem Oberen Miozän von Frankfurt a. M. (E. BRAND, 1936).

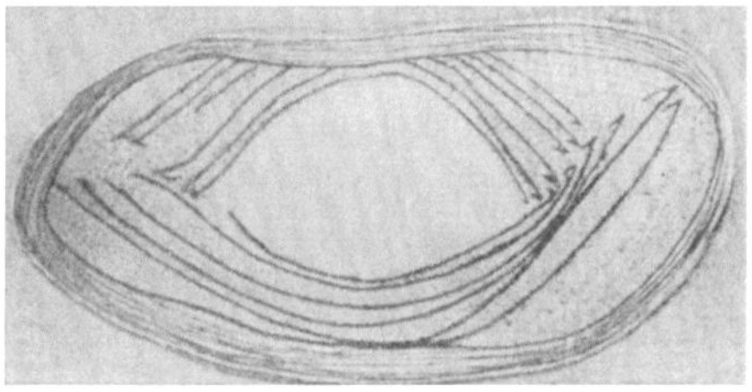

Abb. 65. Schematischer Querschnitt durch einen Ooiden mit Ostracodenschachtelung. Oberes Miozän von Frankfurt a. M. Die feine Punktierung entspricht der Verbreiterung der kalkigen Füllmasse. Die Ooidrinde ist durch dünne Linien dargestellt. Vergr. 40fach. Nach E. BRAND (1936).

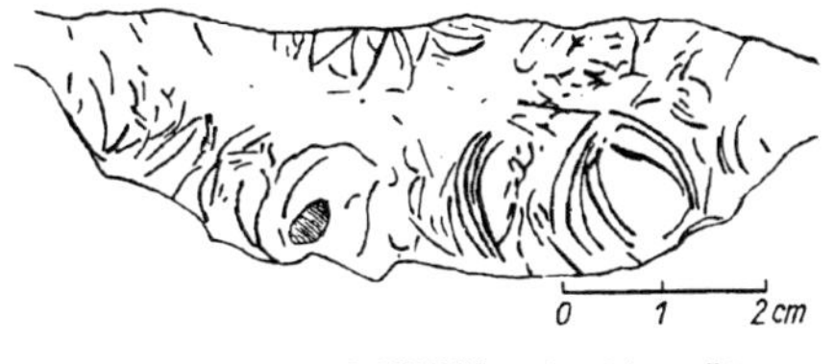

Abb. 66. Naturgetreues Schliffbild senkrecht zur Längserstreckung einer Rillenfüllung mit ineinandergeschobenen Schalen von *Myophoria orbicularis*. Unterer Muschelkalk (*Orbicularis*-Sch.), Buchfart bei Weimar. Orig. Geol. Institut Greifswald.

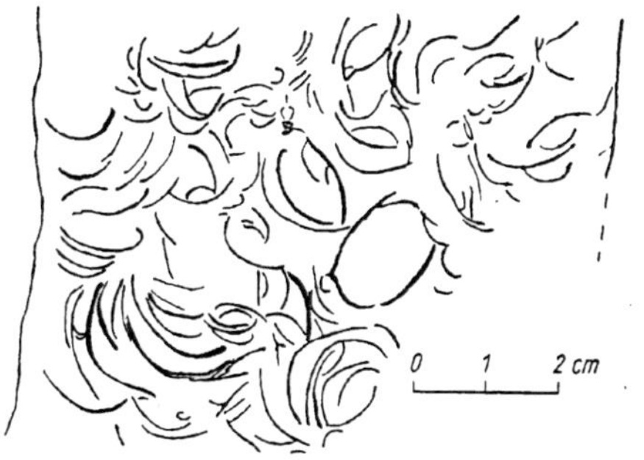

Abb. 67. Naturgetreues Schliffbild parallel zur Hangendfläche der in Abb. 66 dargestellten Rillenfüllung.

Die Verschachtelung wurde im Fall e) durch die spitzwinkelig abstehende Duplikatur der Schalen befördert, die an ein oder mehreren Stellen als Widerhaken wirkte (vgl. Abb. 65). Sie ermöglichte auch die freie Verschachtelung isolierter Klappen, die bei Muscheln nur durch Schubphänomene im Innern des Sediments (z. B. in Prielen) möglich ist. Auf diese Weise sind die in Abb. 66 und 67 dargestellten Lagerungsverhältnisse von Muschelklappen in einer fossilen Fließrillenbildung der *Orbicularis*-Schichten (Unterer Muschelkalk) von Thüringen zu deuten. Die Schalen wurden vertikal zur Strömungsrichtung ineinandergefügt und in dieser Lage fixiert.

8. Die Bildung der wichtigsten allochthonen Thanatocoenosen der Binnengewässer und Meere

Mit dem Augenblick des Absterbens werden die Organismen und ihre Überreste Bestandteile des Sediments. Sie können dann unter der Einwirkung frachtender Vorgänge zu allochthonen Thanatocoenosen vereinigt werden. Ob es sich hierbei um ein Einzelbegräbnis oder um Massenanhäufung handelt, ist abhängig von den herrschenden allgemeinen, hydrologischen, biologischen und geologischen Bedingungen und damit von den folgenden Faktoren:

a) der Lage der materialliefernden Lebensgemeinschaften und ihrer Zusammensetzung;
b) der Reliefgestaltung des Grundes und der morphologischen Gliederung der Uferlinie und ihrem Verlauf;
c) den hydrologischen Verhältnissen (Wassertiefe, Strömungsverhältnisse, Tiefenreichweite der Wellenbewegung usw.).

Bei der Besprechung der aquatischen Thanatocoenosen empfiehlt sich also eine gesonderte Betrachtung nach Gewässertypen. Da die herrschende Strömungskombination (von Übergängen abgesehen) in Stärke, Ausmaß und Zusammensetzung je nach der Gestaltung des Grundes und der Uferlinie, ebenso wie die Wassertiefe, die Tiefenreichweite der Wellen und die biosoziologischen Bedingtheiten in ihnen sehr verschieden sind, bietet sich folgende Gliederung von selbst an:

a) Fließende Gewässer,
b) Seen,
c) Binnenmeere,
d) Gezeitenmeere.

Bei den die Thanatocoenosen zusammensetzenden tierischen Resten handelt es sich im wesentlichen um Mollusken. Da sie auf Grund ihrer Häufigkeit besonders günstige Vergleichsmöglichkeiten bieten, wird nachstehend vor allem auf sie eingegangen.

a) Die fließenden Gewässer

In den Quellenablagerungen erfolgt die Einbettung der örtlichen Fauna und Flora mitten im Lebensraum. Da ein motorischer Antrieb ausreichender Stärke fehlt, tritt, von geringfügigen Verlagerungen abgesehen, keine Frachtsonderung und Korngrößensortierung der Reste ein.

In den Bächen, Flüssen und Strömen dagegen vollziehen sie sich unter dem Einfluß der eindeutigen Strömungsrichtung in einem relativ großen Ausmaß. Dabei sind sie oft mit weitgehenden Zerstörungen der transportierten Reste verknüpft. Der Grad ihrer Erhaltung ist vor allem abhängig von der Widerstandsfähigkeit gegenüber mechanisch einwirkenden Kräften. Die Bestandteile der hier entstehenden Thanatocoenosen entstammen den Biocoenosen des Wassers, des ihm benachbarten Landes und der dort im Überschwemmungsbereich befindlichen stehenden Gewässer. Da aber die Molluskenfauna des Landes i. d. R. weit mannigfaltiger und reicher ist als die des Süßwassers, liefert sie, obgleich die von hier stammenden Molluskenreste meist dünnschaliger als die des Wassers sind, den Hauptanteil.

Dabei erleiden sie je nach Form, Gewicht und Schwimmfähigkeit ein verschiedenes Schicksal. Leere, mit Zersetzungsgasen oder Luft erfüllte Gehäuse, aufgetriebene Tierkadaver usw. werden zusammen mit zahlreichen Pflanzenresten schwimmend verfrachtet und bilden das sog. Genist. Die Mehrzahl der Muscheln dagegen und die großen, weitmündigen Schnecken verbleiben am Grunde und werden dort zusammen mit den übrigen Bestandteilen des Sediments fortbewegt. Dabei vollzieht sich eine mechanische Auslese nach Größe, Gewicht und Widerstandsfähigkeit und nicht selten eine vollständige Vernichtung. Infolge der weiten Transportmöglichkeiten im Fluß hat die an einer bestimmten Stelle zu beobachtende Thanatocoenose häufig eine wesentlich andere Zusammensetzung als die lokale Biocoenose.

Die Hauptbildung von Genist erfolgt kurz nach dem Höhepunkt von Hochwässern. Sie geht sehr rasch vonstatten und vollzieht sich vor allem an den Außenseiten der Flußbögen. Dabei ist die strandende Menge abhängig von:

a) der Besiedlungsdichte des überschwemmten Gebietes vor allem mit Mollusken;

b) dem zeitlichen Abstand vom letzten Hochwasser; denn eine zerstörte Molluskenfauna braucht eine gewisse Zeit bis zu ihrer Erneuerung;

c) der Länge der zwischen den einzelnen Bögen befindlichen Talabschnitte mit überschwemmbaren Flächen.

So kommt es, daß in den gebirgigen Tälern mit ihren oft in kurzen Abständen aufeinanderfolgenden Prallhängen und Bögen, eine ausgedehnte Genistbildung unmöglich ist. In jedem Bogen verliert das Wasser einen Teil des Spülichts durch Stranden. Zudem kann es bei den meist engen Tälern i. d. R. nur wenig Material aufnehmen.

Das an den Außenseiten der Flußkurven abgesetzte Material hat meist die Form langgestreckter, schmaler Dünen, das in seichten Buchten gestrandete dagegen ist auf eine größere Fläche ausgebreitet. Diese Erscheinung hängt im wesentlichen mit der Veränderung der Wasserstandslinie beim Fallen des Wassers zusammen. Im Außenbogen bleibt sie mehr am Ort als unter den flachen Verhältnissen der seichten Buchten.

Voraussetzung zur Einbettung und Erhaltung des Genistes ist, daß das nachfolgende Hochwasser höher steigt als das vorhergehende. Die Aussicht auf Erhaltung ist also um so geringer, bei je höherem Wasserstand sich die Bildung vollzieht. Die Hauptmasse des Genists wird dann weit vom Fluß entfernt abgesetzt, und es besteht weniger Aussicht, daß es von einem folgenden Hochwasser erreicht und eingedeckt wird. Dann bleibt es frei liegen, der Verwitterung preisgegeben und wird durch stärkere Niederschläge zerwaschen und verlagert. Die Aussicht auf fossile Erhaltung ist äußerst gering.

Obgleich sich bereits eine gewisse postmortale Trennung in den allochthonen Thanatocoenosen der fließenden Gewässer zu erkennen gibt, finden sich hier noch nicht die ausgeprägten Gesetzmäßigkeiten, welche die analogen Bildungen der Flachmeere auszeichnen. Wir treffen sie erstmalig mit völliger Klarheit in den Binnenseen.

b) Die Binnenseen

Wie überall bei der Betrachtung allochthoner Thanatocoenosen des Wassers, ist die Kenntnis der allgemeinen biologischen, hydrologischen und morphologischen Verhältnisse Voraussetzung. Aus der sich hierbei ergebenden zonaren Einteilung der Binnenseen resultiert die Lage der Thanatotope, von denen wir nachstehend die wichtigsten betrachten wollen.

Der Strandsaum

Ähnlich wie am Flußufer, bilden sich am Strande der Seen im Bereich der höchsten Wasserstände Anspülungen pflanzlicher und tierischer Reste, die sog. Strand- oder Spülsäume. Sie entsprechen dem jeweils höchsten, von der anlaufenden Welle erreichbaren Streifen. Sie stehen etwa zwischen den analogen Bildungen der Meere und den Genistansammlungen der Flüsse.

Bei der Betrachtung ihrer faunistischen Zusammensetzung erkennt man, daß in den Spülsäumen

a) der Flüsse terrestre,

b) in denen der Meere, marine Mollusken vorherrschen;

c) und daß bei den Binnenseen neben den überwiegenden, aquatischen Formen auch noch viele Landschnecken vorkommen.

In Norddeutschland bestehen die Spülsäume der Binnenseen in der Hauptsache aus Pflanzenresten (Characeentrümmern, Laichkraut, Schilfstengeln) und Gastropoden. Bei letzteren handelt es sich vornehmlich um feuchtigkeitsliebende Formen (*Succineen*, *Cionella lubrica*, *Fruticola hispida* u. a.), die im Röhricht und Niederwuchs rings um die Gewässer leben und bei hohem Wasserstand aufgegriffen und aufbereitet werden. Im übrigen sind es Arten, die in unmittelbarer Ufernähe im Wasser leben, vor allem Limnaeen, Planorben, Sphaerien, daneben Valvaten und Bithynien. Nach stärkeren Stürmen findet man mitunter auch häufiger die sonst fehlenden Schalen von *Anodonta* und *Unio*. Wechsel in der Biocoenose wirkt sich sofort in der Zusammensetzung der Spülsäume aus.

Mitunter kommt es zu wallartigen Anhäufungen, die ein ähnliches Aussehen besitzen wie entsprechende Bildungen an den Küsten der Meere. In ihnen werden die ursprünglich lockeren, vor allem aus Pflanzenresten bestehenden Säume zusammengeschoben und durch die Stauwirkung bei steigendem Wasser versteift. J. LUNDBECK (1929) beschreibt Beispiele von Windenburg am Kurischen Haff mit einer maximalen Höhe von mehr als ½ m und über 1 m Breite. Sie fanden sich hier an einem besonders ausgedehnten und flachen Gewässerteil. E. WASMUND (1926) konnte etwas ähnliches am Weststrand der Hohburghalbinsel im Westensee (Mittelholstein) beobachten. Hauptbestandteil war hier *Dreissensia.*

Langgestreckte, starre Körper von walzenförmiger Gestalt werden im Strandsaum i. d. R. uferparallel angeordnet. Nur wenn sie ganzflächig am Untergrund verankert und zu schwer sind, bleiben sie mitunter auch radial liegen. Bei entwurzelten, angedrifteten Baumstämmen zeigen dann die Wurzelschöpfe seewärts.

Abb. 68. Richtungsabweichung durch sparrige Verkeilung in einer Gruppe von *Pantelosaurus saxonicus* v. HUENE, die wahrscheinlich strandsaumartig am Ufer einer kleinen, stehenden Wasserfläche des Rotliegenden von Döhlen (Plauenscher Grund) zusammengeführt wurde. — Nach J. WEIGELT (1927).

Sperrige Körper verankern sich mit abspreizenden Teilen und schwenken in die Richtung zum Ufer ein. Oft dient auch nur der Schwerpunkt als Drehpunkt. Sparrige Verkeilung führt zur Ausbildung neuer Fronten. Solche Richtungsabweichungen, die bis zu 90° betragen können, lassen sich fossil an vielen *Semionotus*-Platten und bei der in Abb. 68 dargestellten Gruppe von *Pantelosaurus saxonicus* erkennen. In beiden Fällen dürfte es sich, wie auch aus anderen Befunden hervorgeht, um strandsaumartige Bildungen kleiner, stehender Wasserflächen handeln.

Die Schalenzone

Die wichtigste allochthone Thanatocoenose der Binnenseen, die eine eigene Molluskenfauna besitzen, ist die sog. Schalenzone (= Zone der toten Muscheln). Sie findet sich in einer bestimmten, im gleichen See nur wenig veränderten Tiefenlage. In ähnlicher Weise tritt sie auch in den Ablagerungen diluvialer und postglazialer Seen auf. In den rezenten Seen Norddeutschlands beginnt sie gewöhnlich in einer Tiefe von 5—7 m, nimmt dann stark an Mächtigkeit zu und geht etwa zwischen 10—12 m in die Schlickregion der Tiefenzone über. An der Zusammensetzung sind vor allem die Klappen von *Dreissensia polymorpha* PHALL. beteiligt. Valvaten und Bithynien treten zurück.

Die Entstehung der Schalenzone wird auf mechanische und biologische Faktoren zurückgeführt. In flachen Binnen- und Strandseen liegt sie nirgends wesentlich tiefer als 2 m. Dabei besteht sie nur aus einem wenige Meter breiten, eng begrenzten Band zwischen der reingefegten Uferbank und der Schlammdecke. Ihre Bildung erfolgt hier im wesentlichen an der Stelle, wo Sogstrom und anlaufende Welle (=Windstrom) zusammentreffen. In tieferen Seen dagegen entstehen durch die erhebliche Erwärmung der oberflächennahen Schichten im Sommer bzw. Abkühlung im Winter große Temperatur- und somit Dichteunterschiede gegenüber dem Tiefenwasser. Diese Dichteunterschiede vermag die oberflächennahe Strömung nicht mehr zu überwinden. Sie hört deshalb bereits in verhältnismäßig geringer Tiefe auf mit dem Erfolg, daß das Tiefenwasser einen eigenen Strömungskreis bildet. Die Grenze zwischen beiden zeigt im Sommer und Winter einen starken und sprunghaften Anstieg der Wassertemperatur und wird deshalb als Temperatursprungschicht bezeichnet. Ihrer durchschnittlichen Lage entspricht die ungefähre Tiefenlage der Schalenzone. Am tiefsten liegt sie in Wannenseen mit starken Strömungen, in größeren Seen tiefer als in kleineren und am windausgesetzten Ufer (Brandungsufer) tiefer als auf der unter dem Winde liegenden Seite (vgl. Abb. 69). Der Böschungswinkel des Seerandes scheint eine gewisse Rolle zu spielen.

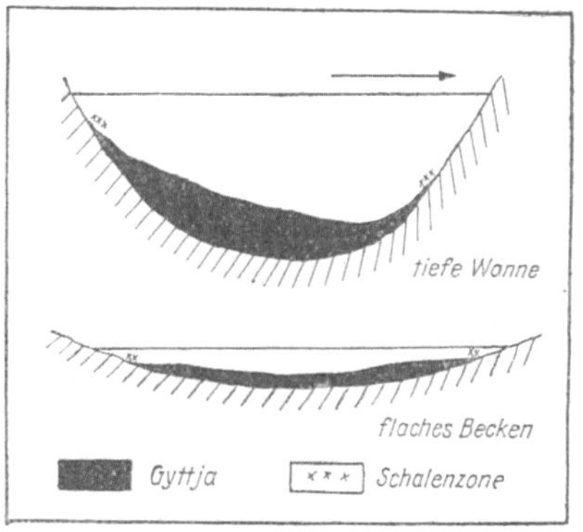

Abb. 69. Die Wirkung des durch die herrschende Windrichtung bedingten Staustromes auf die Tiefenlage der Schalenzone in Binnenseen. Umgezeichnet nach LUNDQUIST (1927).

J. LUNDBECK (1929) neigt dazu, die unmittelbare Wirkung der Strömungen, d. h. die passive Beförderung der leeren Schalen als sehr untergeordnet zu betrachten. Nur in den flachen Seen soll bei starkem Windeinfluß eine wesentliche Verfrachtung mit dem Sogstrom erfolgen. Es scheint sich zu bewahrheiten, daß biologische Momente, insbesondere die durch Temperaturverhältnisse ausgelösten winterlichen Wanderungen der in Ufernähe lebenden Tiere nach der Tiefe nicht unwesentlich beteiligt sind. Die aus Tab. 20 ersichtlichen Unter-

Tabelle 20: Verteilung lebender und toter Mollusken im Gr. Plöner See. Nach J. LUNDBECK, 1928. Signaturen: 0 = vereinzelt; + häufig; ++ sehr häufig; +++ äußerst häufig; Winterzustand eingeklammert

Zone	Ungefähre Tiefe in m	Lebende Mollusken			Pflanzenkalk u. pulverisierter Kalk	Schalen			
		Uferarten	*Dreissensia Valvata*	*Pisidium*		Trümmer	Uferarten	*Dreissensia* u. *Valvata*	*Pisidium*
Strandgirlande					0	0	+	0	0
Oberes Ufer	0—2	+	+	+	—	0	—	—	—
Unteres „	2—4	+++	++	+	++	++	++	+	0
Obere Schalenzone	4—6	0	++	+	+	++	+	++	+
Mittlere „	6—9	—	(++)	+	—	+	0	+++	+
Untere „	9—12	—	(+)	+	—	—	—	++	+
Obere Tiefenzone	12—18	—	—	++	—	—	—	0	+
Untere „	>18	—	—	0	—	—	—	—	0

schiede in den Vorkommen lebender und toter Formen lassen sich wenigstens z. T. durch das in der Tiefe erfolgende Absterben der nicht mehr zur Rückwanderung befähigten oder im Winter an ungünstigen Lebensbedingungen zugrunde gegangenen Tieren erklären.

c) Die Meere

Die mechanischen Gesetzmäßigkeiten bei der Bildung der Thanatotope sind die gleichen wie in den Binnenseen. Lediglich die Kombination der Agentien und des Materials, das räumliche Ausmaß, die Zusammensetzung der materialliefernden Biocoenosen und das Kräfteverhältnis der verschiedenen Faktoren variiert und gibt den Thanatocoenosen ihr kennzeichnendes Gepräge. Die Erscheinungen der Binnenseen kehren in mehr oder weniger abgeänderter Form oder in größerer Differenzierung und Ausdehnung wieder. Windeinfluß, Strömungsverlauf, Wassertiefe und bei den offenen Meeren die Gezeitenbewegung spielen eine ausschlaggebende Rolle.

Betrachten wir zunächst

Die Thanatotope des Ufers

Schwankungen des Wasserspiegels werden in Binnenmeeren durch den Windstau verursacht, in den offenen Meeren tritt noch die Gezeitenwirkung hinzu. Jedem Wasserstand entspricht dabei ein gesonderter Spülsaum. Er besteht wie in den Binnenseen vor allem aus Organismenresten des strandnahen Litorals. Daneben enthält er im geringeren Umfange schwimm- und schwebfähige Reste, die oft von weither stammen und mit den Meeresströmungen verfrachtet wurden. In der Nähe der Flußmündungen treten auch vereinzelte Land- und Süßwassermollusken hinzu. Mitunter sind Insekten häufig. Sie werden meist durch ablandige Winde auf das Meer hinausgetragen, gehen dort zugrunde und kehren mit auflandigen Strömungen zurück. In den Spülsäumen der Flüsse, die in Gezeitenmeere münden (z. B. Eider, Elbe), vereinigen sich Reste aus den Biotopen von Meer, Fluß und Land. Bei Ebbe strandet im allgemeinen Süßwassergenist, bei Flut marines Treibgut. So bringt die Flut große Fucusmengen durch den Purrenstrom und die Außeneider von Helgoland her in die Untereider bis Tönning (E. WASMUND, 1926).

Die den Biocoenosen tiefer liegender Wasserschichten und Grundteile entstammenden Reste der sublitoralen Zone werden in größeren Tiefen abgelagert. Durch Jahre hindurch an gleicher Stelle vorgenommene Aufsammlungen von Spülsaummaterial zeigen, daß sich i. d. R. die Zusammensetzung nicht ändert. Das plötzliche Hinzutreten neuer Bestandteile beansprucht deshalb ein besonderes Interesse und weist wohl immer auf eine grundlegende Veränderung des Einzuggebietes und seines Charakters hin.

Da die Strandthanatotope der Binnenmeere gewisse Unterschiede gegenüber denen der Gezeitenmeere zeigen, empfiehlt es sich, beide gesondert zu betrachten.

In den Binnenseen bildet sich an schilffreien Stellen eine allochthone, allerdings sehr lückenhafte Thanatocoenose (aus *Unio*, *Anodonta*) dort, wo sich Sogstrom und auflaufende Welle treffen. In viel größerem Ausmaße vollzieht sich derselbe Vorgang in den Binnenmeeren. Auch hier ist nur der Wind ausschlaggebend. Er verursacht Schwankungen des Wasserspiegels und läßt die Wellen entstehen, die im Bereich ihrer Tiefenreichweite auf den Untergrund einwirken. Dabei erfolgt eine Frachtsonderung derart, daß das feinere Material in Richtung auf das Land zu liegen kommt. Diese Sonderung tritt auch dann ein, wenn die Wellen nicht senkrecht, sondern schräg zur Küste verlaufen. Im einzelnen ergeben sich die Verhältnisse klar aus Korngrößenbestimmungen, die A. PAPP (1939) am Strand von Pillau durchgeführt hat (vgl. Tab. 21). Der Sandstrand zeigt hier den aus Abb. 70 ersichtlichen und in ähnlicher Weise unter gleichen Bedingungen allgemein gültigen Aufbau. Seine Entstehung läßt sich wie folgt erklären:

Tabelle 21: Korngrößenmäßige Zusammensetzung des Sandes vom Strand bei Pillau in Prozent. Entnahmestellen der Proben vgl. Abb. 70. Nach A. PAPP, 1939

Korngrößen-gruppe (mm)	Dünensand	Probe von A	Probe von B	Probe von C	Probe seewärts von C
> 2	—	—	3,4	13,3	—
2—1	1,5	1,15	51,4	63,4	17,2
1—0,5	15,5	10,15	36,8	20,7	54,5
0,5—0,2	80,6	86,4	8,3	2,6	27,7
0,2—0,1	2,3	2,3	0,1	—	0,6
< 0,1	0,1	--	—	—	—

Die auslaufende Welle bricht sich am seichter werdenden Grund. Solange dabei eine Spülbereichbreite von 3,50 m (abhängig von der Wellengröße und dem Neigungswinkel des Ufersaumes) nicht überschritten wird, bewegt die Wellenstirn feinen Sand nach A, die Wellenmitte gröberes Sediment und Schalentrümmer vom untersten in das zweite Drittel der Spülfläche AB. Nach Erreichen von A erfolgt das Zurückfluten (Sogstrom), dabei wird

a) der aus dem obersten Drittel der anlaufenden Welle stammende feine Sand zum größten Teil abgesetzt und bleibt liegen. Der Sogstrom hat hier fast keine Wirkung.
b) Im zweiten und noch mehr im letzten Drittel von AB wird auch das gröbere Material wieder zurückgeführt, begünstigt durch die zunehmende Wassermenge und Transportgeschwindigkeit.
c) Ein Teil des gröberen Materials wird dabei über B hinausgerissen und gelangt in den Bereich zwischen B und C. Die neu anlaufende Welle trifft hier aber mit dem Sogstrom zusammen und befördert einen großen Teil der feineren Komponenten wieder zurück. Wiederholt sich dieser Vorgang längere Zeit rhythmisch an gleicher Stelle, so vollzieht sich eine weitgehende Sonderung nach Korngröße und Beschaffenheit in der Weise, wie es Abb. 70 schematisch zeigt.

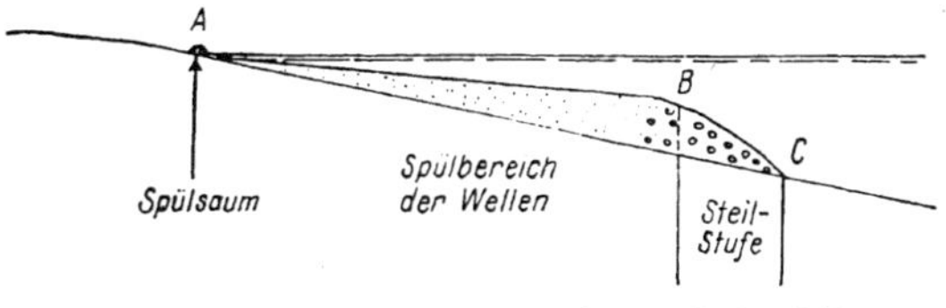

Abb. 70. Schematischer Querschnitt durch die strandnahen Bildungen in Binnenmeeren.

Zusammengefaßt können wir also folgende Abschnitte in den strandnahen Bildungen der Binnenmeere unterscheiden:

Spülsaum (bei A)	Spülbereich der Wellen (zwischen A und B)	Steilstufe (zwischen B und C)	Seewärts der Steilstufe (jenseits C)
Gröberes und meist leichteres Material auf feinkörnigem Untergrund. Normalschüsselförmige Körper liegen zu einem großen Teil mit der Wölbung nach unten.	Seewärts allmählich Zunahme der Korngröße.	Relativ schweres Schalenmaterial, das dem grobkörnigen Untergrund eingebettet ist.	Unter ständiger Wasserbedeckung. Seewärts Abnahme der Korngröße. Organismenreste seltener. Stellenweise Pflasterbildung.

Etwas andere Verhältnisse herrschen allerdings bei größeren Wellen. Beträgt die Wellenhöhe z. B. 1 m, so gelangen Steine bis zu 4 cm Durchmesser in die obersten Wasserschichten. Dann werden bis faustgroße Steine von der Wellenstirn bewegt und dem Spülsaum einverleibt.

Die Zusammensetzung und Abfolge der Thanatotope ergibt sich im einzelnen aus den nachstehenden Beispielen (A. PAPP, 1939):

1. Frische Nehrung (Kleine Bucht des Haffs). Die Bildung erfolgte bei einer zum Küstenverlauf senkrechten Windrichtung:

Spülsaum	Spülbereich der Wellen (feiner Sand, vermischt mit Schalenresten)				Steilstufe	Seewärts der Steilstufe
Breite: 1 m Untergrund: feiner Sand Bestandteile: Holz, Schilf, *Unio* (Einzelklappen, meist „gewölbt-unten").	bis 0,2 m	0,2—0,4 m	0,4—0,6 m	—	grobkörniger Sand mit regellos eingelagerten *Unio*	Soweit eben, mit *Unio-Anodonta*-Pflaster, selten mit zwischengelagerten *Vivipara* u. *Dreissensia*.
	vorwiegend kleine Gastropoden	größere Gastropodengehäuse, *Dreissensia*, Trümmer von *Unio* und *Anodonta*.	Anhäufung von *Vivipara*, seltener *Unio* u. andere Schalen.	Schalenfrei		

2. Schwarzes Meer:

Spülsaum	Spülbereich der Wellen	Steilstufe	Seewärts der Steilstufe
Hauptbestandteile: Krabben, Fische, gr. *Mytilus*-Schalen	Grober Sand mit kl. Cerithien, *Mytilus*, *Nassa*, fossilen Schalen von *Spaniodon* (weitgehend durch Bewegtwasser aufgearbeitet). Seewärts Zunahme der Korngröße.	Sehr grober Sand mit stark abgerollten Schalen und Schalentrümmern.	Feiner Sand, oft mit Rippeln, Schalenreste selten.

Im Gegensatz zu den Binnenmeeren sind die Spülsäume und Organismenpflaster der offenen Meere durch die Gezeitenströme i. d. R. breit auseinandergezogen. Infolgedessen zeigt sich hier der gesetzmäßige Aufbau noch viel klarer. Die Verhältnisse und der Bildungsmechanismus wurden besonders im norddeutschen Wattenmeer eingehend untersucht (J. WEIGELT, R. RICHTER, W. JESSEN u. a.). Die Spülsäume und Organismenpflaster finden sich hier besonders deutlich auf den seewärts unmerklich abfallenden Flächen, wo sie als parallele Säume um die Uferlinien des Vorlandes, die Halligen, Stein- und Faschinendämme und Wattwasserscheiden ziehen. In Richtung auf die Schlickmulden und Tiefs zeigt sich dabei eine meist bis ins einzelne gehende zonare Anordnung der Organismenreste, insbesondere der Mollusken, wie man sie in Binnenmeeren nur selten in dieser Klarheit antrifft. Dabei lassen sich die in besonderen Kapiteln besprochenen Vorgänge der Einsteuerung, Einkippung, Frachtsonderung und Verschachtelung ebensogut beobachten, wie die verschiedenen Arten der Zerstörung.

Der korngrößenmäßige Aufbau scheint im wesentlichen abhängig zu sein von

1. dem Neigungswinkel des Strandes;
2. dem Wirkungsbereich, Ausmaß und der zeitlichen Dauer der Brandungswellen;
3. der Entfernung der Brandung von der Mittelniedrigwasserlinie;
4. der Stärke und dem Ausmaß der Flutströme, welche den Strand erreichen.

Liegt die Brandungszone bei flachem Strand relativ weit von der Mittelniedrigwasserlinie entfernt und wirken nur schwache Flutströme ein, so besteht der Spülsaum im wesentlichen aus kleinsten Bruchstücken tierischer Hartteile (W. SCHÄFER, 1938). Sturmfluten führen dagegen landeinwärts der Mittelhochwasserlinie meist ausgedehnte Säume grober Bestandteile zusammen (vgl. die riesigen Laminarienwälle der Nordsee und auf Island). Im übrigen zeigt sich die Sonderung in den verschiedensten, oft geradezu miniaturhaften Ausmaßen. Typisch ist dabei für die Wattengebiete der Nordsee die nachstehende Abfolge:

Hydrobia-Pflaster (landwärts)	*Litorina*-Pflaster	Biotop der Schnecken	Dichtes *Mytilus-Cardium-Tellina*-Pflaster	Dichtes *Mytilus*-Pflaster	*Mytilus*-Lesedecken (seewärts)
Nur in kleinen einspringenden Buchten und toten Winkeln (z. B. der Halligkanten und Außenkoge).	Dicht gepackt.	Auf Wattrücken zwischen Tangbündeln.	Das reine *Mytilus*-Pflaster durchsetzt sich landwärts im zunehmenden Maße mit Cardien und Tellinen.	In der Quellerregion werden im allg. die *Mytilus* dichter und bilden ein dichtbesetztes Pflaster („Vollpflaster"). Oft mehrere Meter breit.	Vereinzelte *Mytilus*-Klappen, daneben und dazwischen *Mytilus* lebend in Trauben und Kolonien auf dem pflanzenfreien Schlick, ferner vereinzelte Klappen und autochthone Vorkommen von *Mya arenaria*.

Betrachten wir nun die Schalenpflaster etwas genauer.

Im rezenten Flachmeer kann man unmittelbar beobachten, wie die nach Zerstörung des Ligaments voneinander getrennten Schalenhälften der Muscheln zusammen mit einzelnen doppelklappigen Individuen und anderen Schalenresten (besonders Schnecken) durch bewegtes Wasser sortiert und nach Größe, Gewicht und Form aufbereitet werden. Vollzieht sich dabei eine flächenhafte Anreicherung derart, daß normal schüsselförmige Körper mit geradem Unterrand in die Lage „gewölbt-oben" einkippen, so spricht man von Schalenpflastern.

Je nach der Belegungsdichte der Pflasterflächen kann man zwischen Streu- und Vollpflastern unterscheiden. Liegen die Reste nur vereinzelt auf dem Sediment, so daß freie Flächen verbleiben, spricht man von Streupflastern. Sind jedoch die restlichen Lücken vollständig geschlossen, so daß die engstmögliche Pflasterung und Bedeckung resultiert, handelt es sich um Vollpflaster (vgl. W. JESSEN, 1932). Beide können ineinander übergehen.

Bei der Pflasterbildung werden aus benachbarten Tiergemeinschaften bestimmte Größen einzelner oder auch mehrerer Arten herausgegriffen und auf kleinerer Fläche, immer aber entfernt vom ursprünglichen Lebensraum angereichert und aufbereitet. Die meist vorzügliche Erhaltung spricht gegen einen längeren Transport; es sei denn, daß die kleineren Reste ihren Weg in der Schwebe und dabei unbeschädigt zurückgelegt haben. Nur mechanische Sonderung ist am Werk. Sehen wir darum Muschelpflaster, oft nur aus den Individuen einer einzigen Art bestehend oder entsprechende, mit den Pflastern verknüpfte Schill- und Bruchschillbänke im Profil, getrennt durch fossilarme oder -freie Schichten, so ziehen wir daraus nicht mehr wie früher sofort den allgemeinen Schluß, daß es sich um das „Aufblühen" oder „Massensterben" einer oder mehrerer Arten handelt.

Nur in wenigen Fällen läßt sich ein unmittelbarer Zusammenhang mit der Ursprungsstelle nachweisen, dort nämlich, wo autochthone Molluskenlinsen und -klumpen nach außen hin durch Zerspülung und ohne wesentliche Sortierung in pflasterähnliche Decken übergehen. Fossile Beispiele liegen u. a. aus dem Muschelkalk vor.

An der Zusammensetzung können ein oder mehrere Arten beteiligt sein. Die Zahl ist aber immer gering. Im Oberen Muschelkalk finden sich neben Anisomyariern, deren Lebensraum wohl vornehmlich die Tangwiesen flacher Meeresteile waren, meist kleinwüchsige, ebenfalls von dort stammende Schnecken und ein paar vergraben lebende, taxodonte Muscheln und der Scaphopode *Dentalium laeve*. Die Pflaster geben uns gewissermaßen ein Sortiment der jeweils in der Nähe, in den verschiedenen Biotopen vorhandenen, erhaltungsfähigen Formenwelt.

Eine, den rezenten Schalenpflastern unserer Flachmeere entsprechende größenmäßige Zusammensetzung der Schalenkomponenten ist auch bei den fossilen Pflastern zu erwarten. So ergaben Untersuchungen an den Pflastern der unteren Ceratitenschichten des Thüringer Beckens das Vorherrschen eines eng begrenzten Größenbereichs (vgl. A. H. MÜLLER, 1950). Mitunter läßt sich ein Überwandern durch großflächigere Pflasterkomponenten unter dachziegelartiger und einseitiger Aufschiebung erkennen. Gleichzeitig wurden langgestreckte Reste häufig parallel gestellt und in die Strömungsrichtung eingeregelt. Das Vorkommen von autochthonem Bewuchs mit sessilem Benthos auf den Pflasterflächen beweist, daß sie Sedimentationsunterbrechungen entsprechen können. Abschätzung an Hand der mutmaßlichen Wachstumsdauer bestimmter Formen gestattet eine ungefähre Bestimmung der Mindestzeit. Sie beträgt für den Oberen Muschelkalk durchschnittlich 4 Jahre.

Wie in der Gegenwart Pflaster- und Schillhorizonte zwischen sonst schalenfreien oder -armen Lagen entstehen können, zeigt W. JESSEN (1932) von Amrum. Bei Transgression wird die gröbere Schalenkomponente über der feineren abgelagert. Landsenkung bewirkt die Überschlickung des Pflasters, und macht es erhaltungsfähig. Dabei wird die Außenzone durch Wellenwirkung zerstört und am Innenrand (Hydrobienzone) neuer Raum für das Weiterwachsen des Pflasters geschaffen. Das Pflaster wandert. Die Zone der gröbsten Komponenten (*Mytilus*-Zone) legt sich über die nächstfeinere (*Litorina*-Zone) des vorhergegangenen Abschnitts usw. Bei Regression vollzieht sich der umgekehrte Vorgang. Auf diese Weise kommt es zu einem Übereinander der ursprünglich nebeneinander angelegten Zonen.

Doch wird man nicht immer Transgressionen und Regressionen zur Erklärung von fossilen Pflasterhorizonten heranziehen müssen. Es reicht z. T. auch aus, das Wirken von Strömungen anzunehmen, deren Wechsel in Richtung und Stärke die Pflaster ausbreitete, in Kürze möglicherweise wieder wegwischte, um sie andernorts aufs neue anzulegen und vielleicht einzubetten. Ihre Bildung dürfte auch nicht nur an die strandnahen Räume gebunden sein.

Die Schillbildungen

Unter Schill versteht man die Ansammlung von unzerbrochenen Molluskenresten und ihren unversehrten Einzelteilen (z. B. Einzelklappen bei Muscheln und Brachiopoden). Handelt es sich um zerbrochene Reste, spricht man von Bruchschill. Er ist immer allochthon; Schill dagegen kann auch auf die Ausspülung autochthoner Vorkommen ohne vorherige Verfrachtung zurückgehen. Er ist dann allochthon, wenn ein oder mehrere der nachstehenden Merkmale festgestellt werden können:

1. isolierte Einbettung der Einzelklappen bei Muscheln und insbesondere Brachiopoden,
2. dachziegelartige Übereinanderschuppung größerer Schillkomponenten,
3. gleichzeitige Einbettung von Geröllen.

Er wurde dann durch Strömungen zusammengeführt und in einem Strömungsschatten oder beim Nachlassen der Transportkraft abgelagert (vgl. auch A. H. MÜLLER, 1950).

Einen Anhalt für die Größenordnung der zur Bewegung von Schillbestandteilen am Grunde von Gewässern notwendigen Strömungsintensität ermöglichen die von K. LÜDERS (1929) in den Flut- bzw. Ebbetrichtern der Außenjade und im hydraulischen Gerinne der ehemaligen Wasserbau-Versuchsanstalt Wilhelmshaven durchgeführten Untersuchungen. Dabei wurde ein mit grobem Sand vermischter Schill von einem Großrücken der Außenjade etwa 15 cm stark aufgeschüttet und die Stromgeschwindigkeit langsam gesteigert. Es zeigte sich, daß die Beweglichkeit der Bestandteile in relativ weiten Grenzen wie folgt schwankt:

1. feiner Sand und kleinere Schalenbruchstücke: 25—30 cm/sec,
2. gröberer Sand und kleinere Muschel- und Schneckenschalen: 40 cm/sec,
3. große Muschel- und Schneckenreste: 60—65 cm/sec.

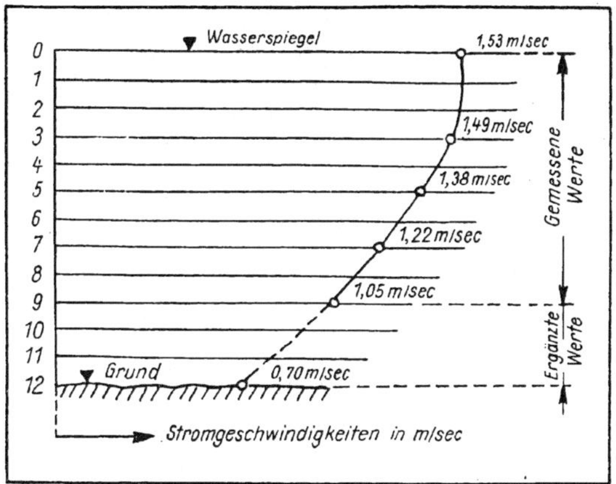

Abb. 71. Vertikale Stromgeschwindigkeitsverteilung in der Außenjade bei Ebbestrom zur halben Tidezeit. Nach K. LÜDERS (1929).

Zwischen 40 und 60 cm/sec wurden die mit der Wölbung nach unten liegenden Klappen so lange bewegt, bis sie in die Pflasterstellung einkippten. In dieser stabilen Lage blieben sie dann zunächst wieder in Ruhe liegen.

Stromgeschwindigkeitsmessungen mit der DARCYschen Röhre (Prinzip und Anwendung vgl. bei M. MÖLLER, 1906), die östlich Minseroog in der Außenjade bei Ebbestrom zur halben Tidezeit durchgeführt wurden, ergaben nach K. LÜDERS (1929) die in Abb. 71 dargestellte Verteilung der Stromgeschwindigkeiten in der Vertikalen. Es zeigte sich, daß die Geschwindigkeiten zu gleicher Zeit in verschiedener Tiefe sehr unterschiedlich sind. Die größten Werte finden sich dicht unter der Wasseroberfläche, die kleinsten unmittelbar über dem Grund. Eine ähnliche Verteilung dürfte in allen strömenden Medien zu erwarten sein.

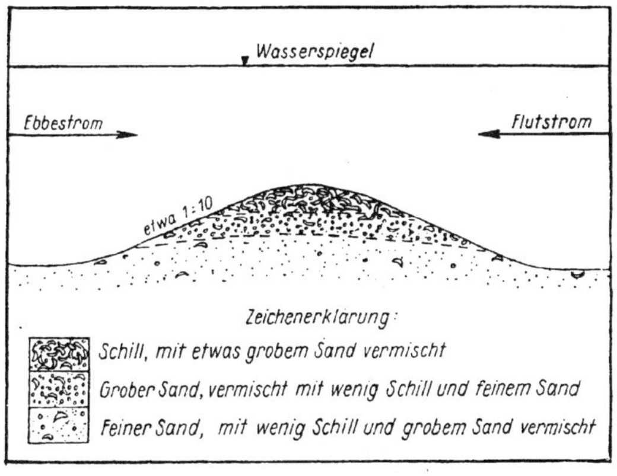

Abb. 72. Schematischer Aufbau eines Großrückens mit Schillbedeckung. — Nach K. LÜDERS (1929).

Diese Erkenntnis ist von ausschlaggebender Bedeutung vor allen dann, wenn sich etwa eine aus Sand und Schill verschiedener Korngrößen zusammengesetzte Ablagerung wall- oder rückenartig erhöht und dabei allmählich in immer höhere Wasserschichten mit entsprechend größeren Stromgeschwindigkeiten gerät. Dabei werden jeweils die der Stromgeschwindigkeit der betreffenden Tiefe entsprechenden Bestandteile fortgeführt. Die Folge ist bei Zufuhr sonst gleichbleibenden Sediments eine allmähliche Zunahme der gröberen Bestandteile nach oben hin.

Derartige Anhäufungen sind z. B. dort denkbar, wo sich in Ebbe- bzw. Fluttrichtern Großschillrücken bilden. In ihnen wächst entsprechend der Zunahme der Strömungsgeschwindigkeit und damit Transportfähigkeit nach oben hin allmählich der Gehalt an gröberen Komponenten. In der Außenjade besteht deshalb die oberste Decke der Rücken fast ganz aus reinem Schill (vgl. Abb. 72).

Betrachtet man die korngrößenmäßige Zusammensetzung etwa der Trochitenbänke aus dem Oberen Muschelkalk etwas genauer, so erkennt man häufig eine ein- oder zweimalig sich wiederholende, allmähliche Korngrößenzunahme der Schill- und Trochitenbestandteile. Möglicherweise ist sie in ähnlicher Weise wie bei den Großschillrücken der Außenjade auf ein Höherwachsen der Schill- und Trochitenbildungen zurückzuführen, die sich im Litoral, zumindest aber unter strandnahen Bedingungen auf Untiefen gebildet haben.

Bei entsprechenden Mächtigkeiten fossiler Schillbildungen, in denen sich allmähliche Veränderungen in der Korngröße feststellen lassen, die sich über mehrere Meter verteilen, kann als mutmaßliche Ursache die entsprechende Zunahme der Strömungsgeschwindigkeit und damit der Transportkraft beim Höherwachsen angenommen werden. Es braucht also nicht eine Veränderung der Strömungsverhältnisse insgesamt eingetreten zu sein.

9. Untersuchung allochthoner Thanatocoenosen mit Hilfe biosoziologischer Methoden

Die Anwendung biosoziologischer Methoden gestattet es mitunter, die in einer allochthonen Thanatocoenose vereinigten Reste auf ihre ehemaligen Lebensräume zurückzuführen. Hierdurch läßt sich der Verfrachtungsweg und die Verfrachtungsart bis zu einem gewissen Grade rückläufig ermitteln.

Die wichtigste, erstmalig von J. WEIGELT (1930) angewandte Methode beruht auf dem Nachweis bestimmter morphologischer Reaktionen auf die Bedingungen der Biotope. Hierzu gehört vor allem die R e a k t i o n a u f d e n k u r z f r i s t i g e n W e c h s e l v o n T r o c k e n l e g u n g u n d Ü b e r f l u t u n g b e i i m W a s s e r l e b e n d e n L a m e l l i b r a n c h i a t e n u n d B r a c h i o p o d e n.

Zeitweilig kurzfristigen Trockenlegungen unterworfene Muscheln und Brachiopoden sind rhythmischen Wachstumspausen ausgesetzt. Im Bereich normalen Gezeitenwechsels z. B. pausiert das Tier so zweimal am Tag in seinen physiologischen Funktionen. Die Schalenränder werden, um einen Wasserverlust im Inneren zu verhindern, stundenlang hermetisch und unter starkem Schließmuskelzug aufeinandergepreßt und nach außen gedrückt. Die Folge ist eine rauhe Epidermis, eine gedrungenere Gestalt mit stumpfem Schalenschlußwinkel und ein verstärktes Hervortreten der konzentrischen Zuwachsstreifung durch eine leichte Riefelung der Schale.

Jede Wasserstandsschwankung, gleichgültig in welchem Milieu, kann eine ähnliche Reaktion verursachen. Nur muß sie im kurzfristigen Wechsel und mehr oder weniger regelmäßig über einen ausreichend langen Zeitraum erfolgen. Neben Gezeitenwirkung kommt vor allem Windstau in Frage, der auch in Binnenmeeren und Binnenseen eine nicht unerhebliche Bedeutung besitzen kann. Es handelt sich also um eine mechanisch bedingte Konvergenzerscheinung. Sie gestattet folglich keine eindeutige Erklärung ihrer Ursache, wenn man sie an fossilen Resten in ähnlicher Weise beobachtet. Die Entscheidung, ob es sich um Gezeiten-, Windstau- oder sonstige Wirkungen handelt, kann nur nach eingehendem Studium anderer Kriterien erfolgen.

Die bei der rezenten *Mytilus edulis* der Nord- und Ostsee auftretenden Reaktionsformen und ihre kennzeichnenden Merkmale sind in Tab. 22 zusammengestellt.

Als fossile Beispiele seien genannt:

1. *Terebratula elongata* aus den Zechsteinriffen von Thüringen.

Tabelle 22: Die verschiedenen Reaktionsformenvon *Mytilus edulis* auf Umweltbedingungen

	Dauernd untergetaucht lebende Formen:	Zeitweilig trocken liegende Formen:
Ostsee:	vor allem in der Muddregion zu beobachten.	Litoral- und Brandungsgebiet, an Brücken und an Pfahlwerk.
Nordsee:	vor allem in den Prielen.	auf den Sandplatten und hohen Wattflächen.
Merkmale:	schnellwüchsig, glatt und dünnschalig, schlank, spitzer Schalenschlußwinkel.	rauhe Epidermis, gedrungene Gestalt, leichte konzentrische Riefung der Schale, stumpfer Schalenschlußwinkel.
Abbildungen:	 Abb. 72 a.	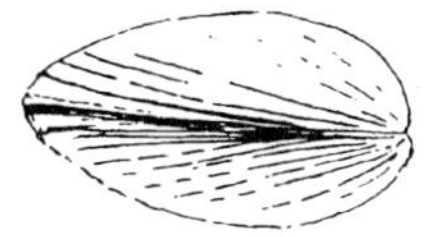 Abb. 72 b.

2. *Terebratula vulgaris*. Eine Bearbeitung autochthoner Populationen aus dem Oberen Muschelkalk des Thüringer Beckens (A. H. MÜLLER, 1950) gestattet in Verbindung mit palaeogeographischen und fazieskundlichen Überlegungen genauere Aussagen über die Art der durch die Umwelt bedingten morphologischen Veränderungen. Wie etwa bei den rezenten *Mytilus edulis* finden sich relativ glattschalige Formen mit sehr spitzem Schalenschlußwinkel neben solchen mit verdickten Zuwachsstreifen, rauher Oberfläche und relativ stumpfem Schalenschlußwinkel. Die glattschaligen, spitzwinkligen Formen sind an reine Kalke, die rauhschaligen, stumpfwinkligen an die Knauerkalke gebunden. Variationsstatistische Untersuchungen ergaben infolgedessen sehr unterschiedliche Werte für das Merkmalpaar Länge zu Dicke, während das Merkmalpaar Länge zu Breite keinerlei besondere Reaktion, sondern nur die übliche Variabilität mit gleichbleibendem Mittelwert zeigt.

E. Das frühdiagenetische Schicksal der eingebetteten, erhaltungsfähigen Hartteile

1. Die Deformation von Fossilien im Verlaufe der Frühdiagenese

a) Allgemeines

Die im Gestein enthaltenen Fossilien weisen nicht selten Deformationen auf, die je nach der Art und dem Mechanismus der auslösenden Bedingungen und den mechanischen Eigenschaften des verformten Körpers unter Zerbrechungen oder bruchlos erfolgt sind. Man kann deshalb unterscheiden zwischen:

1. plastischer (bruchloser) Verformung und
2. Bruchdeformation.

Zwischen beiden Arten lassen sich zahlreiche Übergänge nachweisen.

Die Ursache der Deformation ist verschieden und kann zurückgehen auf:

1. Mächtigkeitsschwund,
2. Zusammensacken unter dem eigenen Gewicht,
3. tektonische Bewegungen.

Der letzte Punkt fällt aus dem Rahmen der vorstehenden Betrachtungen und wird deshalb nicht berücksichtigt. Es verbleiben also nur die durch 1. bis 2. bewirkten Veränderungen. Zunächst einige Betrachtungen über den Mächtigkeitsschwund.

b) Der Mächtigkeitsschwund (Sackungsbetrag) jugendlicher Sedimente

Als Ursachen für den Mächtigkeitsschwund kommen in Frage:

1. die Verminderung eines flüssigen Zwischenmittels (meist Wasser),
2. die Auslaugung fester Komponenten,
3. die Verminderung des Gehalts an organischer Substanz durch Entgasung.

Die Dichtelagerung kann bereits unter Einwirkung äußerer Einflüsse, etwa durch die Wasserbewegung, geschehen. Sie vermag dann als unmittelbare Folge, eine Verminderung des eventuell vorhandenen flüssigen Zwischenmittels nach sich zu ziehen (Verkleinerung des Porenvolumens). Da das Wasseranlagerungsvermögen bei den gröberen Sanden gering ist, kann in ihnen (natürlich auch bei den aus noch gröberen Komponenten zusammengesetzten Lockergesteinen) hierdurch bereits eine nahezu völlige Dichtelagerung erzielt werden. Eine nachträgliche Sackung ist also bei derartigen, im bewegten Wasser abgelagerten Sanden nur unter besonderen Voraussetzungen zu erwarten. Sie tritt hier nur dann ein, wenn die Sande noch größere Mengen „vergasbarer“, organischer Substanz oder relativ leicht löslicher Komponenten enthalten oder wenn die eingeschlossenen Reste hohl sind bzw. eine Füllung von geringerer Dichte als das Nebengestein aufweisen. Aber auch dann ist nur unter ganz bestimmten Voraussetzungen mit deutlichen Deformationen zu rechnen; denn die gegenseitige Reibung und Abstützung der einzelnen Körner verringert den an sich zu erwartenden hydrostatischen Druck.

Man kann sich die in der Natur vorkommenden lockeren Sande zusammengesetzt denken aus zahlreichen, vertikal stehenden Prismen, die sich alle mit ihren Längsflächen berühren und längs denen die Abwärtsbewegungen erfolgen. Da der Querschnitt dieser Prismen ziemlich groß ist, tritt eine Deformation nur bei relativ großflächigen Körpern ein. Die Mehrzahl der Reste aber, die einen nicht allzu großen Querschnitt besitzen, bleibt in Sanden körperlich und undeformiert erhalten. Man darf indes die durch das Eigengewicht verursachten Deformationen nicht hierher rechnen.

Was für die Sande gesagt wurde, gilt nach H. KLÄHN (1932) auch für Geröllagen und entsprechende Bildungen. Ähnlich, wie beim Sand die einzelnen Körner, bewirken hier die Gerölle durch die gegenseitige Abstützung ein Gewölbe. Theoretisch lassen sich deshalb wie in Sanden keine oder nur geringe Deformationen erwarten. Das Gegenteil ist aber der Fall. Die Ursache sind Spannungsänderungen, die durch nachträgliche örtliche Umlagerungen eintreten. Einem Zitat von H. KLÄHN (1932) zufolge, ist TERZAGHI der Ansicht, daß die unregelmäßigen und nachträglichen Setzungen in Geröll- und Schuttlagen dadurch zustande kommen, daß unter dem wachsenden Hangenddruck Ecken und Kanten abbrechen und so den Gewölbebau stören. Dies dürfte sich vor allem dann einstellen, wenn die Zwischenräume nicht oder nur sehr unvollkommen mit Sand oder einem anderen Mittel erfüllt sind.

In Lockergesteinen, die im wesentlichen aus sehr feinkörnigen und kolloidalen Bestandteilen zusammengesetzt sind, ist das Wasseranlagerungsvermögen infolge der großen Oberflächenkräfte erheblich. Dies gilt besonders dann, wenn ein nennenswerter oder überwiegender Gehalt an Tonmineralien der Montmorillonitgruppe vorliegt.

Die Setzung von tonhaltigen Ablagerungen beruht nach TERZAGHI & FRÖHLICH (1936) darauf, daß bei großer Mächtigkeitszunahme des Hangenden der Belastungsdruck stark ansteigt und dabei das primäre Haftwasser der Tonteilchen z. T. aszendent auspreßt. Die hierdurch verursachte Porenwasserströmung bewirkt aber nicht nur durch Verminderung des Wassergehalts eine Verkleinerung des Volumens, sondern auch Stoffverlagerungen verschiedenster Art, die ja in diesem Ausmaße nur im gelösten Zustande möglich sind. Auf Porenwasserströmung geht nach H. ILLIES (1949) letzten Endes die Konkretionsbildung zurück, gleichgültig, ob es sich um solche aus Toneisenstein, Phosphorit, Markasit bzw. Pyrit, Baryt, Kalzit u. a. handelt.

So läßt sich direkt feststellen, daß im Verlauf der Diagenese etwa eine Entkalkung von Tonen stattgefunden haben muß, wenn sie kalkhaltige Konkretionen mit kalkschaligen Fossilresten enthalten, auch wenn im Nebengestein jede Spur von Kalk fehlt. Da zudem häufig der Gehalt an organischer Substanz in Tonen relativ groß ist, sind tonhaltige Gesteine vor allem von Sackungserscheinungen betroffen.

Infolge der außerordentlichen Feinheit der Einzelteilchen von Kalkschlammen müßte man an sich, ähnlich wie bei den Tonen, mit erheblichen Sackungserscheinungen rechnen. Das Wasseranlagerungsvermögen ist erheblich. Auch verliert Kalkschlamm beim Austrocknen $^3/_5$ seines Volumens. Trotzdem weisen die Fossilien im Innern reiner Kalke, die primär nicht größere Mengen von Ton, Kieselsäure oder organischen Schutzkolloiden enthielten, in der Regel keine frühdiagenetischen Deformationen auf. Die Entwässerung, Umwandlung und Erhärtung der sehr stabilen $CaCO_3$-Schlamme erfolgt eben so früh, daß die dabei auftretenden Volumen- und Spannungsänderungen sich nicht nennenswert auf die Struktur des Gesteins und seine fossilen Einschlüsse auszuwirken vermögen. Im Gegensatz zu den tonigen und mergeligen Gesteinen kann in ihnen später keine merkliche Volumensänderung durch Sackung mehr eintreten, da der plastische Zustand zu schnell und vor der Ablagerung einer mächtigeren Hangendschicht durchlaufen wurde. Im

Augenblick völliger Verfestigung entfällt ja die Möglichkeit weiterer Deformation in unserem Sinne. Biostratonomische Beobachtungen über die rasche Erhärtung von Kalkschlammen vgl. S. 72.

Abgesehen wird hier von den wohl meist sehr spätdiagenetischen Erscheinungen im Sinne der WEPFERschen Auslaugungshypothese, obgleich eine Abtrennung von den hier behandelten frühdiagenetischen Befunden oft unklar und willkürlich ist. Nicht berücksichtigt werden Drucksuturen, Stylolithen und ähnliche Bildungen.

c) Zusammensacken unter dem eigenen Gewicht

In diesem Falle wird die Deformation im wesentlichen durch die dem Körper eigene Statik und Mechanik bewirkt. Plastische Verformung erfolgt besonders dann, wenn es sich um:

a) elastische Formen, vor allem um dünnwandige Hohlformen handelt (vgl. Abb. 73) oder

b) um freiliegende Körper, deren Hartteile durch Zersetzungs- und Auslaugungsvorgänge elastisch und nachgiebig geworden sind.

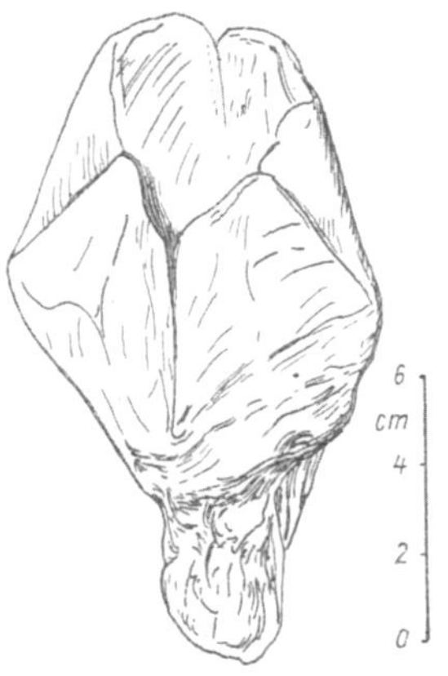

Abb. 73. *Conularia tulipa* R. u. E. RICHTER, unter dem eigenen Gewicht wie eine Papiertüte zusammengesunken. Bundenbacher Schiefer. Nach R. u. E. RICHTER (1930).

Eine entsprechende Bruchverformung ist zu erwarten, wenn Hartteile durch solche Zersetzungs- und Auslaugungsvorgänge brüchig geworden sind.

Und nun noch einige allgemeine und zusätzliche Bemerkungen:

Sind die Umrißformen und Querschnittverhältnisse der Fossilien aus anderen, undeformierten Vorkommen gut bekannt, ermöglichen sie wichtige Rückschlüsse, vor allem über das Ausmaß und die Ursache der an ihnen vollzogenen Verformungen. Ist die Morphologie der Fossilien dagegen nicht oder nur ungenügend geklärt, so führt die Deformation oft zu einer falschen Beurteilung und Bestimmung. Sie ist dann auch die Ursache für die Aufstellung falscher Arten, besonders dann, wenn die Verformung plastisch und ohne äußerlich erkennbare Brucherscheinungen erfolgte.

A. FANCK (1930) untersuchte in diesem Zusammenhange die Muschelfauna der St. Galler Meeresmolasse, die sich im Gegensatz zu anderen, gleichalterigen Ablagerungen durch einen überraschenden Artenreichtum auszeichnete. Es war kaum möglich, zwei einander völlig gleiche Stücke zu finden. Die Bearbeitung ergab, daß von den 426 beschriebenen Zweischalerarten nur 64 (= 14,5%) als selbständig betrachtet werden können, während der Rest (= 85,5%) auf Deformationsprodukte zurückgeht.

Besonders leicht werden auch Fische verformt, wobei besonders das ursprüngliche Verhältnis von Körperhöhe und -länge verzerrt wird. So konnte z. B. W. LAATSCH (1931) bei einer kritischen Neubearbeitung der im Kupferschiefer vorkommenden Ganoidfische feststellen, daß die Unterscheidung von *Palaeoniscus freieslebeni* und *P. magnus* zu Unrecht besteht. — *Magnus* soll eine relativ größere Breite (Körperhöhe) als *freieslebeni* besitzen. — Man darf zur Feststellung solcher Vergleichswerte aber nur Reste heranziehen, deren Hautpanzer sich noch vollkommen geschlossen, in genau seitlicher Lage befindet, so daß Rücken- und Bauchkante mit den äußeren Konturen zusammenfallen. Bei Berücksichtigung dieser Bedingungen findet man, daß kein Unterschied zwischen dem zu *Palaeoniscus freieslebeni* und *P. magnus* gestellten Material besteht.

Ähnliches gilt zweifellos auch für den Fossilinhalt vieler anderer Ablagerungen, besonders aber solcher, die tektonisch stärker disloziiert wurden. Die Berücksichtigung dieser Tatsache und eine intensive Neubearbeitung des bestehenden Materials könnten deshalb die Systematik von einem großen Ballast an „Arten“ befreien.

Nach diesen Betrachtungen über die Ursachen der Deformationen an Fossilien in lockeren Sedimenten folgen die Befunde im einzelnen. Sie gestatten vor allem gewisse Rückschlüsse über den zeitlichen Ablauf und das Ausmaß der eingetretenen Verformungen.

d) Die plastische (bruchlose) Deformation

Soweit eine ursprüngliche Elastizität der zu verformenden organischen Körper nicht vorhanden ist, kann eine plastische (bruchlose) Deformation unter den Bedingungen der Frühdiagenese in der Regel erst dann eintreten, wenn die Körper durch Zersetzungs- und Auslaugungsvorgänge biegsam geworden sind. Im übrigen ist plastische Deformation nur an Steinkernen solcher Reste zu erwarten, bei denen eine Auflösung der Hartteile vor der endgültigen Verfestigung des Sediments erfolgte. Da Sande und reine Kalke für die Deformation praktisch ausscheiden, ist diese Art der plastischen Verformung hauptsächlich in tonhaltigen Gesteinen zu erwarten. Alle Beobachtungen, die auf ein Biegsamwerden von Hartteilen durch Zersetzungsprodukte organischer Substanzen auf oder im noch unverfestigten Sediment hinweisen, verdienen ein ganz besonderes Interesse.

Die Menge der in Zersetzung übergehenden Substanz darf natürlich nicht zu gering sein. Die auf dem rezenten Watt oder am Strande herumliegenden Muschel- und Schneckenschalen sind ja unverändert. Also reicht die im einzelnen Gehäuse enthaltene organische Substanz nicht aus. F. HECHT (1933) hat diese Zusammenhänge experimentell nachgeprüft, indem er in das Fleisch von 100 *Mytilus* einige gewogene Klappen derselben Art hineinlegte und durch Vergleichswägungen von Zeit zu Zeit das Ausmaß der durch die freiwerdenden Säuren bewirkten Schalenlösung feststellte (Laborversuch, vgl. Tab. 23). Sobald die reaktionsfähige Substanz verbraucht oder die Lösung mit $CaCO_3$ gesättigt war, erfolgte keine weitere Auflösung mehr. Auf die Natur übertragen, kann man deshalb mit F. HECHT sagen: „Je reicher ein Sediment an zersetzbarer organischer Substanz, desto eher ist es möglich, daß die mitsedimentierten Kalkgehäuse angelöst und aufgelöst werden.“ In erster Linie dürfte hierbei das bei der Zersetzung frei werdende CO_2 (wie im Meerwasser) lösend wirken, daneben, wohl aber zurücktretend, die durch Oxydation aus dem normalerweise im Sediment vorhandenen H_2S entstehende Schwefelsäure.

Tabelle 23: Schalenlösung in verwesendem Muschelfleisch. Nach F. HECHT, 1933

Zeit	Gewicht vorher	Gewicht danach	Gewichts-verlust	%
1. 7.–8. 7	0,8471	0,7205	0,1266	14,9
1. 7.–15. 7.	0,8471	0,6204	0,2167	24,5
1. 7.–1. 8.	1,6628	1,4650	0,1978	11,86
1. 7.–1. 9.	1,6628	1,4824	0,1804	10,85
1. 7.–17. 7.	1,5603	1,3870	0,1733	11,1
1. 7.–17. 7.	1,8466	1,3870	0,4590	24,86

Während das Periostrakum durch die Außenseite geschützt wird, vollzieht sich die Auflösung von der aragonitischen Innenseite her relativ rasch, so daß dünnschalige Exemplare bereits nach einigen Wochen bis auf einen kreidig-staubigen Rest vernichtet waren. Bei den übrigen begann sich nach etwa 8 Monaten das aus chitinartiger Substanz bestehende Periostrakum ohne erkennbare Veränderung abzulösen, legte sich in wellige, den Anwachsstreifen parallel laufende Falten und ließ sich leicht abziehen (Abb. 74). Chitinhauterhaltung ist also zumindest bei *Mytilus* auch nach vorheriger völliger Auflösung der Kalkschale denkbar.

Von besonderer Bedeutung ist nun die Tatsache, daß die von F. HECHT (1933, S. 239) einerseits dem Meerwasser, andererseits verwesendem Muschelfleisch ausgesetzten *Mytilus*-klappen nach einiger Zeit so biegsam wurden, daß man Vorder- und Hinterende und Ober- und Unterrand zueinander hinbiegen konnte. Dieses Stadium trat im Meerwasser nach etwa 8 Monaten ein, im verwesenden Muschelfleisch (von 100 Exemplaren) aber bereits nach 20 Wochen. Dabei war die Perlmutterschicht jeweils ganz oder bis auf geringe Reste in der Wirbelregion zerstört.

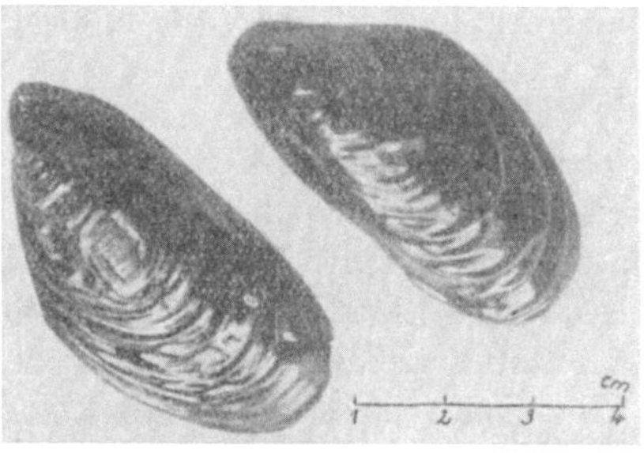

Abb. 74. Klappen von *Mytilus edulis* L. mit sich ablösendem Periostrakum. Nach F. HECHT (1933).

In anderen Fällen konnte festgestellt werden, daß zusammen mit ihrem Weichkörper an Ort und Stelle eingebettete Schalen von *Mya arenaria*, *Cardium edule*, *Macoma baltica* äußerlich zwar keine Veränderungen aufwiesen, bei dem Versuch aber, sie aufzuheben, zu einem formlosen Kalkbrei zerfielen, wobei sich die noch übriggebliebene Prismenschicht in ihre kristallographischen Einzelgebilde auflöste. Damit ist entgegen der WEPFERschen Meinung (1926), daß solche Vorgänge durchaus nachträglicher Natur seien und durch Auslaugung unter Druck erklärt werden müssen, bewiesen, daß sie sich auch im frischen Sediment und bereits am Meeresboden abspielen können.

Hartteile, die durch Einwirkung von organischen Zersetzungsprodukten oder des Meereswassers selbst biegsam und nachgiebig geworden sind, neigen zu einer bruchlosen Verformung. Für oberflächennahe, tektonisch nicht beeinflußte Gesteine sind derartige Deformationen immer der Beweis für die Wirkung von Lösungsvorgängen. So sind die übereinanderliegenden Knochenreste fossiler Skelette häufig bruchlos so gebogen, daß sie mit Ausnahme der Kreuzungsstellen in einer Ebene liegen. Die Knochen müssen also bereits zu einer Zeit, als das Sediment noch sackungsfähig war, durch Auflösung biegsam und nachgiebig gewesen sein. Man denke etwa an die Saurierreste aus dem Posidonienschiefer von Boll und Holzmaden.

Experimentelle Befunde von F. HECHT (1933) ergaben, daß bei Knochenresten, die er mitsamt anhaftender Fleischsubstanz vergraben hatte, die Knochen unter Phosphatanreicherung entkalkt und dabei völlig biegsam wurden. Die Biegsamkeit ging aber in allen Fällen beim Lagern an der Luft wieder verloren, woraus zu schließen ist, daß die Durchfeuchtung des Knochengewebes eine ausschlaggebende Rolle spielt. Knochen, die oberhalb der Mittelhochtide oder im trockenen Boden lagern, werden deshalb wohl angelöst und brüchig, niemals aber auch nur im geringsten biegsam. Daraus ergibt sich, daß bruchlose Verformung angelöster Kalkschalen und Skeletteile nur möglich ist unter Wasser oder in einem mit Wasser durchtränkten Sediment, das eine völlige Durchfeuchtung des entkalkten Gewebes gewährleistet. Andererseits muß Verformung mit Bruch, soweit eine solche durch tektonische Vorgänge ausschaltet, vor einem derartigen Erweichen und Biegsamwerden eingetreten sein.

Versuchen von F. HECHT (1933) zufolge, hinterließen im Watt des Jadebusens vergrabene Schollen, Butterfische, junge Heringe und Sprotten nach 8—27 wöchiger Zersetzung nur noch das Knochen- und Knorpelskelett, wobei die Knochen so weitgehend entkalkt waren, daß das zurückbleibende knorpelige Grundskelett biegsam und elastisch wurde. Ähnlich behandelte Krebsreste wurden dagegen brüchig, weil bei ihnen die chitinige Substanz nicht über, sondern in der Kalksubstanz liegt. Das Brüchigwerden ist bei ihnen also nicht verwunderlich. Derartige Reste sinken dann unter der Sedimentlast zusammen, falls das

Gestein nicht schon vor dem Brüchigwerden verfestigt war (vielleicht bei gewissen Kalkschlammen zu erwarten). Wenn man deshalb in Kalken i. d. R. keinerlei Verformung an Krebsresten beobachten kann, so ist dies ein Zeichen für die außerordentlich rasche Erhärtung.

Die Differenz zwischen dem ursprünglichen Volumen des Sediments und dem im gesackten Zustand gibt das Setzungsmaß, das Verhältnis aus beiden den Setzungsquotienten und das Setzungsmaß in Prozent des ursprünglichen Gesteinsvolumens ausgedrückt, den Setzungskoeffizienten. Die Bestimmung erfolgt, indem man den ursprünglichen Durchmesser eines Fossils ins Verhältnis setzt zu einem entsprechenden Durchmesser im deformierten Zustand. Die auf diese Weise ermittelten Werte entsprechen i. d. R. nur ungefähr den wirklichen Verhältnissen. Sie ergeben aber einen Anhalt für die Größenordnung.

Wie bestimmt man nun den „ursprünglichen" Durchmesser? Eine derartige Aufgabe ist bis zu einem gewissen Maße illusorisch, wenn bei der Sackung ein seitliches Ausweichen im deformierten Körper eingetreten ist. Mitunter läßt sich aber direkt feststellen, daß kein seitliches Ausweichen erfolgte. Hierzu nachstehende Beispiele:

a) Die häufig in den Stubbenlagen der Braunkohle sich findenden, über- und nebeneinander liegenden, umgebrochenen Baumstämme weisen i. d. R. nicht mehr ihren ursprünglichen, runden Querschnitt auf, sondern sind mehr oder weniger flach gedrückt. Die Art, wie sich die Verdrückung auswirkt, läßt sich am Verlauf der Jahresringe beobachten, soweit solche vorhanden sind. Sie weisen dort, wo sie an den Schmalseiten des Ovals umbiegen, häufig eine feine Fältelung auf (vgl. Abb. 75a), deren Ausmaß nach dem Stamminneren zu abnimmt. Diese Fältelung ist nicht zu verwechseln mit den schmalen Stellen der Jahresringe, wie sie am lebenden Baum an der Grenze von Holz und Rinde mitunter vorkommen. Die Fältelung ist vielmehr eine Folge der Verdrückung. Ihre Entstehung ist nicht denkbar bei seitlichem Ausweichen; denn dann wäre keine Stauchung an den Flanken in der Druckrichtung eingetreten.

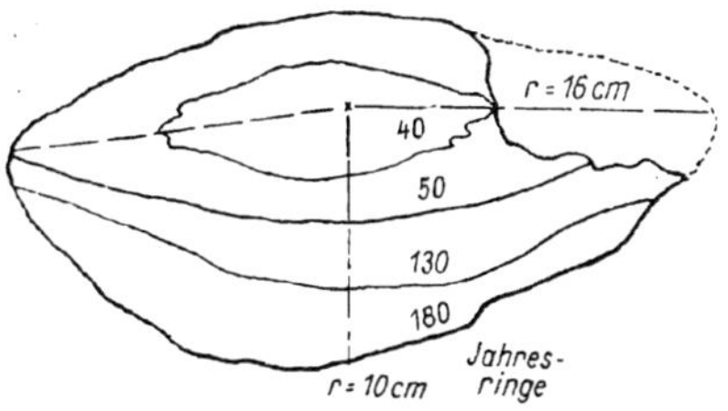

Abb. 75a. Querschnitt durch einen vom Sackungsdruck verformten Baustamm. Die Jahresringe sind an den Schmalseiten gefältelt. Miozäne Braunkohle, Bitterfeld. — Nach E. HINTZE (1934).

b) Im Karbon finden sich nicht selten die plattgedrückten, längsgerieften Ausgüsse der Markhöhlen von Calamiten. Die obere, gegen das Hangende gerichtete Seite ist im allgemeinen etwas mehr zusammengedrückt als die untere. Die Schmalseiten sind steilwandig. An einigen, aus feinkörnigem, tonigen Sandstein bestehenden Steinkernen des Geologischen Instituts Greifswald wurde die auf $1^1/_2$ cm Umfang in den verschiedenen Richtungen entfallende Zahl von Längsrippen bestimmt (vgl. auch H. KLÄHN, 1932) und dabei die in Tab. 24 zusammengestellten Werte ermittelt. Es zeigte sich, daß auf den Schmalseiten die Rippenzahl durchweg größer ist als oben und unten, eine Erscheinung, die bei seitlichem Ausweichen nicht eingetreten wäre. Die Calamiten wurden also ohne seitliche Ausdehnung gepreßt. Meist erfolgte dabei auf einer der Schmalseiten eine stärkere Stauchung, als auf der anderen.

c) Vertikal in die Kalkmergel des Oberen Muschelkalks eingebettete Ceratitensteinkerne zeigen sich plastisch deformiert. Da die vertikal zur Druckrichtung liegenden Flanken rundsteilwandig ausgebildet sind, muß auch hier eine Stauchung ohne seitliches Ausweichen stattgefunden haben. Die Ergebnisse einiger an solchen Resten durchgeführten Sackungsbestimmungen sind in Tab. 25 niedergelegt.

Tabelle 24: Die Anzahl der auf 1½ cm des Umfangs in verschiedenen Richtungen bei Calamitensteinkernen aus dem Karbon entfallenden Längsrippen. Gestein: toniger Sandstein

Nr.	Art/Fundort	Größter horizontaler Durchmesser (cm)	Zugehöriger Durchmesser (cm) in der Druckrichtung	Längsrippenzahl je 1½ cm		
				seitlich	oben	unten
1	*Cal. spec.* Ob. Karbon, Osnabrück	4,6	3,0	11 resp. 14	9	9½
2	*Archaeocalamites.* Kulm, Herdecke (Westf.)	7,0	4,0	9,5 resp. 11	7	6½
3	*Cal. approximatus* BRONG. Ob. Karbon, Saarbrücken	12,4	7,3	4	3½	3½

Tabelle 25: Sackungsbestimmung an vertikal eingebetteten Cephalopoden aus den Kalkmergeln (Tonplatten des Oberen Muschelkalkes

Nr.	Art	Ursprünglicher Durchmesser (cm)	Durchmesser in der Sackungsrichtung (cm)	Setzungsquotient
1	*Cer. flexuosus*	7	5,5	ca. 1,3
2	*Cer. pulcher*	6	5	1,2
3	*Nautilus bidorsatus*	23	7	3,3

Tabelle 26: Sackungsbestimmung an verschiedendicken Sigillarien und Calamiten in einem Tonsediment. Nach H. KLÄHN, 1932

Nr.	Durchmesser parallel zur Schichtung (cm)	Durchmesser vertikal zur Schichtung (cm)	Setzungsquotient	Setzungskoeffizient (%)
1	1	0,5	2	50
2	2		4	75
3	3		6	83,5
4	4		8	87,5
5	5		10	90
6	10		20	95
7	20		40	97,5
8	30		60	98,3
9	40		80	98,7
10	50		100	99,0

Ein Ausweichen ist nicht zu erwarten bei deformierten Steinkernen, die aus dem gleichen Material wie das Nebengestein bestehen und ihre Hartteile vor Beendigung der Sackung durch Auflösung verloren haben. Auch darf eine lokale Erhärtung durch mineralische, im jungen Sediment zirkulierende Lösungen nicht in Frage kommen, desgleichen muß ein vorheriges Zusammensacken unter dem eigenen Gewicht ausscheiden. Derartige Steinkerne sind dann zur Bestimmung des Sackungsbetrages besonders gut geeignet. Das gleiche gilt aber unter entsprechenden Bedingungen auch für plastisch verformbare Körperfossilien.

Wie vorsichtig man jedoch sein muß, zeigt eine Aufstellung von H. KLÄHN (1932). Die von ihm untersuchten Sigillarien und Calamiten (vgl. Tab. 26) waren schichtparallel in ein Tonsediment eingebettet und dabei alle auf 0,5 cm zusammengedrückt, obgleich sie ursprünglich sehr verschiedene Durchmesser besaßen. Die berechneten Setzungskoeffizienten schwanken deshalb in weiten Grenzen (50—99%). In solchen Fällen und vielleicht auch allgemein empfiehlt es sich deshalb, zur Bestimmung vergleichbarer Sackungswerte verschiedener oder gleichartiger Sedimente nur gleichgroße Reste heranzuziehen.

Zu beachten ist ferner noch der Einfluß der Gewölbewirkung auf die Deformation. Er läßt sich dort leicht erkennen, wo noch mit der Schale erhaltene Reste auf der gleichen Schichtfläche dicht neben solchen liegen, die schalenlos (i. d. R. als Prägekerne) erhalten sind. Die letzteren zeigen sich dann immer stärker deformiert (W. QUENSTEDT, 1928). Diese ungleichartige Erhaltung geht vermutlich auf unterschiedliche Frische der Schalen bei der Einbettung zurück. Man kann auch annehmen, daß die plastische Deformation der Prägekerne im allgemeinen erst nach vollendeter Schalenauflösung erfolgte, als die Gewölbewirkung aussetzte; denn Prägekernbildung ist nur denkbar durch schrittweise Auflösung von innen nach außen.

Plastische Verformung läßt sich häufig an den Ausfüllungen von Grabgängen beobachten, die in sackungsfähigen Sedimenten angelegt wurden. Die Ermittlung der Sackung ergibt hier besonders genaue Werte, weil sich die Berechnung ebenso wie bei den Steinkernen im engeren Sinne auf die Deformation von Körpern stützt, die von vornherein aus einer dem Nebengestein weitgehend oder gänzlich entsprechenden Substanz bestehen. Je geringer der Unterschied, um so kleiner ist die Differenz der entsprechenden Sackungsbeträge. Ist die Differenz aber groß, so wirkt sich die Sackung in mehr oder weniger starken Stauchungen und Knickungen aus und, soweit die Füllmasse relativ schneller erhärtet als das Nebengestein (vgl. S. 72), auch in Harnischbildungen und Striemungen auf der Oberfläche.

Die als Chondriten bezeichneten Gebilde erweisen sich (vgl. S. 60) als Kriechgangsysteme von Würmern oder Arthropoden, die, innerhalb des Sediments angelegt, dieses kreuz und quer durchziehen. Sie breiten sich mit Vorliebe auf den verschiedenen, benachbarten und übereinander liegenden Schichtflächen aus und können so gewissermaßen mehrere Etagen bilden, die durch $\pm$ vertikal stehende Gänge unter sich und mit der Oberfläche verbunden sind. Je nach dem Mächtigkeitsverlust, den das Nebengestein im Verlaufe der frühdiagenetischen Veränderungen erfahren hat, ging die Körperlichkeit mehr oder weniger stark verloren, so daß im Extremfall die ursprünglich relativ weit auseinanderliegenden Etagen eines Chondritensystems durch die Zusammenpressung des ehemaligen Sediments scheinbar nebeneinander auf derselben Schichtfläche zu liegen kamen.

Da die Chondritengänge in den verschiedensten Richtungen das Sediment durchsetzen können, werden sich ähnlich wie bei den Stigmarienwurzeln des Karbons Abschnitte finden lassen, die senkrecht zur Druck- und Sackungsrichtung lagen und einen dem Sackungsbetrag entsprechenden mehr oder weniger ovalen Querschnitt zeigen, neben solchen, die parallel zur Druckrichtung standen und für die ein kreisförmiger Querschnitt zu erwarten ist, entsprechend ihrer Entstehung durch allseitigen Turgordruck eines wurmförmigen, zumindest zylindrischen Körpers. Auch horizontal im Gestein liegende oberirdische Pflanzenteile sind häufig flachgedrückt, während andere, noch vertikal stehende, autochthon eingebettete, keine deutliche Zusammenpressung zeigen (z. B. Reste von *Equisetites arenaceus* JAEG. im Mittleren Rhät des Seeberges bei Gotha).

W. LANGE (1932) beschreibt aus der Schlotheimien-Stufe des nordwestdeutschen Lias fossile Bauten, die in Form einer doppelten konzentrischen Schraubenspirale mit zwei Ausgängen verlaufen und vermutlich von Würmern (Anneliden?) herrühren. Die Achse der Spirale steht senkrecht zur Schichtfläche. Diese Gebilde finden sich in Schiefertonen und in Geoden. In letzteren sind sie körperlich, in ersteren zusammengedrückt erhalten. Durch Ausmessung der Stücke in Schiefertonen einerseits und Geoden andererseits gewinnt man einen Anhalt für die Zusammendrückung des ursprünglichen Sediments. Sie beträgt zwischen $^1/_4$—$^1/_5$. Daraus ergibt sich aber auch, daß die Geodenbildung örtlich und in der Form veranlaßt durch den Wurmbau, schon früh, im noch kaum verfestigten Sediment erfolgt sein muß.

Eine erhebliche Volumenverminderung vollzieht sich bei der Umwandlung pflanzlicher Substanz in Kohle, da das Ausgangsmaterial ursprünglich locker gehäuft und stark mit Wasser durchtränkt ist.

Zur Bestimmung des Sackungsbetrages in der Braunkohle eignen sich im besonderen Umfange die Stubbenhorizonte (vgl. S. 71). Hier haben die noch autochthon am Orte ihres Wachstums befindlichen Wurzelstrünke keine oder nur eine unwesentliche Setzung erlitten, wohl aber die umgebende Braunkohle. Ton- und Lettenlagen, helle, pyropissitische Streifen oder Stammstücke wurden deshalb über den Strünken verbogen. Unter der Voraussetzung, daß diese Erscheinungen ursprünglich vollkommen horizontal lagen, kann man aus dem Betrag, um den sie seitlich der Wurzelstrünke herabgebogen wurden, den Setzungskoeffizienten bestimmen.

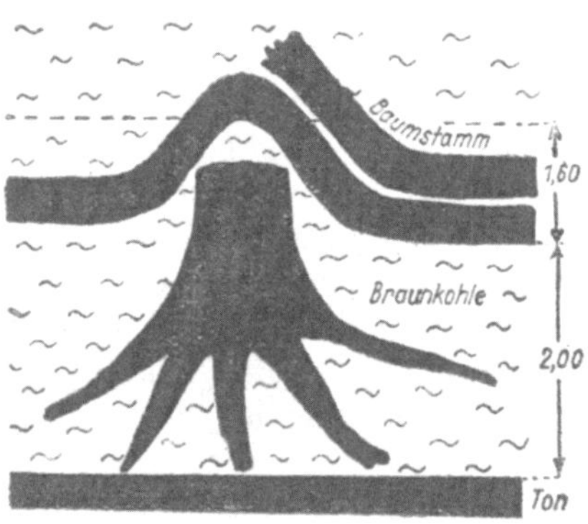

Abb. 75b. Verbiegung eines tonigen Zwischenmittels über dem autochthonen Wurzelstumpf eines *Taxodium* zur schematischen Veranschaulichung der Setzung in der Braunkohle. Oben rechts die ebenfalls durchgebogenen Reste eines Baumstammes. Oberflöz des Tagebaues „Wilhelminenglück" von Klettwitz (Niederlausitz).
Umgezeichnet nach F. GLÖCKNER (1912).

Nach F. GLÖCKNER (1912) wird z. B. das Oberflöz des Tagebaues „Wilhelminenglück" bei Klettwitz (Niederlausitz) 2,00 m über dem Liegenden von einem 0,10 m mächtigen, tonigen Zwischenmittel durchsetzt. Nur über dem autochthonen Stumpf eines *Taxodium*, dessen Wurzeln bis in den liegenden Ton hineinreichen, bildet es einen Sattel von 1,60 m Höhe. Quer über ihm liegen die Reste eines ebenfalls durchgebogenen Baumstammes. Dieser Sattel beweist, daß eine Mächtigkeitsverminderung von mindestens 3,60 m auf 2,00 m stattgefunden haben muß (vgl. Abb. 75b). Aus $\frac{3,6}{2,0}$ erhält man mit 1,8 den ungefähren Setzungskoeffizienten. Für die gesamte Lagerstätte schätzt ihn GLÖCKNER jedoch auf 2,0—2,5.

Im nordwestsächsischen Revier und in der sächsischen Lausitz soll er nach P. SCHULZ (1930) für grobstückige Braunkohle 1,4 und für erdige und feinknorpelige Lagen etwa 3,0 betragen. Alle diese Berechnungen geben natürlich nur einen Anhalt für die Größenordnung der in Frage stehenden Setzungsbeträge und der zur Bildung eines Flözes erforderlichen Pflanzenmassen.

e) Die Bruchdeformation

Bruchdeformation wird dann eintreten, wenn:

a) primär eine ausreichende Elastizität fehlt,

b) an sich elastische Körper durch Zersetzungs- und Auslaugungsvorgänge brüchig geworden sind.

Fehlt, wie wohl in der Regel, eine seitliche Ausdehnungsmöglichkeit während der Deformation, so werden die einzelnen Bruchstücke unter Überschiebung nach unten projiziert, ohne daß eine Vergrößerung der vor der Deformation vorhandenen Fläche senkrecht zum Sackungsdruck erfolgt. Eine solche tritt nur dort ein, wo infolge lokaler Inhomogenitäten im unmittelbaren Nebengestein ein seitliches Ausweichen möglich ist.

Die sich bei der Bruchdeformation bildenden Sprünge sind häufig außerordentlich fein. Erfolgt keine Verschiebung der einzelnen Bruchstücke gegeneinander, und werden sie durch mineralische Neubildungen verkittet, kann äußerlich das Bild einer plastischen Deformation entstehen.

Die Spuren der Sprünge lassen sich mitunter auch auf Steinkernen nachweisen, die keine Schale mehr besitzen. Aus einem derartigen Befund ergibt sich, daß zunächst die Verdrückung und dann erst die Auflösung der Schale erfolgt sein muß.

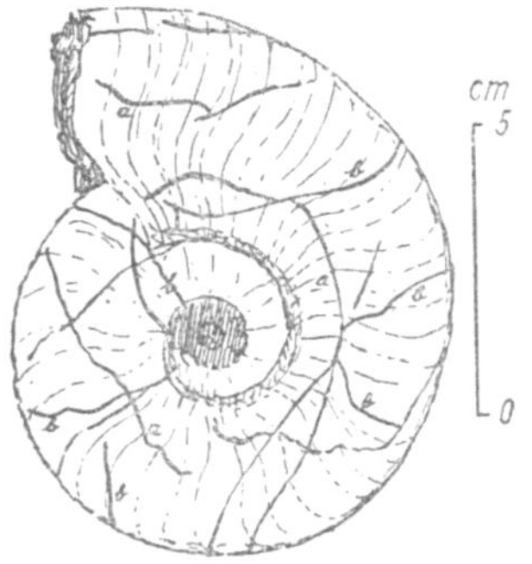

Abb. 76. *Leioceras opalinum* REIN., Opalinuston, Goslar. — Orig. Geol. Institut Greifswald.

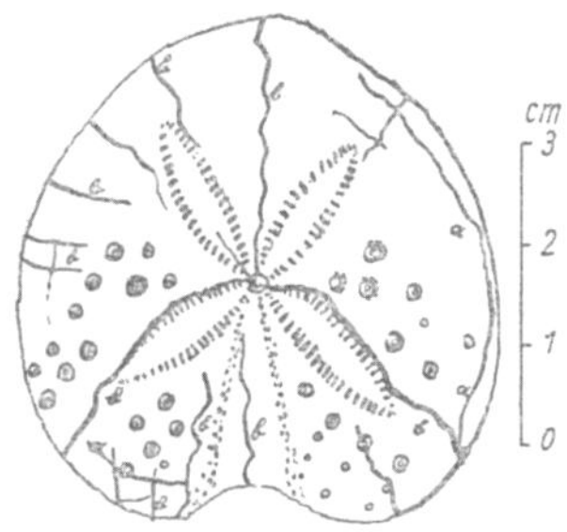

Abb. 77. ***Echinospatagus hofmanni*** GOLDF., Oberes Oligozän, Bünde bei Herford. — Orig. Geol. Institut Greifswald.

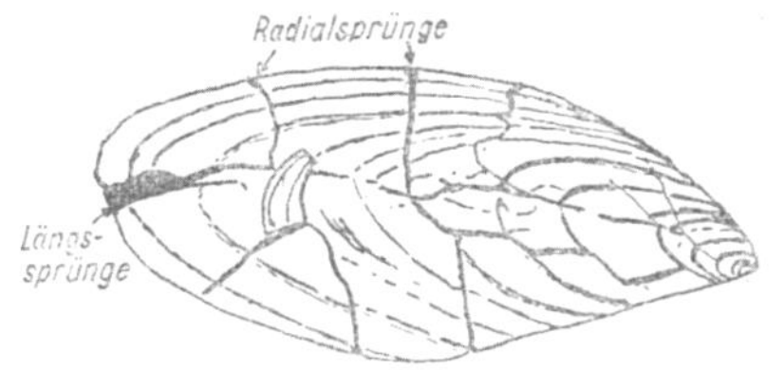

Abb. 78. Druckfigur an einem bruchdeformierten Körper mit länglichovalem Umriß. — *Inoceramus labiatus*. Unteres Turon, Salzgitter. — Orig. Geol. Institut Greifswald.

Abb. 76—78. Druckfiguren bruchdeformierter Körper mit rundlichem Umriß.
a = konzentrische Sprünge
b = Radialsprünge

Abb. 76—79 zeigen die wichtigsten bei der Bruchdeformation auftretenden Druckfiguren. Dabei kann man bei Körpern mit rundlichem Umriß im wesentlichen zwei verschiedene Systeme von Sprüngen unterscheiden:

1. Konzentrische Sprünge (a). Sie verlaufen parallel zum Umriß;
2. Radialsprünge (b). Sie stehen vertikal auf dem Umriß.

Besitzen die Körper länglich-ovale Gestalt, wie z. B. die Muscheln vom Typ *Mytilus*, *Modiola*, *Inoceramus*, so verläuft in der Regel ein Haupt- oder Längssprung entlang der Kammlinie (vgl. Abb. 78). Rechteckige Gebilde werden i. d. R. durch senkrecht auf den Seitenlinien stehende Sprünge zerteilt (vgl. Abb. 79).

In gewissen Fällen läßt sich die Wirkung der Sackung auch erkennen, wenn keine eigentliche Deformation vorliegt. So findet man in sackungsfähigen Gesteinen nicht selten zweiklappig erhaltene Muscheln, bei denen die eine Klappe so gegen die andere verschoben ist, daß ein Wirbel den anderen überragt. Besonders häufig tritt diese Erscheinung bei isodonten oder desmodonten Formen auf, so z. B. bei *Pleuromya*, *Myacites*, *Gresslya* u. a. Ohne gleichzeitige Deformation der Klappen selbst zeigt sie sich nur in solchen Gesteinen, bei denen die Sackung zwar zur Zerschiebung, aber nicht zur Zerdrückung oder plastischen Deformation ausreicht. Sie fehlt in dieser Form also den tonreichen Ablagerungen und beschränkt sich auf mergelige Kalke und kalkige Mergel, z. B. der Ceratitenschichten des Oberen Muschelkalkes.

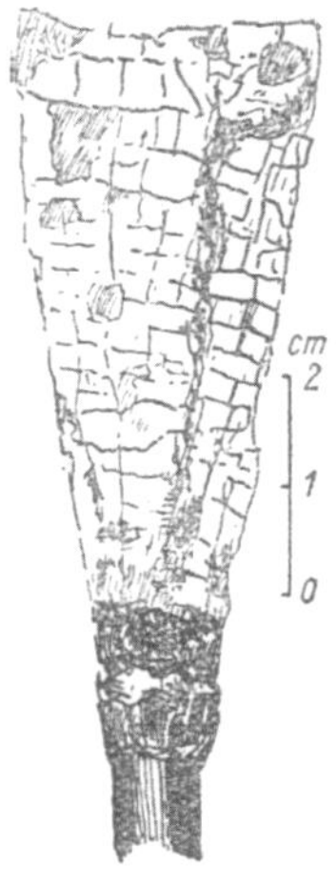

Abb. 79. Druckfigur an einem bruchdeformierten Körper mit rechteckigem Umriß: *Cuspiteuthis acuarius* (SCHLOTH.) mit völlig verdrückter Alveole. Lias ε, Holzmaden. Orig. Geol. Institut Greifswald.

2. Die Steinkernbildung und das frühdiagenetische Schicksal des Nebengesteins

Der Körper eines Lebewesens kann direkt überliefert werden. Man spricht dann von einem Körperfossil. Wird er aber im Gestein zerstört, so tritt an seine Stelle ein Hohlraum. Erfolgt keine nachträgliche Ausfüllung mit einer fremden, jüngeren Substanz, und besitzt das Gestein bei genügender Verfestigung eine ausreichende Standfestigkeit im Augenblick der Auflösung oder Zersetzung, kann der Hohlraum als solcher erhalten bleiben. Er zeigt dann an seiner Innenseite den Abdruck der Außenfläche des zerstörten Körpers.

Befindet sich zur Zeit der Hohlraumbildung das Gestein noch im sackungsfähigen Zustand, so kann die Höhlung mehr oder weniger stark zusammengedrückt werden. Besitzt der Körper ursprünglich einen inneren Hohlraum, der mit der Außenwelt in offener Verbindung steht oder bildet sich ein solcher im Verlaufe der Frühdiagenes etwa durch Zersetzung organischer Substanz, so wird er nicht selten mit Sediment erfüllt. Auf diese Weise entsteht ein echter Steinkern, ein Ausguß des Körperinneren. Bei der schrittweisen Zerstörung des Körpers nähern sich in noch sackungsfähigen Gesteinen die Oberfläche des Steinkerns und der Abdruck des Körpers einander. Im Extremfall können sie sich schließlich gegenseitig berühren und dabei beprägen. Es kommt dann zur Bildung von Prägekernen und ihren Sonderformen (W. QUENSTEDT, 1928).

Die genaue Analyse dieser Verhältnisse gestattet Rückschlüsse auf das Schicksal und den Zustand des Nebengesteins während der Frühdiagenese und den Verlauf der Lösungs- und Zersetzungsprozesse in den Körpern selbst. Von besonderer Bedeutung sind hierbei die Organismenreste mit kalkigen Hartteilen, insbesondere die Muscheln. Auf sie soll deshalb näher eingegangen werden.

Das im wesentlichen aus Konchiolin bestehende Periostrakum bedeckt die Schale von außen. Darunter folgt die ± dicke Prismenschicht, während die Schaleninnenseite von der lagig aufgebauten Perlmutterschicht ausgekleidet wird.

Die Auflösung der Schale kann nun von außen oder innen hererfolgen. Dabei läßt sich die von außen angreifende Auflösung vor allem im Querbruch nachweisen. Sie äußert sich deutlich in einem Dünnerwerden der Schale unter gleichzeitiger Verwischung und Anätzung der Skulptur. Besonders auffällig wird oft die Schalenverdünnung am Wirbel, wo die Schale im allgemeinen die dickste Stelle aufweist. Diese Art der Auflösung erscheint meist als Folge von Verwitterungs- und sonstigen Zerstörungsvorgängen außerhalb des Sediments. Sie betrifft dann entweder das wieder freigelegte oder das noch nicht eingebettete Körperfossil. In beiden Fällen ist der vorherige Verlust des Periostrakums Voraussetzung. In sauerstoffreichen Medien zersetzt sich das Periostrakum im allgemeinen an erster Stelle, während die anorganischen Bestandteile zunächst noch erhalten bleiben. In sauerstoffarmen Medien dagegen, vor allem bei Anreicherung von H_2S, beginnt die Zerstörung mit der Auflösung der kalkigen Komponenten. Die dann bei der Oxydation der Sulfide freiwerdende H_2SO_4 löst den Kalk auf und verhindert eine weitere bakterielle Zersetzung der organischen Substanz, da alle fäulniserregenden Bakterien säureempfindlich sind. Das Konchiolin als Gerüsteiweiß wird deshalb der Eiweißgärung entzogen. Außerdem ist es gegen H_2SO_4 widerstandsfähiger als der Kalk. Die Epidermis bleibt also i. d. R. zunächst erhalten. Sicher nachgewiesen werden konnte sie bei fossilen Muscheln allerdings nur in jüngeren Ablagerungen. Sie liegt dann immer unmittelbar den Steinkernen auf, während die kalkigen Schichten der Schale gänzlich aufgelöst wurden, ohne eine Lücke zu hinterlassen (vgl. hierzu auch S. 66ff.). Nach H. KLÄHN (1934) sind im nördlichen Teil des Ostseebeckens i. d. R. die Molluskenschalen bis auf das Periostrakum zerstört.

In sauerstoffreien Medien schützt also das Periostrakum zunächst die darunterliegende Schale. Darüber hinaus besteht aber ein wesentlicher Unterschied in der Löslichkeit von Prismen- und Perlmutterschicht. Die vom Mantelsaum ausgeschiedene Prismenschicht ist in der Regel kalzitisch, die von der Manteloberfläche gebildete Perlmutter- oder Porzellanschicht meist aragonitisch (R. BRAUNS, 1901). Bei *Ostrea* bestehen beide Schichten aus Kalzit, bei *Pectunculus*, *Anodonta*, *Margaritana* aus Aragonit (vgl. W. BIEDERMANN, 1914). Auch bei *Trigonia* scheint die Prismenschicht aragonitisch zu sein (W. J. SCHMIDT, 1920).

Es ist eine bekannte Erscheinung, daß Schnecken und Dimyarier vorwiegend als Steinkerne, die Monomyarier meist mit der Schale erhalten sind. Bei ersteren wird die Schale ganz oder vorwiegend aus Aragonit gebildet, bei letzteren vorwiegend oder ganz aus Kalzit. Als Ursachen für die unterschiedliche Auflösung kommen in Frage:

a) die mineralische Beschaffenheit (Aragonit leichter löslich);

b) die besondere Struktur (feinfaserig, schuppig, von feinsten Häutchen durchsetzt);

c) niedrigerer Konchiolingehalt der Porzellanschicht gegenüber der Prismenschicht (W. QUENSTEDT, 1928; E. KESSEL, 1938).

Fossile Muschelreste mit zerstörter Porzellan-, aber erhaltener Prismenschicht, sind nicht selten. Am bekanntesten ist diese Erscheinung bei den dickschaligen Inoceramen. Blieb der durch die Auflösung entstandene Hohlraum erhalten, muß die Auflösung zu einer Zeit erfolgt sein, als das Gestein bereits seine Sackungsfähigkeit durch Erhärtung verloren hatte. Daß sich diese Auflösung im allgemeinen bei Molluskenschalen während der Frühdiagenese von innen nach außen vollzog, beweist auch das Vorkommen von Prägekernen.

Die Grundbedingungen der Prägekernbildung wurden erstmalig wohl von J. C. DEICKE (1854) in umfassender Weise erkannt und dargestellt. Sehr eingehende Untersuchungen an Muscheln lieferte dann W. QUENSTEDT (1928).

Prägekernbildung ist nur möglich, wenn die Auflösungsvorgänge im noch sackungsfähigen Sediment erfolgen, so daß der bei der Schalenauflösung entstehende Hohlraum durch das plastisch nachrückende Sediment ausgefüllt werden kann. Dabei muß sich die Auflösung der Schale von innen her vollziehen. Eine von außen nach innen fortschreitende Schalenauflösung würde die Skulptur und die sonstigen Merkmale der Oberfläche zerstören. Prägekernbildung wäre dann ausgeschlossen.

Teilweiser Verlust der Schale zeigt sich oft darin, daß die Schale dort, wo sie am dicksten war (am Wirbel und Schloß), z. T. noch erhalten ist, während sonst keine Spur mehr vorliegt. Diese unterschiedliche Erhaltung birgt aber die Gefahr, daß „falsche Arten" aufgestellt oder Stücke unrichtig bestimmt werden.

Die Steinkernoberfläche wandert entsprechend der Schalenauflösung von innen nach außen. Erst nach völliger Vernichtung der Schale erfolgt die Prägung. Prägekerne sind deshalb im allgemeinen bei dünnschaligen Resten deutlicher als bei dickschaligen. Bei dünnschaligen Resten genügen ja bereits geringfügige Verlagerungen, um einen Ausguß zu erzeugen. An vertikal eingebetteten Resten ist aber auch hier aus verständlichen Gründen nur unvollkommene Prägekernbildung möglich.

Bei dickeren Schalen ist der Weg, den die Steinkernoberfläche während der allmählichen Auflösung der Schale von innen nach außen zurückzulegen hat, größer als bei dünnerschaligen. Dabei besteht die Möglichkeit, daß die Formen der ursprünglichen Innenfläche nicht genau parallel nach außen rücken und dabei verwischt und undeutlich werden. Eine entsprechende Prägung durch die Steinkernoberfläche kann dann nicht mehr erfolgen. Dieses gilt für alle die Fälle, in denen der Hohldruck bis zuletzt durch die oberste Schalenlage gestützt bleibt.

Bei Annahme gleicher Festigkeit im Augenblick der Prägung muß sowohl der Abguß der Außenfläche als auch die Steinkernoberfläche gegenseitig die Rolle eines Prägestempels übernehmen. Die erhaben aus dem Steinkern hervortretenden Ausgüsse der Schließmuskeleindrücke prägen sich etwas in den Abdruck der Schalenoberfläche ein. Die Folge ist ein Prägeabdruck. Die Oberfläche selbst formt sich auf dem Steinkern ab. Das Ergebnis ist der Prägekern. W. QUENSTEDT (1928) ahmte diese Befunde mit Plastelinabgüssen nach und erzielte dabei völlige Übereinstimmung mit den natürlichen Vorkommen.

Da die Auflösung der Schale von innen nach außen im großen und ganzen parallel zur Innenfläche der Klappe erfolgt, wird die Oberfläche an den tiefsten Stellen der Skulptur (etwa der Rippen) am ehesten erreicht. Gleichzeitig wird der Steinkern allmählich in die freiwerdenden Räume hineingeschoben und verliert dabei relativ an Form. Je gröber die Skulptur der Schalenoberfläche, um so intensiver wird deshalb der Steinkern beprägt. Die Beprägung vollzieht sich also in einzelnen, getrennten Phasen, deren Dauer unter anderem abhängig ist von der Lösungsgeschwindigkeit der Hartteile.

F. Literaturverzeichnis

ABEL, O. Grundzüge der Paläobiologie der Wirbeltiere. Stuttgart 1912.

Lebensbilder aus der Tierwelt der Vorzeit. Jena 1922.

Die Rekonstruktion von *Palaeotherium magnum* CUVIER. — Pal. Ztschr. **VI**, H. 1. Berlin 1924.

AGASSIZ, L. Recherches sur les Poissons fossiles. Neuchâtel 1833—1844.

ALSTERBERG. Die Nahrungszirkulation einiger Binnenseetypen. — Arch. f. Hydrobiol. **XV**, 1925.

AMMON, L. v. Über *Homoeosaurus Maximiliani*. — Abh. Kgl. Bayr. Akad. Wiss. II. Cl. **XV**, Abt. II, 1885.

ANDRÉE, K. Über stetige und unterbrochene Meeressedimentation, ihre Ursachen, sowie über deren Bedeutung für die Stratigraphie. — N. Jb. Min., Beil. **25**, 366. Stuttgart 1908.

Wesen, Ursachen und Arten der Schichtung. — Geol. Rundschau **6**, 351. Stuttgart 1915.

Geologie des Meeresbodens. II. Berlin 1921.

Über ostpreußische Spülsäume, besonders einen Spülsaum von Daphniden-Ephippien am Haffstrand der Kurischen Nehrung südlich Nidden, und ein weiteres an Krebspanzern reiches Sediment des Kurischen Haffs, die neue ostpreußische Bodenart „Pilwe". — Schr. phys. ökon. Ges. Königsberg (Prs.) **72**. Königsberg (Prs.) 1941.

ANDREWS, ROY CHAPMAN. Auf der Fährte des Urmenschen. Leipzig 1927.

ANTHONY, R. Influence de la fixation pleurothétique sur la morphologie des Mollusques acéphales dimyaires. — Ann. Sci. natur. Zool. (9) **1**, 165. Paris 1905.

AUBRALL & LAMY, E. Action des pagures sur les coquilles qu'ils habitent. — J. Conchyl. **83**, 234. Paris 1939.

BACHOFEN-ECHT, A. Leben und Sterben im Bernsteinwald. — Palaeobiologica **I** u. **II**. Wien und Leipzig 1928 u. 1929.

Fährten und andere Lebensspuren. In: ABEL-KYRLE, Die Drachenhöhle bei Mixnitz. — Spel. Monogr. **VII—IX**. Wien 1931.

BARBER, H. Untersuchungen über die chemische Veränderung von Knochen bei der Fossilisation. — Palaeobiologica **7**. Wien 1939.

BARCROFT, JOS. u. H. The Blood Pigment of *Arenicola*. — Proc. roy. Soc. London (B) **96**. London 1924.

The Respiratory Function of the Blood. II. Haemoglobin. Cambridge 1928.

BENECKE, W., & JOST, L. Pflanzenphysiologie. Bd. I: Stoffwechsel. Jena 1924.

BERINGER, C. CHR. Palaeobiologie. Bewegung, Umwelt und Gestalt fossiler Tiere. Stuttgart 1939.

BIGOT, A. Les surfaces d'usure et les remaniements dans le Jurassique de Basse-Normandie. — Bull. Soc. géol. France (5) **10**. 165. Paris 1941.

BLUMER, E. Die Erdöllagerstätten. Stuttgart 1922.

BÖHM v. BÖHMERSHEIM, A. Bekannte und neue Arten natürlicher Gesteinsglättung. — Mitt. Geogr. Ges. Wien **60**. Wien 1917.

BOETTGER, C. R. Die Veränderlichkeit der Schale von *Iberus gualterianus* L. — Ber. Senckenb. Naturf. Ges. **44**. Frankfurt a. M. 1913.

Beeinflussung der Schalenform bei der Muschelgattung *Pseudanodonta* BOURG. in der Oder. — Senckenb. Ges. naturf. Freunde Berlin, 1931, 268. Berlin 1932.

Über eine ungewöhnliche Standortmodifikation von Flußmuscheln (*Unio crassus* RETZ.). — Senckenbergiana **15**. 334. Frankf. a. M. 1933.

BÖTTGER, O. Über die nachweisbaren Spuren des Lebens der Tier- und Pflanzenwelt in der Vorzeit. — Berichte des Offenbacher Vereines für Naturkunde **VIII**. Offenbach a. M. 1867.

BORN, A. Entgasungshügel am Ebbestrand von Walfischbucht, S. W. A. — Senckenbergiana **12**. Nr. 4/5. Frankf. a. M. 1930.

BORNET, E., & CH. FLAHAULT. Sur quelques plantes vivant dans la teste calcaire des mollusques. — Bull. Soc. bot. France **26**. 1860.

BRANCA, W. Sind alle im Innern von Ichthyosauriern liegenden Jungen ausnahmslos Embryonen? — Abh. k. Preuß. Ak. Wiss., Berlin 1908.

Nachtrag zur Embryonenfrage bei *Ichthyosaurus*. Sitz.-Ber. k. Preuß. Ak. Wiss., Berlin 1908.

BRINKMANN, R. Über die Schichtung und ihre Bedingungen. — Fortschr. Geol. Pal. **11**. 187. 1932.

BROCKMANN, CH. Das Brackwasser der Flußmündungen als Heimat und Vernichter des Lebens. — Natur u. Museum **59**. Frankf. a. M. 1929.

BROCKMEIER, H. Die geolog. Bedeutung morphologischer, theoretischer und biologischer Schnecken- und Muschelarten. — Z. d. D. G. G. **85**. H. 9. 696, 1934.

BRODAR, S., & BAYER, J. Die Potocka Zijalka, eine Hochstation der Aurignacschwankung in den Ostalpen. — Praehistorica **1**. Wien 1928.

BROGNIART, C. Rapport sur un morceau de bois fossile trouvé dans le gault, terrain crétacé de Lottingham, Pas de Calais. — Ann. Soc. Ent. France, Serie 5, **6**. 117, 1876.

Note sur les perforations observées dans deux morceaux de bois fossile. — Ann. Soc. Ent. France, Sér. 5, **7**. 215, 1877.

BROILI, F., & FISCHER, E. *Trachelosaurus Fischeri* nov. gen. nov. spec. Ein neuer Saurier aus dem Buntsandstein von Bernburg. — Jb. Kgl. pr. Geol. L.-A. **XXXVII**, Teil 1, H. 3. Berlin 1917.

BROWN, C. Über das Genus *Hybodus* und seine systematische Stellung. — Paläontogr. **46**. Stuttgart 1900.

BUBNOFF, S. v. Einführung in die Erdgeschichte I. Berlin 1941.

CALMAN, W. T. Marine boring animals injurious to submerged structures. — Brit. Mus. Nat. Hist., Economic series Nr. 10, 1—34, 1919.

CLASSEN, TH. Periodisches Fischsterben in Walvis-Bay, South West Africa. — Palaeobiologica **III**. 1930.

CRAMER, H. Altsteinzeitliche Knochenartefakte mit Kallophankrusten aus fränkischen Höhlen. — Cbl. f. Min. usw. (B) 1940, 129—139. Stuttgart 1940.

CREDNER, G. R. Die Deltas. Petermanns geogr. Mitteilungen. Ergänzungsheft **56**. 1878.

CUVIER. Recherches sur les ossements fossiles. Bd.3, 4. Aufl. 1836.

DACQUÉ, E. Vergleichende biologische Formenkunde der fossilen niederen Tiere. Berlin 1921.

DAHMER, G. Ein Häutungsplatz von *Homalonotus gigas* A. RÖM. im linksrheinischen Unterdevon. — Jb. d. Nassauisch. Ver. f. Naturkunde **67**. 16—21. Wiesbaden 1914.

DAMES, W. Die Plesiosaurier der süddeutschen Liasformation. — Abh. K. pr. Akad. Wiss., Berlin 1895.

DAVIDASCHIVILI, L. S. On the evolutionary changes in the size and body in animals. Problems Paleont., Publ. Labor. Paleont. Moscou Univ. **1**. 179. Moskau 1936.

DAWKINS, W. Die Höhlen und die Ureinwohner Europas. Aus dem Englischen übertragen von J. W. SPENGEL. Leipzig 1876.

DEECKE, W. Palaeobiologische Studien. — Sitz.-Ber. Akad. d. Wiss., B, 1916.

Die Fossilisation. Berlin 1923.

Über die Lage der Versteinerungen im Gestein. — Ber. d. Naturf. Ges. Freiburg i. Br. **23**. 1921.

DEICKE, J. C. Über die Petrifikation der Konchylien-Schalen in der Schweitzer Molasse. — Neues Jahrb. f. Min., Geogn., Geol. u. Petref., 1854.

DELFF, CHR. Beiträge zur Kenntnis der chemischen Zusammensetzung wirbelloser Tiere. — Wiss. Meeresuntersuch., N. F., Abt. Kiel, **14**. Kiel 1912.

DELPEY, G. Symbiose d'une Nérinée et d'un Hydrozoaire. — Bull. Soc. géol. France, (5) **7**. (1937), 353, Paris 1938.

DEWALL, H. W. v. Geologisch-biologische Studie über die Kieselgurlager der Lüneburger Heide. — Jb. pr. Geol. L.-A. **19**. II, 641—684. Berlin 1928.

DEWERS, F. Die geolog. Bedeutung der Pflanzenwurzeln. — Natur u. Museum **63**. 253. Frankf. a. M. 1933.

DIEBEL, K. Ein Ölschiefer im Lias Alpha bei Bielefeld. — Jb. Reichsst. f. Bodenforsch. **60**. (1939), 157—196. Berlin 1940.

DOFLEIN, F. Das Tier als Glied des Naturganzen. Leipzig und Berlin 1914.

DORN, P. Untersuchungen über fränkische Schwammriffe. — Abh. geol. Landesuntersuch. Bayr. Oberbergamt **6**. 13—44. München 1932.

DREVERMANN, F. Neues aus der Schausammlung. Ein fossiler Hai. — Ber. d. Senckenberg. Naturf. Ges., Frankf. a. M. 1910.

EBERLE. Ein Massensterben von Heringen. — Natur und Museum **59**. Frankf. a. M. 1929.

EHRENBERG, K.: J. WEIGELT's Untersuchungen an rez. und fossilen Wirbeltierleichen und die Biostratonomie. — Palaeobiologica **I**. Wien u. Leipzig 1928.

EHRENBERG, K., & SICKENBERG, O. Eine plistozäne Höhlenfauna aus der Hochgebirgsregion der Ostalpen. — Palaeobiologica **II**. Wien und Leipzig 1929.

EHRENBERG, K. Erhaltungszustände und Vorkommen der fossilen Reste und die Methoden ihrer Erforschung. — Handb. d. biol. Arbeitsmeth. von E. ABDERHALDEN **10**. 751—881. Berlin-Wien 1930 [1930a].

Erhaltungszustand und Vorkommen der Fossilreste. — Zentralbl. Geol. **41**. 1930 [1930b].

Über Lebensspuren von Einsiedlerkrebsen. — Palaeobiologica **4**. Wien 1931 [1931a].

Die Darstellung der Fossilisationserscheinungen I. — Palaeobiologica **4**. 356. Wien 1931 [1931b].

Über einige artefaktverdächtige Knochenfragmente aus der Torrener Höhle (Salzburg). — Prähist. Z. **25**. Wien 1938 [1938a].

Über bemerkenswerte Erhaltungsformen bei Patellen aus den miozänen Sanden bei Roggendorf nächst Eggenburg in Niederösterreich. — Palaeobiologica **6**. Wien 1938 [1938b].

EISENTRAUT, M. Fledermausdung, Chiropterit und sonstiger Fossildung. — In PAX & ARNDT: Die Rohstoffe des Tierreichs **1**. 2. Hälfte, 2217. Berlin 1938.

ELLIS, D. Fossil Micro-organisms from the Jurassic and Cretaceas rocks of Great Britain. — Proc. Roy. Soc. 35. 110. Edinburgh 1915.

FALKE, H. Über rezente Sedimentbildung in der Bucht von Concepcion (Mittelchile). Ein Beitrag zur Entstehung bituminöser Sedimente. — Petroleum **35**. Nr. 34. Berlin 1939.

FANCK, A. Die bruchlose Deformation von Fossilien durch tektonischen Druck und ihr Einfluß auf die Bestimmung der Arten. Beobachtet und bearbeitet an den Pelecypoden der St. Galler Meeresmolasse. Diss. Zürich 1930.

FISCHER, E. Geol. Untersuchung des Lochengebiets bei Balingen. — Geol. u. Pal. Abh., N. F. **11**. 267—336. Jena 1913.

FLORIN, K. Zur Kenntnis der *Weichselia reticulata*. — Svensk. bot. Tidskrift **13**. 305—312, 1919.

FOERSTE, A. F. The Color patterns of fossil Cephalopods and Brachiopods, with notes on Gasteropods and Pelecypods. — Contrib. Mus. Pal. Univ. Michigan **3**. 109—150, 1930.

FORBES, E. Note on an indication of depth in Primaeval Seas, afforded by the remains of colour in Fossil Testacea. — Proceed. Roy. Soc. London **7**. 21—23, 1854.

FRAAS, O. Die Fauna von Steinheim. Mit Rücksicht auf die miozänen Säugetier- und Vogelreste des Steinheimer Beckens. Stuttgart 1870.

Die Meercrocodilier (Thaeathosuchier) des Ob. Jura unter spezieller Berücksichtigung von *Dacosaurus*. — Paläontographica **XLIX**. Stuttgart 1902/03.

FREBOLD H. Die Deutung und der erdgeschichtliche Wert von Fossilkonzentrationen im Paläozoikum des Baltikums. — Ztschr. f. Geschiebeforschung **IV**. H. 1. Berlin 1928.

FRENTZEN, K. Ein fossiler Mageninhalt aus Lias δ (Amaltheen-Schichten) von Reichenbach, O. A. AALM. — Beitr. naturk. Forsch. SW.-Deutschl. **1**. 153—156. Karlsruhe 1936.

FREYBERG, B. v. Zerstörung und Sedimentation an der Mangroveküste Brasiliens. — Leopoldina **6** (WALTHER-Festschrift). Halle 1930.

FREYGANG, J. Gliederung und Fossilinhalt des Kupferschiefers. — Jb. d. Hall. Verb. **IV**. 1923—1924.

FUCHS, TH. Studien über Fucoiden und Hieroglyphen. — Denkschr. Akad. Wiss., math.-nat. Cl. **62**. Wien 1895.

GAMS, H. Übersicht über die organogenen Sedimente nach biologischen Gesichtspunkten. — Naturwiss. Wochenschr., N. F. **XX**. 1921.

GLAESSNER, M. Zur Kenntnis der Häutung bei fossilen Decapoden. — Palaeobiologica **2**. 49. Wien und Leipzig 1929.

GLÖCKNER, F. Über den Setzungskoeffizienten der Braunkohle. — Zeitschr. d. Deutsch. Geol. Ges., Monatsber., 306. Berlin 1912.

GOTHAN, W. Palaeobiol. Betrachtungen über die fossile Pflanzenwelt. — SOERGEL's Fortschr. d. Geol. u. Pal., H. 8. Berlin 1924.

GRABAU, A. Paleozoic coral reefs. — Bull. Geol. Soc. Amer. **14**. 337. Rochester 1903.

GRIPP, K. Tunnelfährten aus Feuerstein und die Entstehung des Feuersteins. — Mitt. a. d. Min.-Geol. Staatsinst. **14**. 23—39. Hamburg 1933.

GÜMBEL, v. Über die Beschaffenheit der Mollusken-Schalen. — Ztschr. D. Geol. Ges. **36**. Berlin 1884.

GUMPRECHT, T. E. Die Treibprodukte der Strömungen im nordatlantischen Ozean. — Zeitschr. f. allg. Erdkunde **3**. 409—432. 1854.

HAAS, F. Untersuchungen über den Einfluß der Umgebung auf die Molluskenschale. — Paläont. Zeitschr. **4**. 120—135. Berlin 1922.

Veränderungen der Erdoberfläche und ihre Belege aus der Tierwelt. — Zbl. Geol. **40**. 1929/30.

HÄNTZSCHEL, W. Die Einbettungslage von *Exogyra columba* im sächsischen Cenoman-Quader. — Senckenbergiana **6**. 223. Frankf. a. M. 1924.

Die Schichtungs-Formen rezenter Flachmeer-Ablagerungen. — Senckenbergiana **18**. Frankf. a. M. 1936.

Schlickgerölle und Muschelklappen als Strömungsmarken im Wattenmeer. — Natur und Volk **69**. 412—417. Frankf. a. M. 1939.

HAFNER, F. Beobachtungen über Muschelansammlungen in Juist. — Zool. Anz. **125**. 261—263. Leipzig 1939.

HANCOCK, A. Über das Bohren von Mollusken in Felsen usw. — Ann. and Mag. of Nat. Hist. **II**. 225. 1848. (Referat in Archiv für Naturgeschichte **15**).

HAUFF, B. Untersuchung über die Fossilfunde von Holzmaden im Posidonienschiefer des Ob. Lias Württembergs. — Palaeontographica **64**. 1921.

HAUPT, O. Die Paläohippiden der ezoänen Süßwasserablagerungen von Messel bei Darmstadt. — Abh. Hess. Geol. L.-A. zu Darmstadt **IV**. Heft 4. Darmstadt 1925.

HECHT, F. Ausgeworfene Muscheln (*Mya arenaria* L.) in Lebensstellung, zur Beurteilung eines Beweismittels in der Küstensenkungsfrage. — Senckenbergiana **12**. 274. Frankf. a. M. 1930.

HECHT, F., & MARTIN, H. Zur Ökologie von *Cardium edule* L. — Senckenbergiana **12**. 361. Frankf. a. M. 1930.

HECHT, F. Der chemische Einfluß organischer Zersetzungsstoffe auf das Benthos, dargestellt an Untersuchungen mit marinen Polychaeten, insbesondere *Arenicola marina*. — Senckenbergiana **14**. 199. Frankf. a. M. 1932.

Der Verbleib der organischen Substanz der Tiere bei meerischer Einbettung. — Senckenbergiana **15**. 165—249. Frankf. a. M. 1933.

HEINZ, R. Geologische Beobachtungen zur Bildungsweise und Entstehungszeit des Feuersteins und zum Schichtungsproblem. — Jahresber. niedersächs. geol. Ver. **25**. 1—24. Hannover 1930.

HELMCKE, J.-G. Brachiopoda. — Handb. d. Zool. 3 (5). 139—262. Berlin 1939.

HENNIG, E. Otolithen bei *Palaeoniscus*. — Sitzungsber. d. Ges. naturf. Freunde zu Berlin, Jahrg. 1915.

Über dorsale Wirbelsäulenkrümmung fossiler Vertebraten. — Centralbl. f. Min. etc., S. 575. Stuttgart 1915.

HESSEL. Einfluß des organischen Körpers auf den anorganischen bei fossilen Echinodermen etc. Marburg **1926**.

HILGARD, E. W. On the geology of the delta and the mud-lumps of the passes of the Mississippi. — The Americ. Journ. of Sc. **I**. 1871.

HINTZE, E. Biostratonomische Betrachtungen zur Karte eines umgebrochenen miozänen Braunkohlenwaldes im Tagebau Vergißmeinnicht der Bitterfelder Louisen-Grube. — „Braunkohle", Jg. 1934, H. 3. 33—38. Halle 1934.

HIRSCH, S. Das Alter und Sterben des Menschen vom Standpunkt seiner normalen und pathologischen Leistung. — Handb. d. norm. u. path. Physiol. **17**. Berlin 1926.

HIRSCH, P. Die Einwirkung von Mikroorganismen auf die Eiweißkörper. Berlin (Borntraeger) 1930.

HOCHSTETTER, F. v. Die Kreuzberghöhle bei Laas in Krain und der Höhlenbär. — Denkschr. Akad. d. Wiss. Wien, math. nat. Kl. **43**. Wien 1881.

HÖGBOM, A. G. Zur Deutung der Scolithussandsteine und Piperocks. — Bull. of the Geol. Inst. of Upsala **XIII**. Upsala 1915.

HUENE, F. v. Beiträge zur Kenntnis der Saurichier der schwäbischen Trias. — N. Jb. f. Min. etc. **I**. 1915.

Lebensbild des Saurichier-Vorkommens von Trossingen. — Palaeobiologica **1**, 103. Wien 1928.

HUNGER, R. Biostratonomie und Palaeobotanik des Blätterkohlenvorkommens des eozänen Humodils des Zeitz-Weißenfelser Reviers. Ing.-Diss. Halle 1939 [1939a].

Über Otolithen bei *Palaeoniscus*. — Palaeont. Zeitschrift **21**. Berlin 1939 [1939b].

ILLIES, H. Die Lithogenese des Untereozäns in Nordwestdeutschland. — Mitt. Geol. Staatsinstitut **18**. 7—44. Hamburg 1949 [1949a].

Über die erdgeschichtliche Bedeutung der Konkretionen. — Ztschr. D. Geol. Ges. **101**. 95—98. Stuttgart 1949 [1949b].

JAEKEL, O. Die eozänen Selachier vom Monte Bolca. Ein Beitrag z. Morphogenie der Wirbeltiere. Berlin 1894.

JANENSCH, W. Über Magensteine bei Dinosauriern aus Deutsch-Ostafrika. — Sitzungsber. d. Ges. naturf. Freunde, 1926.

Ein Plesiosaurier-Rest mit Magensteinen aus mittlerem Lias von Quedlinburg. — Sitzungsber. naturf. Freunde, 1928.

JAKOWLEW, N. Sur la fixation des coquilles de quelques Strophomenacea. — Bull. Comité géol. St. Pétersbourg **26**. 1907.

JEHU, T. J. Rock-boring organisms as agent in coast erosion. — Edinburgh Scot. Geogr. Mag. **34**. 1—11. 1918.

JESSEN, W. Über rezente und fossile Organismenpflaster. — Pal. Ztschr. **14**. Berlin 1932.

Die postdiluviale Entwicklung Amrums und seine subfossilen und rezenten Muschelpflaster. — Jb. pr. geol. L. A. f. 1932. **53**. 1—69. Berlin 1933.

JOLEAUD, L. La Conservation des restes organiques dans les dépôts géologiques. — Assoc. Franc. Avancement Sci., Conférences Station radiotéléphon. École supér. Postes Télégr., 233. Paris 1930.

La conservation des restes organiques dans les dépôts géologiques. — Bull. Assoc. franc. Avanc. Sci. **60** (1930). 223—246. Paris 1931.

JÜNGST, H. Zur geol. Bedeutung der Synärese. Ein Beitrag zur Entwässerung der Kolloide im werdenden Gestein. — Geol. Rundschau **25**. 312. 1934.

Fischsterben im Kurischen Haff. — Geol. Meere und Binnengew. **1**. 352—354. 1937.

KAISER, E. Das Fischsterben in der Walfischbucht. — Palaeobiol. 3. Wien und Leipzig 1930.

KAISIN, F. Déformation postérieurement au dépôt de feuilles de Cordaites. — Ann. Soc. scientif. Bruxelles **57** (sér. II). 5—10. Louvain 1937.

KALACHNIKOWA, A. Destructeurs anaerobies de la cellulose dans les tissus de *Todea barbara* et *Osmunda regalis* et indices de l'existence possible de bactéries de fermentation de cellulose dans l'ère paléozoique. — Bull. Com. Géol. Leningrad **41** (1922). H. 2—5. 95. Leningrad 1926.

KARPINSKY, A. Note sur le genre eocambrien *Volborthella* SCHMIDT. — Bull. Acad. Imp. Sci. St. Pétersbourg (5) **18**. 147. 1903.

KAUENHOWEN, F. Über einige Mikroorganismen der fossilen Brennstoffe. — Zeitschr. f. prakt. Geol. 9. 46 u. 97. Berlin 1901.

KESSEL, E. Schalenkorrosion bei lebenden Strandschnecken (*Littorina littorea*) und ihre Ursache. — Verh. deutsch. zool. Ges. **39**. Jahresber. Bremen 1937. 69—77. Leipzig 1937.

Über Erhaltungsfähigkeit mariner Molluskenschalen in Abhängigkeit von der Struktur. — Arch. Molluskenkunde **70**. 248. Frankf. a. M. 1938.

KIDERLEN, H. Die Conularien. Über Bau und Leben der ersten Scyphocoa. — N. Jahrb. f. Min. etc., Beil. Bd. **77**. B, 113. 1937.

KINDLE, E. M. A Pteropod Record of Current Direction. — J. of Paleont. **12**. 515—516. 1938.

KLÄHN, H. Süßwasserkalkmagnesiagesteine und Kalkmagnesiasüßwasser. — Chemie der Erde **III**. 1928.

Mit tierischem Besatz bewachsene Holzreste aus dem schwäbischen Posidonienmeer. — Jahresb. d. Ver. d. vaterl. Nkde. **CXXXV**, 1929 [1929a].

Die Bedeutung der Seelilien und Seesterne für die Erkenntnis von Wasserbewegung nach Richtung und Stärke. — Palaeobiologica **2**. 287. Wien 1929 [1929b].

Parallellagerung von Graptolithen als Anzeichen für fossile Strömungen. — Palaeontographica **3**. 337. 1930.

Untersuchungen über Sedimentierung und Sedimentdruck des Sandes. — Neues Jb. f. Min. etc., Abt. B., Beil. Bd. **LXV**. Stuttgart 1931.

Der quantitative Verlauf der Aufarbeitung von Sanden, Geröllen und Schalen in wässerigem Medium. — Neues Jb. f. Min., Beil. Bd. **67**. Stuttgart 1932 [1932a].

Sedimentdruck und seine Beziehung zum Fossil. — Jahreshefte d. Ver. f. vaterl. Naturkunde i. Württemberg, 88. Jahrg., 1932 [1932b].

Anpassung, Erhaltung und Vernichtung rezenter und postglazialer Mollusken der mecklenburgischen Ostseeküste und sich daraus ergebende Schlüsse bezüglich der Eigenschaften des mecklenburgischen Litorina-Meeres. — Arch. Hydrobiol. **27**. 60—130. Stuttgart 1934.

Die Anlösungsgeschwindigkeit kalkiger anorganischer und organischer Körper innerhalb eines wässerigen Mediums. — Cbl. f. Min. etc., A. Stuttgart 1936.

Subaquatische zoogene Gesteine. — In PAX, F., & ARNDT, W.: Die Rohstoffe des Tierreichs **1**. 2001—2055. Berlin 1938.

KLINGHARDT, F. Entwicklungsgleichheiten (Konvergenzen) zwischen Austern und Rudisten und die Ursachen ihrer Entstehung. — N. Jb. Min., Beil. Bd. **62**. B. 509—521. Stuttgart 1929.

Biologische Analyse von *Hemipneustes radiatus* LAMARCK und *Hippurites radiosus* DES MOULINS. — Palaeont. Zeitschr. **12**. 183—188. Berlin 1930 [1930a].

Über fossile und lebende Schlangensterne nebst Bemerkungen über eine Schlangenstern- und Seelilienbrekzie. — Z. D. G. G. **82**. 711. Berlin 1930 [1930b].

Beobachtungen an lebenden und fossilen Schlangen-Seesternen, Quallen und Rudisten. — Jb. pr. geol. L.-A. **53**. 947. Berlin 1932.

KÖNIGSWALD, R. v. Die Arten der Einregelung ins Sediment bei den Seesternen und Seelilien des unterdevonischen Bundenbacher Schiefers. — Senckenbergiana **12**. 338. Frankf. a. M. 1930.

KOFOID, C. A., & R. C. MILLER. An unusual extension of rock boring molluscs in concrete on the Pacific coast. — Science New York **57**. 383—384. 1923.

KOKEN, E. Über Fisch-Otolithen, insbesondere über diejenigen der norddeutschen Oligozän-Ablagerungen. — Z. D. G. G., Jahrg. 1884.

Über *Hybodus*. — Geol. u. Pal. Abhandlungen, N. F. **V**. 4. Heft. Jena 1907.

KOLBEY, H. J. Zur Kenntnis von Insektenbohrgängen in fossilen Hölzern. — Z. D. G. G. **40**. 131. Berlin 1888.

KORIBA, K., & MIKI, S. On *Paleodictyon* and fossil *Hydrodictyon*. — Jub. Publ. Commem. Prof. YABE's 60th birth day. 55—68, 1939.

KORN, H. Fossile Gasblasenbahnen aus dem Thüringer Palaeozoikum. — Zeitschr. f. Naturwiss. Halle. **89**. 1929.

Die cryptostomen Bryozoen des deutschen Perms. — Leopoldina (WALTHER-Festschrift) **VI**. 1930.

Entgasungsspuren in Sedimenten. — Chemie der Erde. **7**. 1. Jena 1932.

KORSCHELT, E.; HIRSCH, S.; HARMS, F. W.; HARTMANN, M.; DRIESCH. H. Leben, Altern, Tod. — Senckenberg-Bücher. **II**. 1927.

KRÄUSEL, R. Die Nahrung von *Trachodon*. — Pal. Zeitschr. **IV**. 80. Berlin 1922.

KRAUS, G. Über die Abstammung der auf der 2. deutschen Nordpolexpedition gesammelten Treibhölzer. — Bot. Zeitung **30**. 325—328. 1872.

KREJCI-GRAF, K. Beobachtungen an rumänischen Süßwasserablagerungen. — Senckenbergiana **8**. Frankf. a. M. 1926.

Senkrechte Regelung von Schneckengehäusen. — Senckenbergiana **14**, 295—299. Frankf. a. M. 1932.

KREJCI-GRAF, K., & WETZEL, W. Die Gesteine der rumänischen Erdölgebiete. — Archiv f. Lagerstättenforschung, H. 62. Berlin 1936.

KÜHNELT, W. Bohrmuschelstudien I. — Palaeobiologica 3. Wien 1930.

Bohrmuschelstudien II. — Palaeobiologica 5, 371—408. Wien u. Leipzig 1933.

KÜPPER, H. Schleifspuren an Gastropodenschalen, ein Hinweis auf den Ebbe-Flut-Bereich. — Ann. Nat. Mus., Wien 1933.

KUMM, A. Über die Entstehungszeit der Eindrücke und ihre geologische Bedeutung unter besonderer Berücksichtigung oolithischer Gesteine. — Geolog. Rundschau **16**. Berlin 1925.

Zur Klassifikation und Terminologie der Sphaerite. — Z. d. D. G. G. **78**. Berlin 1926.

Diagnetische und metagnetische Veränderungen an Ceratiten. — Jb. Niedersächs. Geol. Ver. **XX**. 1927.

Schicht, Bank, Lager. — Geol. Rundschau **XXIII**a. SALOMON-CALVI-Festschr., Stuttgart 1932.

KUMMEROW, E. Zur Palaeobiologie der Ostracoden und Trilobiten. — Zbl. Min. etc. 1933 B, 42—53. Stuttgart 1933.

Paläontologie und Drifthypothese. — Geol. Rundschau 30, 95—99. Stuttgart 1939.

KUTSCHER, F. Über gestreifte Schiefer in den unterdevonischen Dachschiefern von Gemünden. — Z. prakt. Geol. **41**, H. 8. 1933.

Ophiuren-Vorkommen im Muschelkalk Deutschlands. — Z. D. G. G. 92, 1. Berlin 1940.

KYLIN, H. Über einige kalkbohrende Chlorophyceen. — Kgl. fysiogr. Sällsk. Lund. Förhandl. **5**. 1935.

LAATSCH, W. Die Biostratonomie der Ganoidfische des Kupferschiefers. — Palaeobiologica **4**. 175. Wien 1931.

LENGERKEN, H. v. Über die Widerstandsfähigkeit organischer Substanzen gegen natürliche Zersetzung. — Biologisches Zentralbl. **43**. H. 5, 552. 1923.

LIEBE, K. TH. Die Lindenthaler Hyänenhöhle u. andere diluviale Knochenfunde in Ostthüringen. — Arch. f. Anthrop. **9**. Braunschweig 1876.

LINKE, O. Die Biota des Jadebusenwattens. — Helgol. wiss. Meeresunters. **1**. 201—348. Helgoland 1939.

LINSTOW, O. v. Über Bohrgänge von Käferlarven im Braunkohlenholz. — Jb. pr. geol. L.-A. **26**. 467. Berlin 1905.

LIVAN, M. Über Bohr-Löcher an rezenten u. fossilen Invertebraten. — Senckenbergiana **19**. 138 u. 314. Frankf. a. M. 1937.

LÜDERS, K. Entstehung und Aufbau von Großrücken mit Schillbedeckung in Flut- bzw. Ebbetrichtern der Außenjade. — Senckenbergiana **11**. 123—142. Frankf. a. M. 1929.

Entstehung der Gezeitenschichten auf den Watten im Jadebusen. — Senckenbergiana **12**. Frankf. a. M. 1930.

LÜDERS, K., & TRUSHEIM, F. Beiträge zur Ablagerung mariner Mollusken in der Flachsee. — Senckenbergiana **13**. 124. Frankf. a. M. 1931.

LULL, S. R. Fossil Delphin from California. —American Journ. of Sc. **XXXVII**. New Haven 1914.

LUNDBECK, J. Ergebnisse der qualitativen Untersuchungen der Bodentierwelt norddeutscher Seen. — Ztschr. f. Fischerei **XXVI**. 1926.

Die Schalenzonen der norddeutschen Seen. — Jb. pr. geol. Landesanst. **22**. Berlin 1928.

LUNDQUIST. Bodenablagerungen und Entwicklungstypen der Seen. — Slg. „Die Binnengewässer" **II**. 1927.

MÄDLER, K. Eine natürliche Katzenmumie. — Natur und Volk **68**. 574—576. Frankf. a. M. 1938.

MÄGDEFRAU, K. Zur Morphologie und phylogenetischen Bedeutung der fossilen Pflanzengattung *Pleuromeia*. — Beih. z. Bot. Centralbl. **48**. Abt. II, 119—140. 1931.

Lebensspuren fossiler „Bohr"-Organismen. — Beiträge naturkundl. Forsch. Südwestdeutschl. **2**. 1937.

Paläobiologie der Pflanzen. Jena 1942.

MATERN, H. Oberdevonische Anaptychen in situ und über die Erhaltung von Chitin-Substanzen. — Senckenbergiana **13**. 160. Frankf. a. M. 1931.

MAUERSBERGER. Aufrechtstehende Kalamiten in Hohndorf. — Zentralbl. Geol. **42**. 1920.

MENGE, A. Lebenszeichen vorweltlicher, im Bernstein eingeschlossener Tiere. Danzig 1856.

MEYER, E. Massenanschwemmungen von Maikäfern an der deutschen Ostseeküste während des Fluges 1938. — VII. int. Kongr. Entomol. Weimar. **3**. 2224—2230. Berlin 1939.

MEYER, H. v. Zur Fauna der Vorwelt. Reptilien aus dem lithographischen Schiefer in Deutschland und Frankreich. Frankf. a. M. 1860.

MEYER, J. A. Beiträge zur Kenntnis der chemischen Zusammensetzung wirbelloser Tiere. — Wiss. Meeresuntersuch. Abt. Kiel, N. F. **16**. Kiel 1914.

MEYER, P. Ein Kabeljau und seine Mahlzeit. — Natur u. Mus. **61**. Frankf. a. M. 1931.

Beobachtungen über ein Massensterben von Fischen in der Eckernförde. — Natur u. Mus. **62**. Frankf. a. M. 1932.

MEYN, L. Eine neue Insel in Norddeutschland. — Z. D. G. G. 1892.

MILLER, L. H. *Teratornis* a new Avian genus from Rancho la Brea. — Univ. of California Publ. Bull. of the Dep. of Geology **5**, Nr. 21, 305, 1909 [1909a].

Pavo Californicus of Fossil Placoock from the Quaternary Asphalt beds of Rancho la Brea. — Univ. of California Publ. Bull. of the Dep. of Geology 5, Nr. 19, 285, 1909 [1909b].

Additions of the Avifauna of the pleistocene Deposits of Fossil Lake, Oregon. — Univ. of California Publ. Bull. of the Department of Geology **6**, Nr. 4, 79, 1911.

Avifauna of the Mc. Kittrick Pleistocene. — Univ. of California Publ. Bull. of the Dep. of Geol. Sci. **15**, Nr. 9, 307, 1925.

MÖBIUS, K. Über Austern- und Miesmuschelzucht etc. Berlin 1870.

MÖRNER, C. TH., & WIMAN, C. Über einen in Leichenwachs umgewandelten Schweinekadaver aus der Nähe von Göteborg. — Göteborgs k. Vetensk. Vitterh. Samh. Handl., femte f, (b) **6**, No. 9. Göteborg 1939.

MORREN, K. Über das relative Alter der Steinkerne von Mollusken u. a. Thieren (Referat). — Neues Jahrb. f. Min., Geogn., Geol. u. Petrafaktenkunde, 478, 1831.

MURGOWSKY, J. Über fossile Bakterien aus dem Mitteleozän des Geiseltales. — Nova acta leop., N. F. **3**. Halle 1936.

MÜLLER, A. H. Stratonomische Untersuchungen im Oberen Muschelkalk des Thüringer Beckens. — Geologica **4**. Berlin 1950.

NADSON, G. Die perforierenden (kalkbohrenden) Algen und ihre Bedeutung in der Natur. — Scripta botan. horti univers. Petrop. **18**. 1900.

NOPCSA, F. v. Die Familien der Reptilien. — Fortschr. d. Geol. u. Pal. **2**. Berlin 1923.

NAUMANN. Die Bodenablagerungen des Süßwassers. — Arch. f. Hydrobiol. **XIII**. 1921.

NEUMAYER, L. Vergleichend anatomische Untersuchungen über den Darmkanal fossiler Fische. — Abh. Bayer. Ak. Wiss. m. n. **29**. München 1919.

ÖPIK, A. Studien aus dem estländischen Unterkambrium. — Acta et Comment. Univ. Tartuensis (Dorpatensis) **A. 15**. 1929.

OSTEN-SACKEN, O. B. VON DER. Beiträge zur Kenntnis einiger vorwiegend aus zoogenen Komponenten aufgebauter Kalksteine. — Diss. Zürich. Berlin 1914.

PAINE, G. Fossilisation of bone. — Amer. J. Sci. (5) **34**. 148—157. New Haven 1937.

PANNEKOEK VAN RHEDEN, J. J. Einige Bemerkungen über die vom Tornado des 10. August 1925 beim Dorfe Zeeland (Nordbrabant) zerstörten Bäume. — „Natuurhist. Maandblad", Organ van het Natuurhist. Genootschap in Limburg **15**. H. 3, 32, 1926.

PAPP, A. Beobachtungen über Sedimentsonderungen und Spülsäume an Binnenmeeren. — Senckenbergiana **21**. 113—118. Frankf. a. M. 1939 [1939a].

Über das Vorkommen von Austern und Balanen in der Gaadener Bucht. — Palaeobiologica **7**. H. 3, 212—216. Wien 1939 [1939b].

Beobachtungen über Aufarbeitung von Molluskenschalen in Gegenwart und Vergangenheit. — Verh. zool.-bot. Ges. Wien **88/89**. 231—236. Wien 1941.

PARKE, M. W., & MOORE, H. B. The biology of *Balanus balanoides* II. Algal infection of the shell. — J. of the Marine Biol. Assoc. of the Un. Kingd. **20** (N. S.). 1935/1936.

PEI, W. C. Le rôle des animaux et des causes naturelles dans la cassure des os. — Palaeont. Sinica, n. S. D., **7** (Whole Ser. Nr. 118). Peiping 1938.

PETRASCHEK, W. & WILSER, B. Über den Wassergehalt und die Verfestigung von Tongesteinen. — Berg- u. Hüttenmänn. Jahrb. d. Montanhochschule i. Leoben **74**. 1926.

PFANNENSTIEL, M. Über die Einbettungslage der *Gryphaea dilatata* im Callov. der Normandie und im heutigen Strandsediment. — Senckenbergiana **12**. 126. Frankf. a. M. 1930.

Ein Spülsaum von *Anodonta piscinalis* NILSS. f. *lacustrina* CLESSIN am Strand des Ammersees bei München. — Pal. Zeitschr. **15**. 341—349. Berlin 1933.

PFEIFFER, L. Beitrag zur Kenntnis der steinzeitlichen Fellbearbeitung. — Z. f. Ethnologie **42**. Berlin 1910.

PHILIPP, H., & WEHRLI, H. Bohrlöcher von Pholadiden in Ligniten aus dem Dach und dem Hangenden der Grube Fischbach (Ville). — Zbl. f. Min. etc., B, Stuttgart 1936.

PIA, J. v. Die Kalkbildung durch Tiere. — Pal. Zeitschr. **15**. 154—195. Berlin 1933 [1933a].

Neue Berechnung der Löslichkeit des kohlensauren Kalkes. — Int. Revue d. gesamten Hydrobiologie u. Hydrographie. **29**. 84, 1933 [1933b].

Die kalklösenden Thallophyten. — Arch. Hydrobiol. **31**. 1937.

POTONIÉ, H. Eine im Oegelsee (Prov. Brandenburg) plötzlich neu entstandene Insel. — Jahrb. d. Preuß. Geol. Landesanst. **XXXII**. Berlin 1911.

Die Entstehung der Steinkohle. — 6. Aufl., Berlin 1920.

Allgemeine Petrographie der „Ölschiefer" und ihrer Verwandten. Berlin 1928.

PRATJE, O. Fossile kalkbohrende Algen (*Chaetophorites gomontoides*) in Liaskalken. — Cbl. f. Min. etc., Stuttgart 1922.

Fazettieren von Molluskenschalen. Pal. Zeitschr. **11**. 151—169. Berlin 1929.

RICHTER, K. Gefüge und Zusammensetzung des norddeutschen Jungmoränengebietes. — Abh. Geol. Pal. Inst. Greifswald **XI**. 63 S. Greifswald 1933.

RICHTER, R. Die fossilen Fährten und Bauten der Würmer, ein Überblick über ihre biologischen Grundformen und deren geologische Bedeutung. — Pal. Zeitschr. **9**. 193. Berlin 1927.

Psychische Reaktionen fossiler Tiere. Helminthoiden u. Nereiten als Fragen der Fährtenkunde an die Tierpsychologie. — Palaeobiologica **1**. 225. Wien 1928.

RICHTER, R., & E. Bemerkenswert erhaltene Conularien und ihre Gattungsgenossen im Hunsrückschiefer (Unterdevon) des Rheinlandes. — Senckenbergiana **12**. 152—171. Frankf. a. M. 1930.

RICHTER, R. Tierwelt und Umwelt im Hunsrückschiefer; zur Entstehung eines schwarzen Schlammgesteins. — Senckenbergiana **13**. 299—342. Frankf. a. M. 1931.

Marken und Spuren im Hunsrückschiefer. I. Gefließmarken. — Senckenbergiana **17**. 244. Frankf. a. M. 1935.

Marken und Spuren im Hunsrückschiefer. II. Schichtung und Grundleben. — Senckenbergiana **18**. 215. Frankf. a. M. 1936.

RICHTER, R. Die „SALTERsche Einbettung" als Folge und Kennzeichen des Häutungsvorganges. — Senckenbergiana **19**. 413. Frankf. a. M. 1937.

Wühlgefüge durch Kot-gefüllte Tunnel *(Planolites montanus* n. sp.) aus dem Ober-Karbon der Ruhr. — Senckenbergiana **19**. 150. Frankf. a. M. 1937.

Die Einkippungsregel. — Senckenbergiana **25**. 181 u. 404. Frankf. a. M. 1942.

RIETH, A. Der Lebensraum grabender Tiere in seiner Beziehung zu den KÖPPENschen Klimaprovinzen. Ein tiergeographischer Versuch. — Palaeobiologica **5**. 211—242. Wien u. Leipzig 1933.

RÖHRER, F. Fossile Luftblasen im Buntsandstein. — Zentralbl. f. Min., Abt. B. Stuttgart 1925.

ROLL, A. Form, Bau und Entstehung der Schwammstotzen im süddeutschen Malm. — Pal. Zeitschr. **16**. 197—246. Berlin 1934.

Über Fraßspuren an Ammonitenschalen. — Zentralbl. f. Min. etc. B, **4**. (1935), 120, 1935.

ROLL, H. Strandsäume am Großen Plöner See. — Natur und Volk **69**. 79—82. Frankfurt a. M. 1939.

RÖPKE, W. Die Struktur des Löß. — Leopoldina **III**. 1928.

ROTHPLETZ, A. Über die Einbettung der Ammoniten in die Solnhofener Schichten. — Abh. Kgl. bayr. Akad. d. Wiss., II. Kl., **XXIV**. 2. Abt. München 1909.

Über die Verkieselung aufrechtstehender Baumstämme durch Geyser des Yellowstone Parks. — Bot. Centralbl. **49**. 114, 1892.

RÜGER, L. Die Rhät-Lias-Ablagerungen der Langenbrückener Senke. — Heidelberg 1922.

SALTER, J. W. Figures and Descriptions illustrative of British organic remains. **XI**. Trilobites. — Mem. geol. Survey United Kingdom, London 1864.

SANDER, H. Mumifikation und Radioaktivität. — Naturw. Wochenschrift, N. F. **17**. 596, 1918.

SEEMANN, R. Das Saurischierlager in den Keupermergeln bei Trossingen. — Paläontolog. Zeitschr. **16**. 142—143, 1934.

Ein fossiles Guanolager auf dem Goldberg im Ries. Jahresh. Ver. Vaterl. Naturk. Württemb. **93**. 1937.

SEIDL, E. Bruch und Fließformen der technischen Mechanik und ihre Anwendung auf Geologie und Bergbau. **III**. Zerreißformen. VDI-Verlag, Berlin 1930.

SEITZ, O., & GOTHAN, W. Paläontologisches Praktikum. — Berlin 1928.

SEWARD, A. C. Fossil plants as tests of climate. — London 1892.

SHAW, E. W. Gas from mud-lumps at the mouth of the Mississippi. — U. S. Geol. Surv. Bull. **55** IA. 1913.

SIEBER, R. Palaeobiologische Untersuchungen der rhätischen Riffkalke. — Anz. Akad. Wiss. Wien, Math. nat. Kl. **71**. 252—261. Wien 1934.

SCHÄFER, A. Feuersteinbildung um einen Magenstein. — Z. Geschiebeforsch. **15**. 98—103. Leipzig 1939.

SCHÄFER, W. Die geologische Bedeutung von Bohr-Organismen in tierischen Hartteilen, aufgezeigt an Balaniden-Schill der Innenjade. — Senckenbergiana **20**. Frankf. a. M. 1938.

Kieferzähne und Hautzähne von Rochen *(Raja)* im Spülsaum. — Senckenbergiana **20**. 314—322. Frankf. a. M. 1938 [1938a].

Palökologische Beobachtungen an sessilen Tieren der Nordsee. — Senckenbergiana **20**. 323. Frankf. a. M. 1938 [1938b).

Sterbeplätze von Hasen. Zur Entstehung von Knochenanhäufungen in festländischen Gesteinen. — Natur und Volk **70**. 149—152. Frankf. a. M. 1940.

Assiminea und *Bembideon,* Fazies-Leitformen für MHW-Ablagerungen der Nordseemarsch. — Senckenbergiana **23**. 136—145. Frankf. a. M. 1941 [1941a].

Zur Fazieskunde des deutschen Wattenmeeres. 1. Dangast und die Ufersäume des Jadebusens. 2. Mellum, eine Düneninsel der deutschen Nordseeküste. — Abh. Senckenberg. Naturf. Ges. **457**. 54 S. Frankf. a. M. 1941 [1941b].

Fossilisationsbedingungen von Quallen und Laichen. — Senckenbergiana **23**. 189—216. Frankf. a. M. 1941 [1941c].

SCHENCK, A. Über eine in der Walfischbai neu entstandene und wieder verschwundene Insel. — Z. D. G. G. **53**. Monatsber. Berlin 1901.

SCHENCK, E. Insektenfraßgänge oder Bohrlöcher von Pholadiden in Ligniten aus dem Braunkohlenflöz bei Köln. — N. Jb. f. Min. etc., B, **17**. Stuttgart 1937.

SCHINDEWOLF, O. H. Über *Volborthella tenuis* SCHM. — Paläontolog. Zeitschr. **10**. 68. Berlin 1928.

SCHMIDT, A. Über Kantenverrundung an „Protolithischen Knochenwerkzeugen". — Mannus **30**. Leipzig 1938.

SCHMIDT, H. Die bionomische Einteilung der fossilen Meeresböden. — Fortschr. d. Geol. u. Pal. **XII**. H. 38. Berlin 1935.

Klima und Körpergröße. — Natur und Volk **98**. 464—465. Frankf. a. M. 1938.

SCHMIDT-NIELSEN, S., & FRIESTADT, J. A. Die „Fettsubstanz" eines fossilen Grönland-Wales. — Kon. norske Videnskabs Selskabs Förh. **13**. Nr. 15 (1940), 61—64. Trondheim 1941.

SCHMIDTGEN, O. Abdrücke auf einer Austernschale. — Paläont. Zeitschr. **12**. 60—63. Berlin 1930.

SCHUCKMANN, W. Zur Entstehung fossiler Holzkohle. — Senckenbergiana **6**. 195. Frankf. a. M. 1924.

SCHULZ, F. Ein Beitrag zur Setzungserscheinung der Braunkohle. „Braunkohle" **XIX**. 1920.

SCHWARZ, A. Wachstum, Absterben u. Diagenese eines paläozoischen Korallenriffs. — Senckenbergiana **9**. 49. Frankf. a. M. 1927.

Der tierische Einfluß auf die Meeressedimente — Senckenbergiana **14**. 118. Frankf. a. M. 1932 [1932a].

Spannungswirkungen an raumschwündigen Stoffen. — Senckenbergiana **14**. 300. Frankf. a. M. 1932 [1932b].

Grundsätzliches zur Meeresgeologie, Tatsächliches und Grundsätzliches zur Küstensenkungsfrage. — Senckenbergiana **14**. 40. Frankf. a. M. 1932 [1932c].

Der Lichteinfluß auf die Fortbewegung, die Einregelung und das Wachstum bei einigen niederen Tieren *(Littorina, Cardium, Mytilus, Balanus, Teredo, Sabellaria)*. — Senckenbergiana **14**. 429. Frankf. a. M. 1932 [1932d].

Spülsaum von Exuvien von Garnelen *(Crangon)*. — Senckenbergiana **14**. 428. Frankf. a. M. 1932 [1932e].

Meerische Gesteinsbildung. I. — Senckenbergiana **15**. 69. Frankf. a. M. 1933.

SCHWARZBACH, M. Bionomie, Klima und Sedimentationsgeschwindigkeit im oberschlesischen Karbon. — Z. D. G. G. **94**. 511—547. Berlin 1942.

Das Klima der Vorzeit. Stuttgart 1950.

STANDEL, A. G. Remains of Diatom Algae in the crystalls of Island-Spar. — C. R. Acad. Sci. URSS., n. S. **25**. No. 2, 130—131. Moskau 1939.

STOFF, H. v. & RECK, H. Die Lebensweise der Zweischaler des Solnhofener lithographischen Schiefers. — Sitzber. der Ges. Naturf. Freunde **3**. 166ff. Berlin 1911.

STOKAR, W. v. Über Fette, Fettsäuren und ihre Auswertung für die Vorgeschichte. — Mannus, 545—549, 1937.

STOLLEY, E. Über mesozoische Fischotolithen aus Norddeutschland. — 3. Jahresber. d. Niedersächs. Geol. Vereins, 1910.

STRAELEN, V. VAN. Contribution à l'étude des crustacés décapodes de la période jurassique. — Mém. Classe Sci. Acad. roy. Belgique (2) **7**. fasc. 1, Nr. 1341. Brüssel 1925.

STREMME, H. Die Bituminierung. — Monatsber. d. D. G. G. **59**. Berlin 1907.

STROMER, E. Über Wüsten und Urwüsten nebst Bemerkungen über Aktualismus. — Z. D. G. G. **85**. 151. Berlin 1933.

Kritische Betrachtungen. 3. Die Lückenhaftigkeit der Fossilüberlieferung und unserer derzeitigen Kenntnisse sowie die Folgerungen daraus. I. Dauernde Wissenslücken und II. Derzeitige Wissenslücken. — Zbl. f. Mineral. usw., 1940, B, 262—276; 1941, B, 1—23. Stuttgart 1940 u. 1941.

STUTZER, O. Gestauchtes Braunkohlenholz als Wachstumserscheinung. — Braunkohle **35**. Halle 1936.

TAUBER, A. F. Die Bedeutung rezenter, mariner und limnischer Geröllwanderung für das Auftreten von exotischen Geröllen mit Beispielen aus den tertiären Sedimenten des Wiener Beckens. — Jahrb. d. Reichsst. f. Bodenforsch. **61**. Berlin 1940.

Postmortale Veränderungen an Molluskenschalen und ihre Auswertbarkeit für die Erforschung vorzeitlicher Lebensräume. — Palaeobiologica **7**. 448—495. Wien 1942.

TEPFNER, W. Die tertiären *Lithodomus*arten. Verlag des Naturwissenschaftl. Vereins für Steiermark, 1914.

TERZAGHI, K. Erdbaumechanik auf bodenphysikal. Grundlage. Leipzig und Wien. 1925.

TEUMER, TH. Was beweisen die Stubbenhorizonte in den Braunkohlenflözen? — Jahrb. d. Hall. Verbandes **3**. Lief. 3, S. 1, 1932.

THIENEMANN, A. Lebensraum und Lebensgemeinschaft. — Aus der Heimat **41**. H. 2.

Untersuchungen über die Beziehungen zwischen dem Sauerstoffgehalt des Tiefenwassers und der Zusammensetzung der Fauna in norddeutschen Seen. — Arch. f. Hydrobiol. **XII**. 1920.

TIEGHEM, PH. VAN. Sur le *Bacillus amylobacter* et son rôle dans la putréfaction des tissues végétaux. — Bull. Soc. Botan. de France **24**. 128. Paris 1877.

TIEGHEM, PH. VAN. Identité du *Bacillus Amylobacter* et du vibrion butyrique de M. PASTEUR. — Comtes Rend. Ac. Sc. Paris **B. 89.** 5, Paris 1879 [1879 a].

Sur le ferment butyrique *(Bacillus Amylobacter)* à l'époque de la houille. — Ebend., S. 1102, Paris 1879 [1879 b].

TOBLER, F. Von Mytiliden bewohnte *Ascophyllum*blasen. — Jahrb. f. wiss. Botanik **46.** 568—586, 1909.

Von Mytiliden bewohnte Schwimmblasen einer Alge. — Sitz. Ber. Ges. d. Naturk., Münster 1909.

TRAHMS, O. Die Größen- und Kalkreduktion bei *Mytilus edulis* L. in Rügenschen Binnengewässern. — Z. Morph. u. Ökol. d. Tiere **35.** 246—250. Berlin 1939.

TRAUTH, F. Aptychenstudien I. Über die Aptychen im allgemeinen. — Ann. Naturhist. Mus. Wien **41.** 171—259· Wien 1927.

TRUEMAN, A. E. Supposed Commensalism of Carboniferous Spirorbids and certain none-marine Lamellibranchs. — Geol. Mag. **79.** H. 6, 312—320, 1942.

TRUSHEIM, E. Zur Bildungsgeschwindigkeit geschichteter Sedimente im Wattenmeer, bes. solcher mit schräger Parallelschichtung. — Senckenbergiana **11.** 47. Frankf. a. M. 1929.

Aktuo-paläontologische Beobachtungen an *Triops cancriformis* SCHAEFFER *(Crust. Phyll.).* — Senckenbergiana **13.** 234. Frankf. a. M. 1931 [1931 a].

Spülsäume am Meeresstrand. — Natur u. Museum **61.** Frankf. a. M. 1931 [1931 b].

Versuche über Transport und Ablagerung von Mollusken. — Senckenbergiana **13.** Nr. 2, 124—139. Frankf. a. M. 1931 [1931 c].

Paläontologisch Bemerkenswertes aus der Ökologie rezenter Nordsee-Balaniden. — Senckenbergiana **14.** 70—87. Frankf. a. M. 1932.

Zur Entstehung der Schreibkreide. — Centralbl. Min. etc., Abt. B, S. 89—98, 1936.

Triopsiden *(Crust. Phyll.)* aus dem Keuper Frankens. — Paläontolog. Zeitschr. **19.** 198, 1937 [1937 a].

Eine Saurier-Mahlzeit aus dem deutschen Muschelkalk. — Natur u. Volk **67.** 356. Frankf. a. M. 1937 [1937 b].

TUZSON, J. Monographie der fossilen Pflanzenreste der Balatonseegegend. Result. d. wissenschaftl. Erforsch. d. Balatonsees, Bd. 1, Tl. 1, Anhang: Paläontologie, Bd. 4, Nr. 1, Wien 1911.

VIGH, J. Ein mumifizierter Katzenkadaver aus Ungarn. — Palaeobiologica **2.** Wien 1929.

VIRCHOW, R. Die Zellularpathologie in ihrer Begründung auf physiologische und pathologische Gewebelehre. 4. Aufl. Berlin 1871.

VOIGT, E. Über ein bemerkenswertes Vorkommen neuer Fischotolithen in einem Senongeschiebe von Cöthen in Anhalt. — Zeitschr. f. Geschiebeforsch. 1926.

Die Lithogenese der Flach- und Tiefwassersedimente des jüngeren Oberkreidemeeres. — Jb. Halleschen Verb. **8.** 1—162. Halle 1929.

Die Fische aus der mitteleozänen Braunkohle des Geiseltales mit besonderer Berücksichtigung der erhaltenen Weichteile. — Nova Acta Leopoldina, N. F. Bd. 2, 1934.

Fossile Muskulatur aus der Braunkohle des Geiseltales. — Die Umschau **42.** H. 35. Frankf. a. M. 1938.

Bernsteineinschlüsse. — Die Umschau **43.** H. 11, 252. Frankf. a. M. 1939.

WAGNER, A. Neue Beiträge zur Kenntnis der urweltlichen Fauna des lithographischen Schiefers. — Abh. kgl. Bayr. Akad. Wiss., II. Cl., **IX.** München 1861.

WAGNER, G. Riffbildung als Maßstab geologischer Zeiträume. — Aus der Heimat **49.** 157. Öhringen 1936.

WALDROSS, F. W. On the appearence and disappearence of a mudisland at Walfish-Bay. — Transvaal. Phil. Soc. S. Afrika, S. 185, 1901.

WALLENFELS, K. Symbiose und Antibiose. — Rdsch. deutsch. Technik 21/22. 6, 1943.

WALTHER, JOH. Allgemeine Paläontologie. Berlin (Borntraeger) 1927.

WASMUND, E. Biocönose und Thanatocönose. — Archiv f. Hydrobiologie **17.** Stuttgart 1926.

Die Verwendung biosoziologischer Begriffe in der Biostratonomie. — Verh. Nat.-Med. Ver. Heidelberg **16.** 466—522, 1929.

Rieselfelder und Blattfächerabdrücke auf rezentem und fossilem Süßwasser-Flachstrand. — Senckenbergiana **12.** 139. Frankf. a. M. 1930.

Biostratonomisch-malakologische Beobachtungen zur Quartärgeschichte der südrussisch-pontischen Vortiefe. — Geolog. Rundsch. **XX.** 1929.

WEIGELT, J. Geologie und Nordseefauna. — Der Steinbruch **14.** Berlin 1919.

Flachmeersäume und die Gesetzmäßigkeit ihres geologischen Baues. — Z. D. G. G. **72.** Berlin 1920.

WEIGELT, J. Angewandte Geologie und Paläontologie der Flachseegesteine. — Fortschr. Geol. u. Pal. **4**. Berlin 1923.

Rezente Wirbeltierleichen und ihre paläobiologische Bedeutung. — Leipzig 1927.

Ganoidfischleichen im Kupferschiefer und in der Gegenwart. — Palaeobiologica **1**. Leipzig 1928 [1928a].

Die Pflanzenreste des mitteldeutschen Kupferschiefers und ihre Einschaltung ins Sediment. — Fortschr. Geol. u. Pal. **VI**. Heft 19. Berlin 1928 [1928b].

Über die vermutliche Nahrung von *Protorosaurus* und über einen körperlich erhaltenen Fruchtstand von *Archaeopodocarpus germanicus*. — Leopoldina **VI**. Leipzig 1930 [1930a].

Wichtige Fischreste aus dem Mansfelder Kupferschiefer. Leopoldina **VI**. WALTHER-Festschr., Leipzig 1930 [1930b].

Palaeochamaeleo jaekeli nov. gen. nov. sp. — Leopoldina **VI**. WALTHER-Festschr., 629—642. Leipzig 1930 [1930c].

Vom Sterben der Wirbeltiere. — Leopoldina **VI**. WALTHER-Festschr., 281—314. Leipzig 1930 [1930d].

Biostratonomisch wichtige Geschiebe von obersilurischem *Colonus*-Schiefer von Köthen und der Greifswalder Oie. — Zeitschr. f. Geschiebeforschung **VI**. 1, 1930 [1930e].

Die Biostratonomie der 1932 auf der Grube Cecilie im mittl. Geiseltal ausgegrabenen Leichenfelder. — Nova Acta Leopoldina, N. F. **1**, 157ff. Halle a. S. 1933.

WEILER, W. Über das Vorkommen isolierter Köpfe bei fossilen Clupeiden. — Senckenbergiana **11**. Frankfurt a. M. 1929.

Ein fossiler Cybiide mit Mageninhalt. — Palaeobiologica **4**. Wien u. Leipzig 1934.

WELLS, W. Association of Crinoids with *Callixylon* in the Lower Ohio Shale. — Palaeobiologica **7**. H. 2, 105—110. Wien 1939.

WENTWORTH, C. K. Chink-Faceting: a new process of pebble-shaping. — Journ. of Geology **33**. 1925.

WEPFER, E. Der Buntsandstein des badischen Schwarzwaldes und seine Labyrinthodonten. — Monographien zur Geol. u. Pal., Serie II, Heft 1, Berlin 1923.

Die Auslaugungsdiagenese, ihre Einwirkungen auf Gestein und Fossilinhalt. — N. J. f. Min. etc. B, **LIV**. 1926.

WETZEL, O. Die in organischer Substanz erhaltenen Mikrofossilien des baltischen Kreidefeuersteins. — Palaeontographica **77**. Stuttgart 1933.

WETZEL, O., & DEFLANDRE, G. Die Feuersteine der Kreidezeit. Kieselsäure als Versteinerungsmittel. — Umschau **45**. H. 18, 275—279. Frankf. a. M. 1941.

WETZEL, W. Über ein Kieselholzgeschiebe mit Teredonen aus den Holtenauer Kanalaufschlüssen. — 6. Jahresber. niedersächs. geol. Ver., 20—59. Hannover 1913.

Sedimentpetrographische Studien. — N. Jb. Mineral., Beil.-Bd. **47**. 39—92. Stuttgart 1922.

Trischen, eine Studie zur Geologie der Gegenwart. Nordelbingen, Beiträge zur Heimatforschg. in Schleswig-Holstein, 1924.

Beiträge zur Erforschung des kretazischen und tertiären Untergrundes des Baltikums. — Schr. d. naturw. Ver. f. Schleswig-Holstein **18**. 1—24. Kiel u. Leipzig 1928.

Beiträge zur Sedimentpetrographie des Nordseebodens, insbesondere des schleswig-holsteinischen Wattenmeeres. — Wissensch. Meeresuntersuchungen, Abt. Kiel, **21**. Kiel 1930.

Die paläobiologische Lösung eines Feuerstein-Rätsels. — Cbl. Mineral., Abt. B, 65—73. Stuttgart 1934.

Ein fossiler Waldboden der Tertiärzeit. — Unterrichtsbl. Math. u. Naturwiss. **42**. 1936.

Die koprogenen Beimengungen mariner Sedimente und ihre diagnostische und lithogenetische Bedeutung. — N. Jb. Mineral., Beil. Bd. **78**. B, 109—122. Stuttgart 1937.

Die Schalenzerstörung durch Mikroorganismen. Erscheinungsform, Verbreitung und geologische Bedeutung in Gegenwart und Vergangenheit. — Kieler Meeresforschungen **2**. 255—266. Kiel 1938.

WILLARD, B., & KILLEEN, P. Fossils and fossilization. — Proc. Pennsylvanian Acad. Sci. **5**. 62—66. Philadelphia 1931.

WIMAN, C. Über *Dorygnathus* und andere Flugsaurier. Pt. I u. II. — Bull. of the Geol. Inst. of Upsala **XIX**. 1923.

Über neue und einige alte Leichenwachsfunde. — Bull. geol. Inst. Upsala **28**. 141—155. Upsala 1940.

Über ältere und neuere Funde von Leichenwachs. — Senckenbergiana **25**. H. 1—3, 1—19. Frankf. a. M. 1942.

WIMAN, K. Über silurische Korallenriffe. — Bull. Geol. Inst. Upsala **3**. 1897.

WOODWARD, H. On a serie of phyllopod crustacean shilds from the upper Devonian of the Eifel; and on one from the Wenlock shale of S. Wales. — Geol. Mag., (2) g, 385—390. London 1882.

YAKOWLEW, N. N. Sur la Découverte d'un parasite originale des Crinoides du Carbonifère. — C. R. Acad. Sci. URSS. **17** (3). Moskau 1939.

ZAPFE, H. Lebensspuren grabender Echiniden aus dem Eozän Siebenbürgens. — Verh. Zool. Bot. Ges. Wien **85**. 1935.

Spuren bohrender Cirripedier in Gastropoden-Gehäusen des Miozäns. — Senckenbergiana **18**. Frankf. a. M. 1936.

Untersuchungen über die Lebensspuren knochenfressender Raubtiere, mit besonderer Berücksichtigung der Hyäne. — Anz. Akad. d. Wiss. Wien, math.-nat. Kl., Wien 1939 [1939a].

Lebensspuren der eiszeitlichen Höhlenhyäne. Die urgeschichtliche Bedeutung der Lebensspuren knochenfressender Raubtiere. — Palaeobiologica **7**. Wien 1939 [1939b].

ZEUNER, F. Die Lage der *Gryphaea arcuata* im Sediment. — Zbl. Min. etc., 1933, B, S. 568—574. Stuttgart 1933.

Die Lebensweise der Gryphaeen. — Palaeobiologica **5**. 307—320. Wien u. Leipzig 1933.

Eine neue Nashornleiche aus dem polnischen Erdölgebiet. — Aus der Heimat **47**. 43, 1934.

Palaeobiology and climate of the past. — Problems of Paleontology **1**. 199—216. Moskau 1936.

ZSCHOKKE, F. Die Parasiten als Zeugen für die geologische Vergangenheit ihrer Träger. — Forsch. u. Fortschritt **9**. 466—467. Berlin 1933.

FSC
www.fsc.org
MIX
Papier | Fördert gute Waldnutzung
FSC® C083411

Zeitfracht Medien GmbH
Ferdinand-Jühlke-Straße 7
99095 Erfurt, Deutschland
produktsicherheit@kolibri360.de